国家出版基金项目
NATIONAL PUBLICATION FOUNDATION

十四个集中连片特困区
中药材精准扶贫技术丛书

# 四省藏区
# 中药材生产加工适宜技术

总主编 黄璐琦
主 编 严铸云

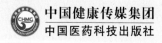

中国健康传媒集团
中国医药科技出版社

# 内 容 提 要

本书为《十四个集中连片特困区中药材精准扶贫技术丛书》之一。分总论和各论两部分：总论介绍四省藏区中药资源概况、自然环境特点、肥料使用要求、病虫害防治方法、相关中药材产业发展政策；各论选取四省藏区优势和常种的 24 个中药材种植品种，每个品种重点阐述植物特征、资源分布、生长习性、栽培技术、采收加工、质量标准、仓储运输、药材规格等级、药用和食用价值等内容。本书供中药材研究、生产、种植人员及片区农户使用。

## 图书在版编目（CIP）数据

四省藏区中药材生产加工适宜技术 / 严铸云主编 . — 北京：中国医药科技出版社，2021.11

（十四个集中连片特困区中药材精准扶贫技术丛书 / 黄璐琦总主编）

ISBN 978−7−5214−2518−5

Ⅰ.①四…　Ⅱ.①严…　Ⅲ.①药用植物—栽培技术　②中药加工　Ⅳ.①S567 ②R282.4

中国版本图书馆 CIP 数据核字（2021）第 109500 号

审图号：GS（2021）2522 号

美术编辑　陈君杞

版式设计　锋尚设计

出版　中国健康传媒集团｜中国医药科技出版社

地址　北京市海淀区文慧园北路甲 22 号

邮编　100082

电话　发行：010−62227427　邮购：010−62236938

网址　www.cmstp.com

规格　710×1000mm　$^1/_{16}$

印张　15$^7/_8$

彩插　1

字数　310 千字

版次　2021 年 11 月第 1 版

印次　2021 年 11 月第 1 次印刷

印刷　北京盛通印刷股份有限公司

经销　全国各地新华书店

书号　ISBN 978−7−5214−2518−5

定价　68.00 元

获取新书信息、投稿、为图书纠错，请扫码联系我们。

# 编 委 会

# 序

　　"消除贫困、改善民生、实现共同富裕，是社会主义制度的本质要求。"改革开放以来，我国大力推进扶贫开发，特别是随着《国家八七扶贫攻坚计划（1994—2000年）》和《中国农村扶贫开发纲要（2001—2010年）》的实施，扶贫事业取得了巨大成就。2013年11月，习近平总书记到湖南湘西考察时首次作出"实事求是、因地制宜、分类指导、精准扶贫"的重要指示，并强调发展产业是实现脱贫的根本之策，要把培育产业作为稳定脱贫攻坚的根本出路。

　　全国十四个集中连片特困地区基本覆盖了我国绝大部分贫困地区和深度贫困群体，一般的经济增长无法有效带动这些地区的发展，常规的扶贫手段难以奏效，扶贫开发工作任务异常艰巨。中药材广植于我国贫困地区，中药材种植是我国农村贫困人口收入的重要来源之一。国家中医药管理局开展的中药材产业扶贫情况基线调查显示，国家级贫困县和十四个集中连片特困区涉及的县中有63%以上地区具有发展中药材产业的基础，因地制宜指导和规划中药材生产实践，有助于这些地区增收脱贫的实现。

　　为落实《中药材产业扶贫行动计划（2017—2020年）》，通过发展大宗、道地药材种植、生产，带动农业转型升级，建立相对完善的中药材产业精准扶贫新模式。我和我的团队以第四次全国中药资源普查试点工作为抓手，对十四个集中连片特困区的中药材栽培、县域有发展潜力的野生中药材、民间传统特色习用中药材等的现状开展深入调研，摸清各区中药材产业扶贫行动的条件和家底。同时从药用资源分布、栽培技术、特色适宜技术、药材质量等方面系统收集、整理了适宜贫困地区种植的中药材品种百余种，并以《中国农村扶贫开发纲要（2011—2020年）》明确指出的六盘山区、秦巴山区、武陵山区、乌蒙山区、滇桂黔石漠化区、滇西边境山区、大兴安岭南麓山区、燕山－太行山区、吕梁山区、大别山区、罗霄山区等连片特困地区和已明确实施特殊政策的西藏、四省藏区（除西藏自治区以外的四川、青海、甘肃和云南四省藏族与其他民族共同聚住的民族自治地方）、新疆南疆三地州十四个集中连片特困区为单位整理成册，形成《十四个集中连片特困区中药材精准扶贫技术丛书》（以下简称《丛书》）。《丛书》有幸被列为2019年度国家出版基金资助项目。

《丛书》按地区分册，共14本，每本书的内容分为总论和各论两个部分，总论系统介绍各片区的自然环境、中药资源现状、中药材种植品种的筛选、相关法律政策等内容。各论介绍各个中药材品种的生产加工适宜技术。这些品种的适宜技术来源于基层，经过实践验证、简单实用，有助于经济欠发达的偏远地区和生态脆弱地区开展精准扶贫和巩固脱贫攻坚成果。书稿完成后，我们又邀请农学专家、具有中药材栽培实践经验的专家组成审稿专家组，对书中涉及的中药材病虫害防治方法、农药化肥使用方法等内容进行审定。

"更喜岷山千里雪，三军过后尽开颜。"希望本书的出版对十四个集中连片特困区的农户在种植中药材的实践中有一些切实的参考价值，对我国巩固脱贫攻坚成果，推进乡村振兴贡献一份力量。

2021年6月

# 前　言

　　《四省藏区中药材生产加工适宜技术》是《十四个集中连片特困区中药材精准扶贫技术丛书》之一。本书编者根据《丛书》编写总体要求，从中药材生产与区域经济发展融合的视角，聚焦四省藏区中药材生产中的科技问题，梳理了适宜四省藏区自然环境栽培生产的中药材品种。在此基础上，结合当地科技发展水平和作者参与中药材生产的实践经验，精选了适宜四省藏区栽培的中药材品种和生产加工技术汇集成书。希望有助于巩固脱贫攻坚成果，推进乡村振兴战略的实施。

　　本书分为总论和各论两部分：总论部分介绍了四省藏区自然环境等基本情况，提出了该地区中药产业扶贫的对策，并就中药材生产的环境要求、生产特点、品种选择依据、土壤耕作和改良、常见病虫害防治和政策法规等基础知识进行了简要介绍；各论部分精选了栽培技术相对成熟、市场前景较好，并适宜四省藏区生产的白及、波棱瓜、川贝母等24种中药材，以及相应的药用植物品种，简要介绍了每种中药材适宜四省藏区栽培的药用植物品种及其特征、资源分布、生长习性、仓储运输、药材规格等级和药用食用价值等；详细介绍了每种中药材生产种植材料、选地与整地、播种和田间管理等栽培技术操作要点，以及病虫害防治和采收加工方法。

　　《四省藏区中药材生产加工适宜技术》立足四省藏区生态环境特点和科技文化水平，其区域特色明显，实用性强，文字简练，通俗易懂。适用于四省藏区中药材生产者、农业技术员、生产管理经营者及全国其他地区相关从业人员，还可作为乡镇干部的培训教材，以及农村实用技术学习的自学用书。

编　者

2021年7月

# 目 录

## 总 论

一、概论 .................................................. 2

二、四省藏区基本情况 ...................................... 2

三、四省藏区中药产业振兴乡村经济的对策 .................... 8

四、中药材生产的基础知识 ................................. 11

五、中药材相关政策法律法规节选 ........................... 27

## 各 论

白及 ............................ 32

波棱瓜 .......................... 38

川贝母 .......................... 45

川西獐牙菜 ...................... 55

重楼 ............................ 60

赤芍 ............................ 69

大黄 ............................ 78

当归 ............................ 88

党参 ........................... 103

独一味 ......................... 114

藁本 ........................... 123

枸杞子 ......................... 129

红景天 ......................... 139

红毛五加 ....................... 147

黄芪 ........................... 156

金铁锁 ......................... 167

黄精 ........................... 173

麻黄 ........................... 183

羌活 ........................... 191

秦艽 ........................... 200

天麻 ........................... 209

喜马拉雅紫茉莉 ................. 223

续断 ........................... 227

猪苓 ........................... 235

附录 禁限用农药名录 ........................................... 244

# 总 论

# 一、概论

四省藏区是指除西藏自治区以外的四川、青海、甘肃和云南省四省藏族与其他民族共同聚居的民族自治地方，是全国14个集中连片特困地区之一，共涉及四省77个县。该区域自然条件恶劣、生态脆弱、经济欠发达、高原连片，是贫困面积最大、贫困程度最深、跨省交界面积最大的地区。2011年中央扶贫开发工作会议，明确指出西藏、四省藏区、新疆南疆三地州是扶贫攻坚的主战场，在2020年与内地一道实现全面建成小康社会的目标。脱贫问题是该区域实现全面小康目标最突出的任务。

四省藏区主要位于横断山脉及邻接地区，其自然条件特殊，历来都是汉藏药材的主产区，主产川贝母、冬虫夏草、羌活、大黄、秦艽、独一味、波棱瓜、桃儿七、川赤芍、当归、党参、藁本、红景天等道地药材。根据药材种植基地的调查和分析表明，在同等栽培管理条件下，目前药材种植与传统农业相比，单位面积产值至少提高1.3倍以上，若采用科学种植技术至少提高5倍以上。因此，在现有中药资源基础上，推动中药材种植，有利于该区域贫困人口整体脱贫致富，缩小地区发展差距；也利于保障长江、黄河流域生态安全，促进生态文明建设和持续发展，实现国家总体战略布局和全面建设小康社会的奋斗目标。

# 二、四省藏区基本情况

四省藏区集中连片特困地区可分为青海藏区、四川藏区、云南藏区、甘肃藏区。青海藏区包括6个州33个县，即海北藏族自治州（包括门源回族自治县、祁连县、海晏县、刚察县）、黄南藏族自治州（包括同仁县、尖扎县、泽库县、河南蒙古族自治县）、海南藏族自治州（包括共和县、同德县、贵德县、兴海县、贵南县）、果洛藏族自治州（包括玛沁县、班玛县、甘德县、达日县、久治县、玛多县）、玉树藏族自治州（包括玉树县、杂多县、称多县、治多县、囊谦县、曲麻莱县）和海西蒙古族藏族自治州（包括格尔木市、德令哈市、乌兰县、都兰县、天峻县、冷湖行委、大柴旦行委、茫崖行委）。四川藏区包括3个州32个县，即阿坝藏族羌族自治州（包括汶川县、理县、茂县、松潘县、九寨沟县、金川县、小金县、黑水县、马尔康县、壤塘县、阿坝县、若尔盖县、红原县）、甘孜藏族自治州（包括康定县、泸定县、丹巴县、九龙县、雅江县、道孚县、炉霍县、甘孜县、新龙县、德格县、白玉县、石渠县、色达县、理塘县、巴塘县、乡城县、稻城县、得荣县）和凉山彝族自治州的木里藏族自治县。云南藏区包括1个州3个县，即迪庆藏族自治州（包括香格里拉县、德钦县、维西傈僳族自治县）。甘肃藏区包括2个州9个县，即甘南藏族自治州（包括合作市、临潭县、卓尼县、舟曲县、迭部县、玛曲县、碌曲县、夏河县）和武威市的天祝藏族自治县。

四省藏区集中连片特困地区占地面积约109.4平方公里。2016年总人口571.89万，到2014年还有贫困人口153.28万，贫困发生率26.8%，是全国水平（5.13%）的5.22倍。其中，青海、甘肃两省藏区贫困发生率与全省平均水平基本一致，云南、四川两省藏区则远远高于省平均水平。该区域内有藏族、蒙古族、回族、羌族、彝族、土族、苗族、纳西族、布依族、傈僳族、满族、瑶族、侗族、白族、壮族、傣族等30余个民族，总体以藏族所占比例最大，但各地的具体情况不尽相同。

## （一）自然环境

四省藏区包括横断山区和青藏高原边缘，位于中国地势第一级阶梯与第二级阶梯交界处。其中横断山区地形复杂，山岭海拔多在4000～5000米，岭谷高差常在1000～2000米以上；山岭与河谷之间气候差别很大，一些高山峡谷区从山下的热带气候到高山的亚寒带气候，垂直分带非常明显，可见亚热带植物一直到高山寒温带的植物；横断山脉的形成过程是逐渐由近东西走向变为近南北走向的，使该区域的生物逐渐进化出非常特殊的适应性，是动物、植物学研究的热点地区；山高谷深，横断东西间交通，地理隔离明显，交通困难，受外来影响小，因此保留了许多少数民族独特文化和未被破坏的自然景观；因山势坡度大，易导致水土流失。青藏高原海拔多在3000～5000米之间，平均海拔4000米以上，为东亚、东南亚和南亚许多大河流发源地，有"亚洲水塔"之称。

四省藏区生物多样性丰富，矿产资源多样，水电资源丰富，自然景观独特，旅游资源丰富。该区域奇特的走向和地理环境，给当地民众的生活和经济发展带来了诸多不便。同时，虽该区域面积大，但生态环境脆弱，许多地区属于生态环境重点保护区域，适合农耕的区域较少，形成了以牧业为主，农业为辅的经济结构。

## 1. 气候环境

四省藏区气候总体特点是：光照充足，太阳辐射强，日照多，气温低，积温少，气温随高度和纬度的升高而降低，气温日较差大；四季不分明，干湿分明，多夜雨；冬季干冷漫长，大风多；夏季温凉多雨，冰雹多。因地质结构复杂，海拔高低悬殊大，光、温、降水分布皆不均匀，形成立体气候。从南由亚热带干旱河谷气候、亚热带与温带季风高原山地气候到北部的高原大陆性气候，年平均气温由南面约15℃，向西北递减至–2.4℃左右。因印度洋暖湿气流受多重高山阻留，年降水量也相应由2000毫米递减至100毫米以下。主要包括以下气候区。

（1）藏东高原温带季风半湿润气候区　本区包括金沙江、澜沧江、怒江流域高山峡谷区，雅鲁藏布江中游、尼洋曲，海拔高度2700～4000米，≥10℃期间天数河谷低地约150天，海拔较高地区约50天，最暖月平均气温13～16℃，干燥度1.0～1.5，年降水量约600毫米。三江（金沙江、澜沧江、怒江）流域受地形和下沉气流的影响，年降水量少于400毫米，为干热河谷地，这里长有喜干暖的灌丛，白刺花、毛莲蒿群落。可种植青稞、玉米、冬小麦，以及核桃、梨、石榴等。因三江谷地地形起伏很大，河流切割深，支沟坡大流急，形成高山峡谷地形，耕地基本上分布在2000～3000米的沟内或干流阶地上。在雅鲁藏布江、尼洋曲流域，谷地宽阔，森林资源丰富，主要植被为针阔混交林，多高山松、高山栎；山地暗针叶林则以川西云杉、林芝云杉、长苞冷杉、川滇冷杉占优势，高山灌丛草甸多由杜鹃花、柳、蒿草、蓼组成。本区包括云南省迪庆藏族自治州（包括香格里拉县、德钦县、维西傈僳族自治县）和四川省甘孜藏族自治州（包括理塘县、巴塘县、乡城县、稻城县、得荣县、炉霍县、甘孜县、新龙县等），可种植小麦、青稞、玉米、土豆等，冬小麦种植高度可达3600米左右，青稞可达4000米。主要气象灾害是春旱和作物成熟期的低温冻害。

（2）川西高原温带湿润气候区　本区地处青藏高原的东部边缘，包括四川省的松潘、道孚地区，地势起伏较大，海拔高度在1500～3400米，气候垂直差异十分明显，湿冷山区和干暖河谷南北纵列。≥10℃期间的天数120～180天，最暖月平均气温12～18℃，干燥度<1.0，年降水量500～1000毫米，本区降水较为丰沛，少暴雨，无旱象。该区海拔较高的地方多为冷杉、云杉组成的针叶林，往下则是铁杉、槭树、桦木等组成的针阔混交林。本区包括四川甘孜藏族自治州（包括康定县、泸定县、丹巴县、九龙县、雅江县等）、凉山彝族自治州的木里藏族自治县、阿坝藏族羌族自治州（包括汶川县、理县、茂县、松潘县、九寨沟县、金川县、小金县、黑水县、马尔康县）和甘肃的舟曲县。农作物以青稞、小麦为主，一年一熟；在干暖河谷，可种植小麦、玉米等，为两年三熟。

（3）青东南高原亚寒带湿润气候区　本区包括青海东南隅与四川若尔盖、色达、石渠等地。本区内自东向西海拔高度由3400米逐渐升至4200米。因该区≥10℃期间天数少于50天，种植农作物难以成熟，故本区以牧业为主，且牧草生长良好。最暖月平均气温<10℃，年干燥度<1.0，年降水量600～800毫米，暖季降水占全年总量85%以上，降水强度较小，无暴雨，一般亦较少旱象。包括四川阿坝藏族羌族自治州（包括汶川县阿

坝县、若尔盖县、红原县）、甘肃省的甘南藏族自治州（包括合作市、临潭县、卓尼县、迭部县、玛曲县、碌曲县、夏河县）、武威市的天祝藏族自治县和黄南藏族自治州（包括同仁县、尖扎县、泽库县、河南蒙古族自治县）等。在海拔较低的零星河谷地，可种植少量青稞、小麦、油菜或生长期短的蔬菜。

（4）那曲高原亚寒带半湿润气候区　本区包括西藏那曲至青海阿尼玛卿山，平均海拔高度4000~4600米，地面切割较浅，起伏稍缓，≥10℃期间天数少于50天，最暖月平均气温8~10℃，干燥度1.0~1.5。由于受切变线、低涡等天气系统影响，年降水量400~700毫米，较丰沛。由于冰雹颗粒较小，对牧业生产危害不甚严重，但冬春本区积雪较多。包括青海省果洛藏族自治州（包括玛沁县、班玛县、甘德县、达日县、久治县、玛多县）、玉树藏族自治州（包括玉树县、杂多县、称多县、治多县、囊谦县、曲麻莱县）等。该区以牧业为主，仅在海拔较低处，有青稞、马铃薯的种植，主要植被类型是由矮蒿草、蓼、柳、杜鹃花等组成的高山草甸、亚高山灌丛草甸。河滩低地是以大蒿草为主的沼泽草甸。

（5）南羌塘高原亚寒带半干旱气候区　本区大体在冈底斯山、念青唐古拉山以北至北纬34度色乌岗日、普若岗日一线以及通天河河源以东地区，地域辽阔，包括西藏、青海大部分地区，地势起伏和缓，平均海拔4500~4800米，≥10℃期间天数少于50天，最暖月气温6~10℃，年干燥度1.5~5.0，年降水量100~300毫米。由于高寒，种植农作物不能正常生长成熟，是青藏高原主要牧业区之一。本区主要气象灾害是低温和冬春少雪，造成春旱严重，特别是西部多大风和风沙，给牧业生产带来了危害。主要植被类型为紫花针茅组成的高山草原以及少量的硬叶苔草。包括青海玉树藏族自治州（包括杂多县、治多县、曲麻莱县）等。

（6）祁连山高原亚寒带半干旱气候区　本区温度和水分条件与西藏南羌塘地区相似，≥10℃期间的天数在50天以下，最暖月平均气温6~10℃，年干燥度1.5~5.0，年降水量100~300毫米。东西温度差异不明显，但湿润程度差异较大，东部比较湿润，牧草生长良好，是青藏高原主要牧业基地之一。包括青海海北藏族自治州（包括门源回族自治县、祁连县、海晏县、刚察县）等。在局部河谷低地，海拔2750米以下可种植小麦，海拔3000米的向阳坡可种植青稞和小油菜，但要注意霜冻、低温的危害。西部地区较干旱，年降水量约100毫米，牧草稀少，只有在较低的阴坡河谷地，牧草生长稍好，可放牧。

（7）柴达木高原温带极度干旱气候区　本区包括柴达木盆地，格尔木、诺木洪、乌图美仁，以及冷湖一带。≥10℃期间天数约100天，最暖月平均气温16~18℃。干燥度>15.0，年降水量40~100毫米，是我国著名的干旱盆地之一，降水量远不能满足农业用水，若无灌溉则无农业。包括青海海北藏族自治州（包括门源回族自治县、祁连县、海晏县、刚察县）等。本区暖季温度较高，对农作物生长是有利条件，但冬季降温剧烈，多年极端最低气温平均值低于–23℃，加上冬季少雪、风大，冬小麦难以越冬，海拔高度3000～3200米，可种植春小麦、豌豆等。盆地中部为盐湖、流沙、戈壁荒漠，在沙漠边缘的绿洲才有少量青稞、春小麦的种植，西部为荒漠、半荒漠草原，牧草稀疏，产草量低。盆地南缘，春秋多大风，流沙淹没农田和草场，对农牧业带来危害。

## 2. 土地资源

四省藏区的土壤类型有高山草甸土、亚高山草甸土、高山草原土、山地草甸土、亚高山草原土、草甸土，根据土壤垂直带谱的区域分异，可划分出10个土壤地带，29个土区。包括砖红壤、黄壤、黄棕壤地带，褐土、棕壤地带，寒毡土地带，寒冻毡土地带，阿嘎土、寒钙土地带，栗钙土、灰褐土地带，寒冻钙土地带，冷漠土地带，冻漠土地带和柴达木冷漠土、冻漠土地带。同时土地资源地域分布明显，数量构成极不平衡。宜牧土地占总土地面积的50%以上，宜林土地占25%以上，宜农土地不足2%，暂不宜利用的土地面积约占20%以上。宜农耕土地资源主要集中于青藏高原南部雅鲁藏布江中游干支流谷地，东南部怒江、澜沧江、金沙江等干支流谷地，东北部黄河及湟水谷地，北部柴达木盆地周围。按气候、水利、土质、坡度等限制因素划分耕地资源，一等土地占17.8%，二等土地占27.6%，三等土地占53.1%，其余1.5%属退耕土地。宜牧土地资源分布在人口稀少的高寒无林地域，草地生态环境不一，宜牧的性能差别也很大。宜林土地中有95%集中于横断山区，在青藏高原东北部的祁连山、东昆仑—西秦岭及河湟谷地也有零星分布。

## （二）本片区的中药资源现状

### 1. 本片区的中药资源特点

据不完全统计，四省藏区内拥有高等植物460余科、2800余属、18 000余种，其中国家重点保护的野生植物160种（类），占中国总数的63%。区域内有脊椎动物1900余种，占中国总数的63%，其中在中国公布的335种重点保护野生动物中有220余种，占中国总数的66%。目前已记录有药用植物约3000种，药用动物约150种，药用真菌约300种，矿物药约300种；但根据目前我国高等植物和药用植物的比例，估计该区域的药用植物近万种。已知常用中藏药约300种，是传统川药（四川、重庆等主产药材）和西药（西北地区所产药材）的主产区。大宗名贵药材有冬虫夏草、川贝母、天麻、秦艽、羌活、黄芪、大黄、当归、党参、川赤芍、雪莲花、半夏、三颗针、川续断、枸杞、甘草等。按省（市）划分来看，各地中药资源现状如下。

（1）四川藏区　该区域地处横断山地区，中药资源种类和数量最丰富，已记载有药用植物约2000种，药用动物约150种，药用真菌约300种；估计中药资源可达6000种。该区域是川药的主产区之一，代表性的药材有冬虫夏草、川贝母、天麻、秦艽、羌活、黄芪、大黄、当归、党参、川赤芍、半夏、独一味、川西獐牙菜、三颗针、红景天、川木通、重楼、川续断、升麻、藁本等。其中川贝母通过中药材GAP认证。

（2）青海藏区　该区域地处青藏高原东缘，已记载有药用植物800余种，药用动物约200种，矿物药约30种。中药资源以玉树藏族自治州和黄南藏族自治州最为丰富。该区域是西药的主产区之一，其代表性的药材有冬虫夏草、川贝母、羌活、藏茵陈、雪莲、黄芪、瑞香狼毒、秦艽、党参、铁棒槌、柴胡、升麻、赤芍、麻黄、枸杞、甘草、红景天、大黄、锁阳等。

（3）甘肃藏区　该区域地处青藏高原东北边缘与黄土高原西部过渡地段，已记载有药用植物850余种，药用动物约150种，矿物药约20种，是甘肃省主要的药材区之一。现已种植的汉藏药材60余种，种植面积6.95万亩，产量达到13 621吨。该区域也是川药、秦药和西药的产区，代表性的药材有冬虫夏草、水母雪莲、川贝母（甘肃贝母）、烈香杜鹃、羌活、大黄（唐古特大黄）、当归、红芪、麻花秦艽、防风、天麻、柴胡、党参等。

（4）云南藏区　该区域地处青藏高原南缘，横断山脉腹地，是滇、川、藏三省区交汇处。金沙江、澜沧江、怒江三江并流，最高海拔卡瓦格博峰6740米，澜沧江河谷的最低海拔1486米，绝对高差达5254米。垂直气候和立体生态环境特征明显，属温带-寒温带气候，年均气温4.7～16.5℃，年极端最高气温25.1℃，最低气温-27.4℃。目前已记录有高等植物多达187科5000余种，药用植物约1500种，药用动物约200种，矿物药约20种。该区域也是云药主产区之一，代表性的药材有木香、秦艽、天麻、茯苓、冬虫夏草、川贝母（卷叶贝母）、云当归、杜仲等，大宗药材历史最高年收购量超过200万千克。目前中药材种植面积9万余亩，产量2万多吨，其中云当归、金铁锁、天麻、重楼、茯苓近万亩。

## 2. 本片区的中药材生产及流通情况

四省藏区片区地质结构复杂，海拔高低悬殊大，光、温、降水分布皆不均匀，区域气候明显，蕴含丰富多样的中药资源，形成了道地性突出的药材。因此，许多厂商纷纷设药材生产基地，目前已建设有大黄、黄芪、秦艽、川贝母、麻黄、红景天、天麻、当归、独一味、波棱瓜、铁棒槌等的栽培生产基地。药材生产基地的建设有利于提高本区药材的生产能力，提高当地居民收入。

本片区中药材生产历史悠久，在当地出现了中药材收购公司或专业药市。如四川省的阿坝县安多中药材市场、阿坝藏族羌族自治州黑水县药材批发市场、康定中药材市场，云南省的云南香格里拉药材市场，甘肃省的甘南藏族自治州药材批发市场，青海西宁中药材市场等，促进了当地中药材的销售和中药农业的发展。

本片区出口药材有冬虫夏草、大黄、川贝母、秦艽、天麻、茯苓等。

## 三、四省藏区中药产业振兴乡村经济的对策

国务院颁布实施《中国农村扶贫开发纲要（2011—2020年）》后，四省藏区已实现全面建成小康社会的目标。各省、州、县在制定巩固扶贫攻坚成果和振兴乡村经济的规划中，虽各地的重点有所不同，但普遍认为产业选择关键在于有效利用片区内旅游产业、特色产业相关的优势资源，促进第一产业中特色农业与第三产业中旅游产业的有机结合。

四省藏区的牧区占最大面积，牧民常以牛羊存栏作财富，但货币化率低，常以采集销售中药材（特别是冬虫夏草和川贝母）和奶制品为日常生活消费的经济来源；半农半牧地区以种植小麦、青稞、马铃薯、中药材等为主要经济来源。可见，将中药产业与旅游业有机结合，可增加当地居民收入。各省、州、县均提出大力发展中药材种植，推进符合《中药材生产质量管理规范》（GAP）的生产基地建设。

### （一）本片区中药产业存在的问题

#### 1. 中药种植技术水平低，药材质量意识薄弱

四省藏区能读懂汉文献的人口所占比例低，中高级专业技术人才缺乏，科技贡献低。农牧民文化水平普遍较低，文化层次相对较高的青壮年大多外出打工，在家务工人员掌握现代农业专业技术困难，牧民没有农业种植习惯，半农半牧地区存在以农作物种植的思路栽培中药材，或粗放经营，缺乏质量意识，部分地区滥施除草剂、化肥、农药。现有中药农业技术服务体系有待完善，存在网络不全、队伍不稳、人员不足、技术推广少等诸多问题。

#### 2. 中药材生产集约化低，市场体系不完善

四省藏区因受地理环境的制约，区内难以形成相对面积较大的中药材生产基地，出现

中药材生产基地规模小、零星分散，中药材生产技术不高，规范化种植意识不强的现象。同一品种在不同区域，其种植和加工技术也不统一。区内中药材仓储、包装、运输等基础条件差，物流成本高，互联网+中药的信息体系不完善，产销信息不对称，直接造成有货卖不出的局面。

### 3. 缺乏龙头企业带动，产业链不完整

从整体来看，四省藏区企业对原材料需求覆盖面少，企业与种植户没有形成紧密的利益关系，企业反哺中药农业的力量不足，企业带来扶贫效果难以显现。受基础设施的限制，缺乏具有明显区域特色的大企业、大基地，没有形成区域特色品种的完整产业链条，以及具有核心市场竞争力的产业或产业集群。

### 4. 生态环境脆弱，承载能力有限

四省藏区的生态环境脆弱，是我国重要的生态功能保护区、生物多样性保护区，具有维护生态平衡、保障生态安全等功能，许多地方属限制开发和禁止开发地区。存在发展与生态保护的尖锐矛盾，产业结构调整受生态环境制约明显。同时，缺乏除旅游产业的新产业，未将资源优势、后发优势转化为经济发展优势。

### 5. 四省藏区发展不平衡，协作能力弱

四省藏区各片区之间、片区内各州县之间的发展水平存在不同程度差距。区域间的协作较少，存在中药种植各自为政、产业结构雷同、重复建设等严重的问题，甚至局部出现恶意竞争现象，造成自然资源、社会资源的浪费。各地政府对中药产业的支持力度不一，产业发展不均衡，加之各地招商引资政策，大型企业被迫倾向性服务，导致企业在跨区域中药基地建设、产加地工和营销等方面出现不均衡，制约本片区协调发展。

## （二）本片区中药产业振兴乡村经济的策略

中药产业振兴乡村经济，应因地制宜，以提质增收为导向，促进"生产+加工+流通+科技"要素集聚，加快各产业的深度融合，构建"社会资本+企业+合作社+家庭农场+农户"的产业复合体，推动中药产业形成全链条、全要素、一体化运用，使中药产业振兴乡村经济具有精准、长效、持续发展的特点。

## 1. 因地制宜，发展优势中药材品种

四省藏区各州、县的海拔、土壤、气候、生态环境、耕地面积和基础条件不同。中药产业扶贫应结合现在的基础，以保证药材品质、增加农牧民收益为前提，坚持因地制宜、统筹规划、合理布局的原则，规划中药材种植品种和面积，发展规模应控制在资源与环境承载能力限度内。发展当地道地或优质药材品种，切勿盲目追风或引种，如四川甘孜和云南迪庆的卷叶贝母、四川阿坝的暗紫贝母、青海和甘肃的甘肃贝母，青海和四川的唐古特大黄、甘肃和四川的掌叶大黄，青海和甘肃的中麻黄，云南迪庆的天麻，云南（德钦）、四川西北部和青海西南部的川西獐芽菜，四川、青海、甘肃的羌活等具有区域优势的药材，应以保质增收、树立品牌、拓展市场为主。根据市场的需求，在周边地区适当拓展，形成优质药材的品牌带动效应。

## 2. 维护生态安全，变绿水青山为金山银山

四省藏区地处青藏高原和横断山区，生物多样性丰富，生态环境脆弱，青藏高原是亚洲许多河流的发源地，全球气候变化特别敏感区，也是我国重要的生态安全屏障，许多区域属限制开发和禁止开发地区。同时本区域主要是高原和高山峡谷地貌，农耕面积极少。因此，开展中药产业扶贫工作应以国家利益为核心，在生态建设与环境保护中发展中药产业，采用多样化的生产方式。在传统农耕区宜选择当地的优质药材进行规范化种植，发展规模与耕地资源相适应；在退耕还林地区应采用林药结合，发展林下生态种植的模式；在沙化和荒漠地区应结合沙化防治选择药用价值高的药用植物进行种植，如枸杞、黑枸杞，或结合白刺属*Nitraria*和红砂属*Reaumuria*等固沙植物培植、种植锁阳等。草原属生态保护区，不能耕种，宜以野生抚育和人工补种的生产方式维持草原的持续生产。如牧民采集和售卖冬虫夏草和川贝母等药材作为日常经济来源。该区域一方面应当加强宣传减少牛羊存栏数目，减少草原的生态压力；另一方面应加强宣传引导牧民将花期采集川贝母的传统改为到果实成熟期再采集，采集药材的同时播种，同时通过药监和工商部门打击在花期收购药材的商贩，这样既不改变牧民的生产方式，又能保证药材的产量和质量，持续增加牧民经济收入。在自然保护区，可以将种质资源保护与汉藏医药文化、旅游结合起来，使生态资源转化为经济资源。如此，既可实现中药产业扶贫，又加强了青藏高原和横断山区生态建设与环境保护，对于国家生态安全、促进边疆稳定和民族团结、全面建设小康社会具有重要战略意义。

### 3. 构建传统营销与"互联网+"结合的营销模式

四省藏区普遍缺乏具有市场竞争力的龙头企业，农牧民又缺乏驾驭小农经济的能力。因此，首先支持具有一定规模的药材销售企业或大户，培育一批经营主体，采用"企业+合作社+药农"模式组织和规范药材的种植、采集、加工等，经营主体与互联网药企或农产品企业电子交易平台结盟构建多方利益联合的经济共同体，让农牧民共享发展收益。其次，由政府主导建立技术信息服务中心和电子交易中心，给农牧民做电子交易技术培训，提供政策、农牧产品经济信息和技术服务，提升农牧民掌控小农经济的能力。在政府引导下逐步形成以环境保护为经营指导思想，以绿色生态文化为价值观，以绿色消费为中心和出发点的营销观念、营销方式和营销策略，实现将藏区的资源优势转化为经济发展优势。

### 4. 构建技术服务体系，完善中药材产业链

技术和技术人才缺乏是藏区发展经济面临的突出问题，因此政府部门应利用支边志愿者组建一支由固定人员和临时人员组建的技术服务队伍，建立技术和信息服务精准到户机制，定期进行技术培训和信息服务，或组织相关专家开展技术培训、实地指导中药材生产。首先，让农牧民具有掌控中药种植、养殖、加工、研发、销售等能力。其次，制定道地和优质中药材产地加工规范，统一质量控制标准，改进加工工艺，提高中药材产地加工水平，避免粗制滥造和采用不合理加工方法导致中药材质量下降；并打击产地加工过程中掺杂掺假、熏硫、染色、增重、污染霉变、非法提取等行为。同时，利用技术信息服务中心和电子交易中心，构建贫困地区中药材溯源体系，为中药材产业精准扶贫提供技术支撑。

此外，针对藏区中药资源，开展中药大健康产品的开发，以产品带动当地中药产业的提升。特别是药食两用类中药，应充分挖掘其食用价值，大力开发药食两用的产品，或利用药材种植带动副产业，如种植川贝母、黄芪等蜜源植物时，放养蜜蜂，可以收获优质蜜糖等。重视中药副产物的综合利用，减少资源的浪费，提高中药资源的附加值。如大黄的地上部分可开发饲料，嫩叶柄可作野菜开发等。

## 四、中药材生产的基础知识

### （一）中药栽培对环境条件的要求

《中药材生产质量管理规范》（简称GAP）要求中药材产地的环境应符合国家相应标

准，空气应符合大气环境质量二级标准，土壤应符合土壤质量二级标准，灌溉水应符合农田灌溉水质量标准。

中药材具有药品、食品和商品三重属性，必须符合相关药品标准的要求。因此，中药材生产不仅要有较好的产量和质量，农药及重金属含量更应低于对人体构成毒害的限度，这些质量标准和要求就是中药材生产的目标。同时药用植物生长发育的环境条件要求比较严格，各种药用植物只有在适宜的温度、光照、水分、土壤、气体条件下，才能良好的生长发育。因此，中药材栽培生产中既要充分利用自然条件，还要建设各种保护设施，改善不利的环境条件。只有这样才能不断满足药用植物生长发育期间对环境条件的要求，促使其优质、稳产、高产，充分满足其药用价值和市场的需求。

## 1. 温度

（1）各种药用植物对温度的要求

①耐寒性药用植物：其生长发育的临界温度为5～25℃，最适温度为15～20℃，可较长忍耐–2～–1℃低温，短期内可忍耐–10～–5℃低温，或在冬季地上部分枯死，地下部分越冬能耐0℃以下，甚至–10℃的低温。如大黄、川贝母、秦艽等。

②半耐寒性药用植物：其生长发育的临界温度为5～25℃，最适温度为17～20℃，短时间内能忍耐–2～–1℃低温，温度超过20℃则同化作用低，生长不良。如藁本、当归等。

③耐寒而适应性广的药用植物：其耐寒性同半耐寒性药用植物，但耐热性较强，生长发育的临界温度为5～30℃，最适温度为15～25℃，冬天地上部分枯死，地下宿根越冬，甚至地下部分可耐受–30℃低温。

④喜温药用植物：其种子萌发、幼苗生长、开花结果都要求较高的温度，生长发育的临界温度为10～35℃，最适温度为20～30℃，花期气温低于10～15℃则授粉不良或落花落果。如酸橙、忍冬、川芎等。

⑤耐热药用植物：生长发育的临界温度为10～40℃，最适温度为25～30℃，15℃以下不开花结实，10℃以下停止生长，0℃以下冻死。如山药、砂仁、苏木、槟榔、罗汉果等。

（2）温度对药用植物的影响 植物生长发育对温度的需求因物种、品种和生长发育时期不同而异。通常种子萌发期、幼苗生长期需求温度略低，营养生长期要求温度渐渐增高，生殖生长期要求温度较高。这是合理安排播期和科学管理的依据。同时温度变化也影响有效成分的积累，一般适宜的温度利于多糖、淀粉等无氮物质合成；高温则利于生物碱、蛋白质等含氮物质合成。如高温干旱条件下，颠茄、金鸡纳树等体内生物碱的含量较高。因此，掌握温度因子的效应，在药用植物栽培中采用低温沙藏、遮阴、培土覆盖等措施来满足植物在不同生长时期对温度的要求，对实现中药材优质、高产、稳定、高效具有重要意义。

## 2. 光照

光是植物进行光合作用的能量来源，光合产物是植物生长发育和药材品质形成的物质基础。光照强度、日照时数和光照质量直接影响到植株的生长发育、药材产量和质量。

（1）光照强度　植物光合作用强弱与光照强度密切相关，但不同植物和植株的不同发育时期对光照强度的要求不同。通常发芽不需光，幼苗较成株耐弱光照，生殖生长期较营养生长期需较强的光照。光照强度的单位是勒克斯（Lux或Lx），常用光补偿点（LCP）、光饱和点（LSP）和光合强度（即同化率）三个值来表示。根据药用植物对光照强度需求的不同常分为三类。

①阳性药用植物：这类植物在荫蔽和弱光条件下生长发育不良，要求强光照，其光饱和点和光补偿点均较高，常高于自然条件下的光合有效辐射（PAR）值，不会发生光照过强而引起净光合速率（Pn）下降的情况。但光补偿点较高不利于有机物积累，遮蔽环境中阳性植物的节间和叶柄伸长。如蒲公英、甘草、黄芪、白术、芍药等。

②阴性药用植物：这类植物在较弱光照条件下较强光下生长良好，全光照下会被晒伤或晒死，能在低于全光照2%的条件下生长，光补偿点平均不超过全光照的1%；但其光合速率和代谢速率均较低，当光照达不到光补偿点时不能正常生长，多生长在潮湿背阳的地方或密林中。如黄连、人参、细辛等。

③半阴性药用植物：这类植物对光照适应能力较强，也能忍耐适度的荫蔽，但全光照下生长最好。通常年龄越小耐阴性越强；环境湿度大，水分充足，土壤肥沃，耐阴性就越强。反之就越弱。如桔梗、黄精、党参等。

不论属哪种类型的药用植物，阳光充足是植物正常生长发育的必要条件之一。只有高于光饱和点的光照强度，才会使光合产物积累多，植株生长发育健壮，产量高，反之亦然；同时光也直接影响有效成分的积累。因此，协调植物不同生长发育时期对光照强度的需求，有利于提高药材产量和有效成分含量，获得高产优质药材。

（2）光照时数　植物花芽分化、开花、结实、分枝、地下器官（块茎、块根、球茎、鳞茎等）的形成受日照长短（即光周期）的影响。一些种子需经特定日照长度或间断给予光照才能萌发。依据植物对光周期的反应可分为长日植物、短日植物、中间型植物。长日植物（LDP）的抽薹开花要求每天的光照时数在12小时以上，否则不开花；短日植物

（SDP）则要求每天的光照时数在12小时以下，超过也不开花；日中性植物（DNP）对光照时数的要求不严格，长短日照都可以开花。

（3）光照质量　指光的组成成分，由光波长的长短确定。光线分为可见光和不可见光两部分，不可见光又分为紫外光和红外光，可见光由紫、蓝、青、绿、黄、橙、红等七色光组成。阳光中只有可见光部分才能被光合作用利用，植物吸收最多的是红橙光和蓝紫光部分，红光还能加速长日植物的生长发育，延缓短日植物开花，黄光次之；蓝紫光对植物生长发育的作用与红光相反。长波光下生长的植物节间长，茎纤细；短波光下则节间短，茎较粗。

## 3. 水分

植物鲜组织中水分占60%～80%，是光合作用的原料之一，也是营养物质进入植物体的载体。没有水分，植物无法吸收营养物质和进行光合作用，也就无法生存。因此，水分是药用植物生长发育的重要条件。

（1）药用植物的需水规律　各种药用植物需水特性与其根系吸收能力和地上部分蒸腾作用消耗量有关。通常根系发达者吸水多，抗旱能力强；叶面积大，组织柔嫩，蒸腾作用大，抗旱能力弱；叶表面具有蜡质层者，水分消耗少，也较耐旱。根据植物对水的适应能力和方式，常划分成四种类型。

①水生药用植物：该类植物生长在水中，其叶面积大、组织柔嫩，消耗水分多，但其根系不发达，吸收能力弱。常分为挺水、浮水和沉水药用植物三类，如莲、芡实、芦苇等只能在浅水或多湿的土壤中栽培。

②湿生药用植物：该类植物生长在河滩、沼泽、山谷等潮湿环境，其叶片上下表皮均分布有气孔，蒸腾作用大，抗旱能力差，抗涝性强，水分不足会导致植物萎蔫。按光照强度需求可分为阳性湿生药用植物（如蕺菜、半边莲、三白草等）和阴性湿生药用植物（如天南星、七叶一枝花、贯众等）。

③旱生药用植物：该类植物具有根/茎比率较高、叶表面积/体积比率低等适应干燥环境的外部形态、内部结构和生理功能，在干旱环境下能保持植物体内正常水分，抗旱能力强。常可分为肉质旱生、硬叶旱生、软叶旱生、超旱生植物四个类型。肉质旱生如龙舌兰、芦荟、红景天等，硬叶旱生如松树、夹竹桃、针茅等，软叶旱生如甘草、旋花属植物，超旱生植物如麻黄、沙拐枣等。

④中生药用植物：该类植物形态结构和适应性介于湿生植物和旱生植物之间，不能忍受严重干旱或长期水涝，只能在水分条件适中的环境中生活，绝大多数陆生药用植物均

属此类型。如丹参、桔梗、白术、地黄等。

（2）不同生育期对水分的需求　植物不同生长发育时期对水分的需求不同。

①种子萌发期：种子发芽需要一定的土壤湿度，但各种药用植物种子的吸水能力、吸水量和吸水速度不同。通常在播种前浇足底水，或播种后及时浇水，若土壤墒情好、湿度高时也可直接播种。

②幼苗期：植株小、蒸腾量少、需水不多，但根系少、分布浅，同时土壤大部分裸露、湿度不稳定，易受干旱影响。因此，苗期应浇水，注意保持土壤湿度。

③营养生长期和养分积累期：该时期需水较多，但在营养器官开始形成时，供水不宜过多，以利于根系固定、伸长，防止地上部分徒长，影响产量和品质；进入生长旺盛期后要保持充足的水分供给。

④开花期：该时期对水分的要求严格，浇水过多或过少都易引起落花落果。果实种子类药材，开花期不宜浇水，需进行蹲苗，水分过多易引起茎、叶徒长，落花落果。

## 4. 气体

植物的呼吸作用需要氧气，此外植物利用空气中的二氧化碳进行光合作用，空气几乎是所有植物所需二氧化碳的唯一来源。

（1）氧气　植物呼吸作用所需要的氧气可以从空气中得到满足，一般耕作条件下土壤间隙中的氧气可以满足根系呼吸作用所需。若土壤板结、浇水过多或涝雨天气，土壤间隙较小，根系在缺氧条件下呼吸作用下降，活力降低，则影响植物生长。采用中耕松土、合理浇水或及时排涝可调节土壤中氧气含量，促使根系正常生长。种子萌发时需氧较多，缺氧则影响种子萌发。

（2）二氧化碳　植物干重90%以上是来自光合产物，碳素约45%，这些都是植物进行光合作用从空气中的二氧化碳获得。空气中二氧化碳的浓度直接影响植物的生长发育。植物进行光合作用时所需的最适二氧化碳浓度常在0.1%左右，空气中二氧化碳浓度通常约0.03%，植物最高可以接受0.8%的二氧化碳浓度。因此，当温度和光照适宜、营养充足时，空气中二氧化碳浓度多少就成为植物光合作用的重要制约因素。通常当光照达到1000～3000勒克斯，植物就开始大量吸收二氧化碳，若二氧化碳不能及时从大气中补充进来，植株就会因缺少了二氧化碳，停止光合作用，而患上"饥饿症"，长时间的"饥饿症"势必影响药用植物的产量和品质。因此，常通过打掉植株下部分的老叶，改善通风情况，以增加二氧化碳的供给。

（3）有害气体　危害植物的有害气体种类较多，有的是空气污染，有的是人工栽培措施不当造成。有害气体主要有硫化物、氟化物、氯化物、氢氧化物，以及磷化氢、二氧化氮和各种金属气体元素等。空气污染主要来自矿物燃料（煤和石油）的燃烧和工厂的废气，这类有害气体只能通过环保工作控制。人工栽培措施不当产生的有害气体，如氮肥施用过量或施肥方法不当产生的氨气、二氧化氮，使用质量不合格的农用薄膜溢出的氯气和乙烯等，均影响药用植物的生长以及药材的产量和品质。这类有害气体只能通过良好的栽培管理措施加以解决。

### 5. 土壤

土壤是由固体、液体和气体组成的三相系统，也是陆地生态系统的基础。土壤条件直接影响植物生长发育和代谢产物的合成、积累，其中土壤质地、溶液浓度和酸碱度的影响最明显。

（1）土壤质地　土壤质地与土壤通气、保肥、保水状况及耕作难易程度等密切相关，土壤质地是拟定土壤利用、管理和改良措施以及栽培品种选择的重要依据。中药栽培常见的有砂壤土、壤土和黏壤土。

①砂壤土：土质疏松、排水良好、不易板结开裂、春季升温快，但保水保肥力差，有效营养成分少，植株易出现早衰，肥水不足时更为严重。栽培管理上应多施有机肥，多次少量施加追肥，并采取措施减少水分流失。适宜种植耐旱、深根类的药用植物，以及以根及根茎类为采收目标的药用植物。

②壤土：土质疏松适中、保水保肥力较强、土壤结构良好、春季升温稍慢，有机质和有效营养成分丰富，适宜种植大部分药用植物。

③黏壤土：土壤黏性重，保水保肥力强、春季升温较慢，有机质和有效营养成分丰富，但排水不良，通气透水性差，易受涝灾，雨水或浇水后易干燥开裂，植株生长发育缓慢。适宜种植抗涝性强，以采收地上部位为目标的药用植物。

同时土壤结构也影响药材品质，如大黄适宜砂壤土，但土壤过于疏松则根分叉多，质地疏松，品性变差。总之，应根据不同的土壤质地选择适宜种植的药用植物，并采用科学的种植技术和方法，一方面可促使药用植物生长良好，另一方面能够不断改善质地较次的土壤。

（2）土壤溶液浓度和酸碱度　土壤溶液浓度（全盐含量）与土壤组成密切相关，土壤溶液包括各种可溶性盐和营养物质，它是物质转化与运输的载体，也是植物根系获取养分的源泉。土壤溶液浓度过稀，植物不能得到充分的营养，浓度过高则会阻碍植物吸水；其中含有较多有害盐类时，能引起土壤盐渍化。有机质丰富的土壤吸收能力强，土壤溶液浓度能保持较低的状态，但砂土和砂壤土的情况正好相反。此外，土壤的保水能力和含水量也直接影响土壤溶液浓度。因此，施肥时应根据药用植物的种类和不同生长发育阶段，以及土壤质地和含水量进行合理施肥，以避免浓度过高影响植物生长，通常在稍低于药用植物忍受的浓度下生长最好，产量最高。

土壤酸碱度与土壤微生物活动、有机质合成与分解、营养元素转化与释放、微量元素有效性、土壤保持养分的能力等密切相关。土壤pH 6～7时，多数矿质养分的有效性较高；在强酸性土壤中，钾、磷、钙、镁、钼的有效性明显增大，但对植物有毒害的铝离子也同时增多。大多数药用植物能在中性或弱酸性土壤（pH 6～7）中正常生长，少数可在强酸性或强碱性土壤中生长。因此，中药栽培时，除根据土壤酸碱度选择适宜品种外，还可采取适当的土壤改良措施。如土壤酸度过高，可适当施入石灰中和；土壤碱度过高，可采用大水漫灌冲洗或用石膏中和等措施。

## （二）中药材栽培生产的特点

### 1. 种类和品种繁多

中国已知的药用植物约12 000种，在常用的500种中药中，约70%的品种主要来自野生，来自人工栽培者约占30%。我国中药种类和品种资源丰富，同一种中药有多个基原，每种基原存在不同生态型、地理宗或品种。而这些不同也导致了药材的栽培技术、适应地区，以及产量、品质和价格等均存在差异。因此，中药材栽培生产应根据产地适应性、市场需求，选择相应的品种进行栽培。

### 2. 栽培方式多样

中药的基原物种或品种不同，栽培方式和技术也不同。药材具有商品和药物的双重特性，既要求产量，又注重质量。这就要求中药栽培根据当地实际情况，选择符合当地生产方式和不同茬口的生产品种，提高土地复种指数，以提高当地的经济效益。中药栽培常采用药材与药材交替种植、中药与农作物的套种、中药与果园或林木间种的生产模式，通常根据其根系特征、需肥规律、连作年限、生态要求合理安排生产。如喜阳的高层与耐阴的低层药用植物相混种，深根性与浅根性的药用植物相混种，多年生木本药材与短期生长的草本药材相混种；高秆农作物与低矮的药用植物合理搭配相混种，林下或果树下栽种耐阴喜湿的药用植物。值得注意的是，不宜把亲缘关系相近或化学成分相似的品种相混种，或作为茬口品种。

### 3. 病虫危害多

药用植物常见的病虫害有几十种，中药栽培中受到各种病虫害危害时，不仅造成减产，同时也影响药材的品质。药用植物品种不同，其病虫害也存差异，危害程度也不同。因此，栽培生产中坚持从生态防治手段入手进行综合防治，如选择抗病性强的品种，合理轮作倒茬，进行种子、种苗消毒处理，培育健康幼苗，加强水肥管理以增强植株的抗性，以及合理选用低残留或生物农药进行防治。保证药用植物正常生长发育和优质高产。

### 4. 技术性强

中药栽培中，针对不同种类、不同品种、不同种植季节和不同种植地都有不同的技术要求。在以家庭为主要经营单位的体制下，药农不仅要会种药，还需掌握加工、贮藏和销售的方法与技术。只有科学的规划种植和管理，才会有优质、稳产、高产、低成本和高收入的良好态势。

### 5. 对市场依赖程度高

中药栽培生产是药物和商品性生产，市场除要求药材品质符合药品标准外，其数量需求与病种和发病率相关，同时，同种中药中，不同基原的药材，市场接受程度也不同，这就决定了它对市场依赖程度高。因此，中药栽培生产不但要重视栽培技术，还要及时掌握市场需求动态和全国相同品种的种植情况，合理选择基原物种和品种，才能解决中药资源短缺和产销矛盾问题，保证药农能够丰产丰收。

## （三）中药材种植品种选择的依据

种植药材的目的是获利，俗话说"药材是宝，多了是草"。可见，药材种植业中，品种选择是关键，直接决定种植业的成败。凡因盲目跟风种植中药材而失败者不胜枚举。如2005年青蒿，2008年金银花，2018白及，因价格暴跌，种植者收益甚微。

### 1. 首选当地道地或优势药材品种

种植者决定种哪种药材时，首先应选择当地采集收购或种植时间长，并在国内有一定知名度的药材品种，如四川的川贝母、羌活，甘肃的当归，青海的大黄等道地药材。首先，这些药材经过长期种植，质量稳定；其次，这些药材具有较高的品牌效应，形成了良好的销售渠道，厂商会自动找上门；同时，这类品种的地域性强，竞争优势明显。

## 2. 选择种植技术成熟的大宗药材品种

药材种植不同于一般农作物的种植，每一种药用植物特性不同，种植技术也有差异。选择种植技术成熟的药材品种，从种子繁育、施肥管理、病虫害防治、产地加工等均具有一套技术规范，可减少种植风险，保证药材质量。相反，种植技术不成熟的品种，需要反复实践验证，且存在繁育率不高、产量质量不稳定、病虫害严重的现象。即使依靠相关专家的指导，也存在收益风险。

## 3. 选择有多种用途的药材品种

选择多种用途的药材品种，避免"把鸡蛋放在一个篮子里"，提高抗风险能力。一是选择药食两用的药材品种，如黄精、当归、枸杞子等，既是药材，也是食材，扩大销售范围。同时，药食两用品种，还可开发健康食品，提升药材的附加值。二是选择具有观赏价值的品种，与旅游结合起来，形成产业融合，如芍药、卷叶贝母等。三是选择有保健用途的品种，如黄芪、红景天、天麻、白及等。

## 4. 主要药材品种的适宜区

四省藏区各地可根据不同生态环境和耕地现状选择不同的药材品种和技术。切勿盲目引种，或者跟风种植。以下是根据已知的各县情况推荐种植的药材品种，详见表1。

表1　四省藏区各县适宜种植的药材品种推荐表

| 药材名 | 原植物 | 省份 | 区域 | 栽培方式 |
|---|---|---|---|---|
| 川贝母 | 川贝母 *Fritillaria cirrhosa* 暗紫贝母 *F. unibracteata* 甘肃贝母 *F. przewalskii* | 四省 | 除荒漠和沙化 | 海拔2800米以上，水肥条件好的耕地均可栽培；草原采用人工补种野生抚育 |
| 大黄 | 掌叶大黄 *Rheum palmatum* 唐古特大黄 *R. tanguticum* | 四省 | 除荒漠和沙化 | 海拔2800米以上，水肥条件好的耕地均可栽培；草原采用人工补种野生抚育 |
| 羌活 | 羌活 *Notopterygium incisum* 宽叶羌活 *N. forbesii* | 四省 | 除荒漠和沙化 | 海拔2000米以上，水肥条件好的耕地可栽培；或林下栽培 |
| 秦艽 | 秦艽 *Gentiana macrophylla* 麻花秦艽 *G. straminea* 粗茎秦艽 *G. crassicaulis* | 四省 | 除荒漠和沙化 | 海拔2000米以上，水肥条件好的耕地均可栽培；草原采用人工补种野生抚育 |

| 药材名 | 原植物 | 省份 | 区域 | 栽培方式 |
|---|---|---|---|---|
| 党参 | 党参 *Codonopsis pilosula*<br>素花党参 *C. pilosula.* var. *modesta* | 甘肃<br>青海<br>四川 | 除荒漠和沙化 | 海拔2000米以上，水肥条件好的耕地均可栽培；或林下栽培 |
| 当归 | 当归 *Angelica sinensis* | 甘肃甘南<br>四川阿坝<br>云南迪庆<br>青海黄南 | 除荒漠和沙化 | 海拔1700米以上，水肥条件好的耕地均可栽培；或林下栽培 |
| 黄芪 | 黄芪 *Astragalus membranaceus* | 甘肃甘南<br>四川阿坝<br>青海黄南 | 向阳地 | 海拔1700米以上，水肥条件好的耕地均可栽培 |
| 枸杞子 | 宁夏枸杞 *Lycium barbarum* | 青海<br>甘肃 | 荒漠和沙化 | 防沙固沙和干旱区 |
| 黑枸杞 | 黑果枸杞 *Lycium ruthenicum* | 青海<br>甘肃 | 荒漠和沙化 | 防沙固沙和干旱区 |
| 赤芍 | 川赤芍 *Paeonia veitchii* | 四省 | 除荒漠和沙化 | 海拔2000米以上，水肥条件好的耕地均可栽培；或林下栽培 |
| | 芍药 *Paeonia lactiflora* | 甘肃甘南<br>青海黄南 | | |
| 黄精 | 黄精 *Polygonatum sibiricum*<br>卷叶黄精 *P. cirrhifolium* | 四省 | 除荒漠和沙化 | 海拔2000米以上，水肥条件好的耕地均可栽培；或林下栽培 |
| 天麻 | 天麻 *Gastrodia elata* | 云南迪庆<br>甘肃甘南 | 荒坡、耕地、林下 | 水肥条件好的耕地均可栽培；海拔800~2200米中高山区的林下阴湿地带也可栽培 |
| 白及 | 白及 *Bletilla striata* | 云南迪庆<br>甘肃甘南<br>四川 | 荒坡、耕地、林下 | 水肥条件好的耕地均可栽培；或林下栽培 |
| 重楼 | 云南重楼 *Paris polyphylla* var. *yunnanensis* | 云南迪庆 | 耕地、林下 | 水肥条件好的耕地均可栽培；或林下栽培 |
| | 七叶一枝花 *P. polyphylla* var. *chinensis* | 甘肃甘南<br>四川 | | |
| 续断 | 川续断 *Dipsacus asper* | 云南<br>四川 | 耕地、林下 | 排水好的耕地均可栽培；或林下栽培 |
| 麻黄 | 草麻黄 *Ephedra sinica*<br>中麻黄 *E. intermedia*<br>木贼麻黄 *E. equisetina* | 甘肃<br>青海 | 荒漠、沙化 | 荒漠、沙丘、干燥坡地、浅沙干草原或向阳多石山坡均可栽培 |

| 药材名 | 原植物 | 省份 | 区域 | 栽培方式 |
|---|---|---|---|---|
| 藁本 | 藁本 *Ligusticum sinense* | 四川<br>甘肃 | 耕地、林下 | 海拔1000~2700米的耕地或林下栽培 |
| 猪苓 | 猪苓 *Polyporus umbellatus* | 云南<br>四川 | 耕地、林下 | 海拔1000~1500米的耕地或半阴半阳坡林下栽培 |
| 金铁锁 | 金铁锁 *Psammosilene tunicoides* | 云南<br>四川 | 耕地、林下 | 海拔2000~3800米的砾石山坡或石灰质岩栽培 |
| 红景天 | 圣地红景天 *Rhodiola sacra*<br>大花红景天 *R. crenulata* | 云南迪庆<br>四川甘孜 | 耕地、林下 | 海拔2500米以上，水肥条件好的耕地可栽培 |
| 波棱瓜 | 波棱瓜 *Herpetospermum pedunculosum* | 云南迪庆<br>四川甘孜 | 耕地、林下 | 海拔2300~3500米耕地或荒坡可栽培 |
| 独一味 | 独一味 *Lamiophlomis rotata* | 四省 | 除荒漠和沙化 | 海拔2500~4500米耕地可栽培，高原或高山上强度风化的碎石滩中或石质高山草甸采用人工补种野生抚育 |
| 喜马拉雅<br>紫茉莉 | 山紫茉莉 *Oxybaphus himalaicus* | 四省 | 高原 | 高原的耕地可栽培 |
| 川西<br>獐牙菜 | 川西獐牙菜 *Swertia mussotii* | 云南德钦<br>四川甘孜<br>青海玉树 | 河谷、林下 | 海拔1900~3800米耕地或林下栽培 |

## （四）土壤耕作和改良

### 1. 土壤耕作

土壤耕作是根据药用植物对土壤的要求和土壤特性，采用机械或非机械方法改善土壤耕层结构和理化性状，以提高肥力、消灭病虫杂草为目的而采取的一系列耕作措施。常包括以下几种。

①翻耕：按深浅分为深耕和浅耕，常以秋季深耕为主。栽培浅根性植物宜浅耕，深根性或以地下部分入药的植物宜深耕。

②地面平整：翻耕后地面留有墒沟和墒垄，也有局部的高低不平，为保证灌溉和

顺利排水必须进行地面平整。在结合地面平整的同时，把大的土块打碎，使肥料和土壤混匀。

③作畦（沟、垄）：药用植物栽培地块一般需要作畦、沟、垄，然后播种或栽苗，其中畦又分高畦和低畦两种。通常雨季雨水充沛的地区沟宜深，畦和垄宜高（图1）。

图1　垄、沟、平畦示意图

## 2. 土壤改良

土壤不一定完全适宜特定药用植物的生长发育和药材生产，通常采用一定的改良措施增加土壤厚度、改善通透性能、提升有机质含量，创造适合根系生长的良好土壤环境能明显提高药材的产量和品质。

①沙性土壤的改良：这类土壤通透性能好，但缺乏有机质，结构不良，保水、保肥、保温力不好，常采用施加有机肥、草木灰等，结合耕作改良。

②黏性土壤的改良：这类土壤有机质含量高，质地黏重，通气和排水不良。常结合深耕施加有机肥，或掺沙减黏的方法。

## 3. 施肥

中药材种植中需"严格管理农药、肥料等农业投入品的使用，禁止在中药材种植过程中使用剧毒、高毒农药，支持中药材良种繁育，提高中药材质量"（《中华人民共和国中医药法》第二十二条）。"严禁使用高毒、剧毒农药、严禁滥用农药、抗生素、化肥，特别是动物激素类物质、植物生长调节剂和除草剂。加快技术、信息和供应保障服务体系建设，完善中药材质量控制标准以及农药、重金属等有害物质限量控制标准；加强检验检测，防止不合格的中药材流入市场"[《关于进一步加强中药材管理的通知》（食药监〔2013〕208号）和《关于进一步加强中药饮片生产经营监管的通知》（食药监药化监

〔2015〕31号）〕。可见，滥用化肥和农药可能触犯法律法规。因而，在中药材种植过程中，掌握好肥料和农药的施用种类、施用量以及施用时期极为重要。

（1）肥料要求　中药材种植中以有机肥（或有机菌肥）为主，适当搭配化肥为辅；以施基肥为主，配合追肥；根据生长需求规律，合理施肥。有机肥包括人粪尿、厩肥、堆肥、绿肥、饼肥、沼气肥等，有机质含量达30%以上，氮磷钾总养分含量在5%以上。施用有机肥料能有效协调土壤中的水、肥、气、热，提高土壤肥力和土地生产力。

生物菌肥指在有机肥料中加入有益微生物菌群。生物菌肥中的有益菌能在根系周围形成优势种群，抑制其他有害菌的生命活动；分解根系排放的有害物质；促进土壤中有机物质降解和无机元素释放；改善土壤的团粒结构，调节土壤保肥、供肥、保水、供水以及透气性功能；能显著提高作物的产量和品质，实现有机生产的目的，符合安全性要求较高的中药材生产需要。

（2）施肥方式和方法　包括基肥和追肥。

①基肥：通常结合土壤翻耕时，采用撒施堆肥、绿肥、厩肥、饼肥、沼气肥等有机肥。

②追肥：补充基肥的不足，满足植物中后期的营养需求，常占总施肥量的1/3。追肥以人粪尿或氮、磷、钾化肥为主，采用冲施、埋施、撒施、滴灌、插管渗施、叶面喷施等方式，土壤湿度太高时，宜采用叶面喷施。

## 4. 灌溉和排水

中药材种植应依据栽培物种的需水特性和土壤情况，做好灌溉和排水，在旱季注意浇水，雨季注意排水。

## （五）中药材常见病虫害防治方法

四省藏区地理环境特殊，作物成片面积较小，农作物的病虫害较少，有利于中药材生产，但鼠害较严重，鼠害防治应结合草原鼠害防治综合治理。由于藏区栽培中药材历史短，随栽培时间延伸（特别是连作），容易引起病虫害的发生，轻则导致减产，重则颗粒无收。现将四省藏区中药材常见的病虫害症状及防治方法，简介如下，供中药材生产者参考。

## 1. 常见病害

（1）根腐病　指因根部腐烂，吸收水分和养分的功能逐渐减弱，最后全株死亡的一种常见植物病害。初期仅个别须根和支根染病，后逐渐向主根扩展。主根染病早期植株不表现症状，随着根部腐烂程度的加剧，地上部分因养分和水分供给不足，在中午前后植株上部叶片出现萎蔫，夜间恢复；病情严重时，上部叶片萎蔫状况不再恢复；此时根皮变褐，内部腐烂，最后全株死亡（图2）。此病常由2～3种致病真菌侵染引起，如镰孢霉属等。病原菌在土壤中和植物残体上过冬，多在4月下旬至5月上旬发病，6月进入发病盛期，发病与气温和湿度关系较大。苗床低温、高湿和光照不足也易发病；土壤黏性大、易板结、通气不良使根系生长发育受阻，或根部受到虫害，如线虫的危害后也易发病。

图2　根腐病病状图（从左至右，党参、黄芩、黄芪）

**防治方法**　根腐病属土传病害，主要经土壤内水分、地下昆虫和线虫传播。常通过挖沟切断菌源、土壤消毒、抗病育种和加强田间管理等措施进行综合防治。栽培选择地势高、排水良好的地块。药物防治：苗床用25%多菌灵粉剂500倍液或30%甲霜噁霉灵每亩1～2千克消毒；选用饱满成熟的种子，用30%甲霜噁霉灵1200倍液浸种或拌种；种苗移栽时，去除病苗，用25%多菌灵粉剂300倍液浸苗30分钟后，晾干水汽再进行移栽；忌连作；发现病株及时拔除销毁，并用10%的石灰水灌穴；收获后清洁田园，消灭病残体。发病高峰期，用50%退菌特1000倍液或50%多菌灵500倍液，或30%甲霜噁霉灵800～1000倍液灌根，有效率达90%。生物防治：苗床时期，将哈茨木霉菌（绿色木霉、康宁木霉等）根部型按每平方米2～4克预防使用，定植时或定植后，将哈茨木霉菌根部型稀释1500～3000倍液灌根，每株200毫升，每隔3个月使用1次。

（2）霜霉病　病株在叶片正面出现黄色病斑，背面产生白色或紫灰色霜状霉层，初期白色，后期灰黑色，最终致使叶片枯黄坏死（图3），以致植株枯死。在早春或晚秋低温多雨潮湿时，发病更严重。大黄、黄芪、当归、党参等易发此病。

**防治方法** 采用高畦栽培，适当稀植，发病前用5%百菌清粉尘剂每亩1千克喷粉预防，10～15天1次，或用45%安全型百菌清烟剂重烟预防，每亩0.5千克，7～10天1次。发病初期及时去掉发病叶片、销毁，并用50%安克可湿性粉剂1500倍液，或72.2%普力克液剂600倍液，或72%克露可湿性粉剂600～800倍液，或80%赛得福可湿性粉剂500倍液喷雾，或BO–10生物制剂300倍液喷雾，喷雾时应尽量把药液喷到基部叶背。

此外，常见的药用植物病害还有白粉病（图4、图5）、叶斑病（图6）等，具体防治方法见各论部分。

图3 黄芪霜霉病

图4 黄芪白粉病

图5 黄芩白粉病

图6 甘草叶斑病

## 2. 常见虫害

（1）地老虎　又称土蚕、截蚕。多发生于多雨潮湿的4～7月。幼虫以茎叶为食，咬断嫩茎，造成缺苗断垄；稍大后，钻入土中，夜间活动，咬食幼根、细苗，破坏植株生长（图7）。

**防治方法** 粪肥须高温堆制，充分腐熟后再施用；3月下旬至4月上旬铲除地边杂草，清除枯落叶，消灭越冬幼虫和蛹；用75%辛硫磷乳油按种子量的0.1%拌种；日出前检查被害株苗，挖土捕杀；危害严重时，用75%辛硫磷乳油700倍液，进行穴灌，或喷洒90%敌百虫600倍液。

（2）蚜虫 多发生于4～6月，立夏前后，特别是阴雨天蔓延更快。种类很多，形态各异，体色有黄、绿、黑、褐、灰等，为害时多聚集于叶、茎顶部柔嫩多汁部位吸食，造成叶子及生长点卷缩，生长停止，叶片变黄、干枯。几乎所有药用植物都受其危害（图8）。

**防治方法** 彻底清除杂草，减少其迁入的机会；在发生期可用40%乐果1000～1500倍稀释液或灭蚜松（灭蚜灵1000～1500倍稀释液）喷杀，连喷多次，直至杀灭。

（3）线虫 寄生线虫的侵袭和寄生影响植株正常生长发育，线虫的分泌物还会刺激寄主植物的细胞和组织，导致植株畸形。如引起根部畸形或黑点，还可引起当归的麻口病等（图9）。

**防治方法** 严格执行检疫措施，选用抗病、耐病品种；或用化学药剂处理土壤；常通过轮作、秋季休闲、翻耕晒土、清洁田园等耕作措施或利用天敌控制等。

图7 地老虎

图8 蚜虫

图9 根结线虫

### 3. 农药使用的原则

中药材病虫草害防治如果要使用农药应该遵循以下几条原则。

（1）严禁使用剧毒、高毒、高残留或有致癌、致畸、致突变的农药。

（2）推广使用对人、畜无毒害，对环境无污染，产品无残留的植物源农药、微生物农药及仿生合成农药。

（3）杀毒剂提倡交替用药，每种药剂喷施2～3次后，应改用另一种药剂，以免病毒菌产生抗药性。

（4）按中药材种植常用农药安全间隔期喷药，施药期间不能采挖商品药材，比如50%多菌灵安全间隔期15天，70%甲基托布津安全间隔期10天，敌百虫安全间隔期7天。

（5）严禁使用化学除草剂防除药材种植区杂草，以免造成药害、污染环境。

具体禁止使用的农药品种参见附录《禁限用农药名录》。

提倡使用生物源农药和一些矿物源农药。生物农药具有选择性强、对人畜安全、低残留、高效、诱发害虫患病、作用时间长等特点。

微生物源农药：农用抗生素，如井冈霉素、春雷霉素、农抗120、阿维菌素、华光霉素。活体微生物制剂，如白僵菌、枯草芽孢杆菌、哈茨木霉、VA菌根等。植物源农药，如杀虫剂，如除虫菊素、鱼藤酮、苦参碱。杀菌剂，如大蒜素、苦参碱等。驱避剂，如苦楝素、川楝素等。

动物源农药：昆虫信息素、微孢子原虫杀虫剂、线虫杀虫剂等。

矿物源农药：硫制剂，如石硫合剂；铜制剂，如波尔多液；钙制剂，如生石灰、石灰水等。

## 五、中药材相关政策法律法规节选

### 《中华人民共和国中医药法》节选（2017年7月1日起施行）

#### 第三章　中药保护与发展

第二十一条　国家制定中药材种植养殖、采集、贮存和初加工的技术规范、标准，加强对中药材生产流通全过程的质量监督管理，保障中药材质量安全。

第二十二条　国家鼓励发展中药材规范化种植养殖，严格管理农药、肥料等农业投入品的使用，禁止在中药材种植过程中使用剧毒、高毒农药，支持中药材良种繁育，提高中药材质量。

第二十三条　国家建立道地中药材评价体系，支持道地中药材品种选育，扶持道地中药材生产基地建设，加强道地中药材生产基地生态环境保护，鼓励采取地理标志产品保护等措施保护道地中药材。

前款所称道地中药材，是指经过中医临床长期应用优选出来的，产在特定地域，与其他地区所产同种中药材相比，品质和疗效更好，且质量稳定，具有较高知名度的中药材。

第二十四条　国务院药品监督管理部门应当组织并加强对中药材质量的监测，定期向社会公布监测结果。国务院有关部门应当协助做好中药材质量监测有关工作。

采集、贮存中药材以及对中药材进行初加工，应当符合国家有关技术规范、标准和管理规定。

国家鼓励发展中药材现代流通体系，提高中药材包装、仓储等技术水平，建立中药材流通追溯体系。药品生产企业购进中药材应当建立进货查验记录制度。中药材经营者应当建立进货查验和购销记录制度，并标明中药材产地。

第二十五条　国家保护药用野生动植物资源，对药用野生动植物资源实行动态监测和定期普查，建立药用野生动植物资源种质基因库，鼓励发展人工种植养殖，支持依法开展珍贵、濒危药用野生动植物的保护、繁育及其相关研究。

第二十六条　在村医疗机构执业的中医医师、具备中药材知识和识别能力的乡村医生，按照国家有关规定可以自种、自采地产中药材并在其执业活动中使用。

第二十七条　国家保护中药饮片传统炮制技术和工艺，支持应用传统工艺炮制中药饮片，鼓励运用现代科学技术开展中药饮片炮制技术研究。

第二十八条　对市场上没有供应的中药饮片，医疗机构可以根据本医疗机构医师处方的需要，在本医疗机构内炮制、使用。医疗机构应当遵守中药饮片炮制的有关规定，对其炮制的中药饮片的质量负责，保证药品安全。医疗机构炮制中药饮片，应当向所在地设区的市级人民政府药品监督管理部门备案。

根据临床用药需要，医疗机构可以凭本医疗机构医师的处方对中药饮片进行再加工。

第二十九条　国家鼓励和支持中药新药的研制和生产。

国家保护传统中药加工技术和工艺，支持传统剂型中成药的生产，鼓励运用现代科学技术研究开发传统中成药。

第三十条　生产符合国家规定条件的来源于古代经典名方的中药复方制剂，在申请药品批准文号时，可以仅提供非临床安全性研究资料。具体管理办法由国务院药品监督管理部门会同中医药主管部门制定。

前款所称古代经典名方，是指至今仍广泛应用、疗效确切、具有明显特色与优势的古代中医典籍所记载的方剂。具体目录由国务院中医药主管部门会同药品监督管理部门制定。

第三十一条　国家鼓励医疗机构根据本医疗机构临床用药需要配制和使用中药制剂，支持应用传统工艺配制中药制剂，支持以中药制剂为基础研制中药新药。

第三十二条　医疗机构配制的中药制剂品种，应当依法取得制剂批准文号。但是，仅应用传统工艺配制的中药制剂品种，向医疗机构所在地省、自治区、直辖市人民政府药品监督管理部门备案后即可配制，不需要取得制剂批准文号。

医疗机构应当加强对备案的中药制剂品种的不良反应监测，并按照国家有关规定进行报告。药品监督管理部门应当加强对备案的中药制剂品种配制、使用的监督检查。

## 参考文献

[1] 杨梅学，姚檀栋，何元庆. 青藏高原土壤水热分布特征及冻融过程在季节转换中的作用[J]. 山地学报，2002，20（5）：553-558.

[2] 李卿. 四省藏区金融扶贫调查[J]. 青海金融，2014（10）：36-38.

[3] 孙向前，高波. 四省藏区金融精准扶贫路径探究[J]. 普惠金融，2016（2）：38-41.

[4] 杨明洪. 统筹西藏与四省藏区协调发展的战略意义与实践[J]. 改革与发展，2017（3）：7-15.

[5] 彩凤，王玉峰，蒋远胜. 阿坝州县域经济发展协调性评价[J]. 西南农业大学学报，2012（1）：30-34.

[6] 杨明洪，尤力. 统筹西藏与四省藏区优惠扶持政策研究[J]. 西南民族大学学报（人文社会科学版），2016（9）：140-146.

[7] 尤力，杨明洪. 新形势下西藏与四省藏区协调发展基点研究[J]. 西南民族大学学报（人文社会科学版），2014（9）：103-108.

[8] 张玉强，李祥. 我国集中连片特困地区精准扶贫模式的比较研究——基于大别山区、武陵山区、秦巴山区的实践[J]. 湖北社会科学，2017（2）：46-56.

[9] 王胜，丁忠兵，吕指臣. 我国集中连片特困地区信息贫困的机理与路径[J]. 扶贫与农村发展，2017（6）：73-78.

[10] 陈玮，鄂崇荣. 习近平新时代中国特色社会主义治藏思想研究[J]. 青海社会科学，2018（1）：1-8.

[11] 羊许益. 中国集中连片特困地区精准扶贫研究述评[J]. 农村经济与科技, 2017, 28 (14): 206-207.

[12] 徐孝勇, 封莎. 中国14个集中连片特困地区自我发展能力测算及时空演变分析[J]. 经济地理, 2017, 37 (11): 151-160.

[13] 贾林瑞, 刘彦随, 刘继来, 等. 中国集中连片特困地区贫困户致贫原因诊断及其帮扶需求分析[J]. 人文地理, 2018, 33 (1): 85-93.

[14] 严铸云, 郭庆梅. 药用植物学[M]. 北京: 中国医药科技出版社, 2018: 321-332.

[15] 朱田田. 甘肃道地中药材实用栽培技术[M]. 兰州: 甘肃科学技术出版社, 2016.

（严铸云）

# 各 论

# 白及

bai ji

## 一、概述

本品为兰科（Orchidaceae）植物白及 *Bletilla striata*（Thunb.）Reichb. f.的干燥块茎，又名白芨、白鸡儿、连及草、冻疮药。具有收敛止血、消肿生肌等功效，常用于治疗咳血吐血、肺结核咯血、溃疡病出血等病症；也外治外伤出血、疮疡肿毒、皮肤皲裂等。不宜与乌头类药材同用。

## 二、植物特征

多年生草本，高20～50厘米。块茎扁球形，上面具环带，旁生多枚块茎，富黏性。叶4～6枚基生；叶片带状披针形至狭长椭圆形，长8～40厘米，宽1.5～6厘米，基部收狭成鞘并抱茎。花序具3～10朵花，花序轴"之"字状曲折；花大，紫红色或粉红色；萼片和花瓣长均为25～30毫米，唇瓣较萼片稍短，倒卵状椭圆形，白色带

图1 白及

紫红色，唇瓣明显3裂，中裂片边缘具波状齿，先端中央凹缺；唇盘上的5条脊状褶片仅在中裂片上面为波状。蒴果长圆状纺锤形，直立；种子粉末状。花期4～5月，果期10月。（图1）

本区内尚分布有同属植物小白及*Bletilla formosana*（Hayata）Schltr.和黄花白及*B.ochracea* Schltr.。小白及的叶、块茎均较小，花小得多，唇瓣椭圆形，唇盘上的5条纵脊状褶片从基部至中裂片上面均为波状。黄花白及花中等大，黄色或萼片和花瓣外侧黄绿

色，内面黄白色。二者均不宜作白及引种栽培。

## 三、资源分布概况

主要分布于陕西南部、甘肃东南部、江苏、安徽、浙江、江西、福建、湖北、湖南、广东、广西、四川和贵州等地，各地引种栽培较多。

## 四、生长习性

白及喜温暖湿润环境，稍耐寒；耐阴性强，忌强光直射，高温干旱时叶片容易枯黄；种子萌发和生长需要菌根，宜带土移栽。在自然条件下，常生长于较湿润的石壁、苔藓层中，或山坡草丛、沟边及疏林下较潮湿处，喜温肥沃、疏松而排水良好的砂质土壤或腐殖质土。年平均气温18～20℃，最低日平均气温8～10℃，年降雨量1100毫米以上，空气相对湿度为75%～80%，植株正常生长发育。白及有大种、小种之分，其中以大种块茎产量较高。

## 五、栽培技术

### 1. 种植材料

采用块茎或实生苗繁殖。

块茎繁殖：在9～10月收获时，选当年生具有老秆和嫩芽的块茎作种，块茎挖回后置通风干燥处晾数日，然后将1份种茎与2～3倍清洁稍干的细河砂混合贮藏于通风、阴凉、干燥的屋内一角，贮藏至翌春栽种。实生苗繁殖：采用白及无菌播种育苗技术或苗盘培养土，前者要求条件和技术高。

苗盘培养土法：10月采集成熟果实，置通风干燥处，果干燥开裂后，收集粉末状种子，用细土末（野生白及周围的土壤风干）按1∶1000混匀；用野生白及周围的土壤风干细土末与腐殖质丰富的风干土壤按1∶2混匀后，作培养土；将培养土放置在苗盘内轻轻压实后刮平，向装好营养土的苗盘内喷洒植物营养液至土浸湿透；将混土后的种子均匀播种在准备好的苗盘中，并喷洒水雾使种子湿润，防止种子被风吹走。将苗盘置于棚内，并保持温度在15～25℃，湿度在70%～90%。一周后种子变绿，一个月后即可见芽，出芽3～5天后开始喷洒叶面肥；三个月后形成具有2至3片叶的小苗。小苗具3片叶后移出大棚，将苗盘移至适当光照下进行培育；育苗第二年春天将其移植入种植地自然生长。

## 2. 选地整地

（1）选地　选择海拔1000米左右的山坡或林下空旷平地，以土层深厚、肥沃疏松、排水良好、富含腐殖质的砂质壤土以及阴湿的地块种植。

（2）整地　选好地后，进行深翻、耙细。翻耕土壤20厘米以上，每亩施入腐熟厩肥或堆肥1500～2000千克，翻入土中作基肥。在栽种前，再浅耕1次，然后整细耙平，做成宽1～1.3米的畦，挖好排水沟。

## 3. 种植方法

春栽（2～3月）或秋栽（10～11月），以秋栽为好。秋栽在土壤封冻前进行，春栽在土壤解冻后进行，宜早不宜迟，若繁殖材料已开始发芽，则不宜栽种。

选当年生健壮芽多的块茎（或实生苗的块茎），具嫩芽的块茎分切成小块，每块需有芽1～2个。然后，在整好的畦面上按行距33厘米，株距23～25厘米，挖深10～13厘米的穴，搂平穴底，每穴栽入种茎3块。栽时，将芽嘴向上，呈三角形错开，平摆于穴底。栽后，覆细肥土或火土灰，浇1次稀薄人畜粪水，盖土与畦面平齐。栽培白及时应选具有3～4个完好嫩芽的茎段作种茎，这是提高产量的捷径和有效措施。

## 4. 田间管理

（1）中耕除草　一般每年除草4次。第1次于4月齐苗后进行；第2次在6月旺盛生长期进行，因此时杂草滋长快，白及幼苗又矮小，要及时除尽杂草，避免草荒；第3次于8～9月进行；第4次结合收获间作作物疏松畦面，铲除杂草。每次中耕宜浅，避免伤根。

（2）追肥　白及喜肥，生长期间，每半个月追施1次稀薄的人畜粪水，每亩1500～2000千克。8～9月追以稍浓的人畜粪水，亦可将过磷酸钙与堆肥混合沤制后，撒施于畦面，结合第3次中耕除草，盖土压入畦内。

（3）排灌水　白及喜阴湿，栽培地要经常保持湿润，如遇天旱应及时浇水。7～9月早晚各浇1次水。白及又怕涝，雨季或每次大雨后要及时疏沟排除积水，避免烂根。

（4）间作　白及生长慢，栽培年限较长，头两年可在行间间种青菜、萝卜等短期作物，以充分利用土地，增加收益。

（5）越冬保护　当年不收获的白及要加强越冬保护，通常是覆土或施充分腐熟的农家肥后再覆土，以使其安全越冬。

## 5. 病虫害防治

地老虎：主要危害是其幼虫咬食或咬断白及幼苗及嫩芽。

防治方法　①在越冬代成虫盛发期可采用灯光或糖醋液诱杀成虫。②危害严重的地块，可采取人工捕捉。③用90%晶体敌百虫0.5千克，加水2.5～5千克，拌蔬菜叶或鲜草50千克制成毒饵，每亩用毒饵10千克诱杀幼虫。④用80%敌百虫可湿性粉剂800倍液或50%辛硫磷乳油1000倍液灌根。

# 六、采收加工

## 1. 采收

根栽种3～4年后的9～10月，当茎叶黄枯时采挖。采挖时，先清除地上残茎枯叶，然后用二齿耙小心挖取块茎，抖去泥土，运回加工。

## 2. 加工

将根茎浸水中约1小时，去粗皮，洗净泥土，除支须根，投入沸水中煮5～10分钟，煮至内面无白心时取出，晒或炕至全干后，撞去残须，使表面呈光洁淡黄白色，筛去杂质。

# 七、药典标准

## 1. 药材性状

本品呈不规则扁圆形，多有2～3个爪状分枝，长1.5～5厘米，厚0.5～1.5厘米，表面灰白色至灰棕色，或黄白色，有数圈同心环节和棕色点状须根痕，上面有突起的茎痕，下面有连接另一块茎的痕迹。质坚硬，不易折断，断面类白色，角质样。气微，味苦，嚼之有黏性。（图2）

1cm

图2　白及药材

## 2. 鉴别

　　本品粉末淡黄白色。表皮细胞表面观垂周壁波状弯曲，略增厚，木化，孔沟明显。草酸钙针晶束存在于大的类圆形黏液细胞中，或随处散在，针晶长18～88微米。纤维成束，直径11～30微米，壁木化，具人字形或椭圆形纹孔；含硅质块细胞小，位于纤维周围，排列纵行。梯纹导管、具缘纹孔导管及螺纹导管直径10～32微米。糊化淀粉粒团块无色。

## 3. 检查

　　（1）水分　不得过15.0%。

　　（2）总灰分　不得过5.0%。

　　（3）二氧化硫残留量　不得过400毫克/千克。

# 八、仓储运输

## 1. 仓储

　　药材仓储要求符合NY/T 1056—2006《绿色食品 贮藏运输准则》的规定。仓库应具有防虫、防鼠、防鸟的功能；要定期清理、消毒和通风换气，保持洁净卫生；不应与非绿色食品混放；不应和有毒、有害、有异味、易污染物品同库存放；在保管期间如果水分超过14%、包装袋打开、没有及时封口、包装物破碎等，发生返潮、褐变、生虫等现象，必须采取相应的措施加以处理。

2. 运输

运输车辆的卫生应合格，温度在16～20℃，湿度不高于30%，具备防暑、防晒、防雨、防潮、防火等设备，符合装卸要求；进行批量运输时应不与其他有毒、有害、易串味物质混装。

## 九、药材规格等级

白及商品一般为统货，以个大、饱满、坚实、色白、半透明为佳。

## 十、药用食用价值

### 1. 临床常用

（1）收敛止血　用于内外诸出血证。白及质黏而涩，为收敛止血要药，治疗诸内出血证，可单味药物研末糯米汤调服，如验方独圣散，临床常与三七同用，可加强止血作用，又不致瘀血留滞；治肺络受损之咯血，肺阴不足，常与枇杷叶、阿胶同用，如《证治要诀》白及枇杷丸；治胃出血之吐血，便血等，常配伍乌贼骨，如乌及散。

（2）消肿生肌　用于痈肿，烫伤，肛裂，手足皲裂。白及治疗疮疡痈肿，常配伍皂角刺、金银花、天花粉等，如《外科正宗》内消散；治烧烫伤，可配虎杖制成药膜外用；治手足皲裂、肛裂，可研末麻油调涂，或与凡士林调成软膏外涂患处；治皮区创面及慢性溃疡，可用白及细粉或鲜品捣烂外敷。

### 2. 食疗及保健

（1）胃炎、胃溃疡、胃出血　白及片或白及粉3～9克，三七粉3～9克，猪肚1/4个切片，将以上材料放入炖盅，加入约一碗半水，隔水炖2小时。食时加入少许盐调味即可服用。每2～3天服一次，1～2个月即可痊愈。

（2）鼻衄（俗称"漏鼻血"）　白及片或白及粉3～9克，三七粉3～9克，小蓟5克，排骨50克，放入炖盅，约加一碗半水，隔水炖2小时。食时加入少许盐调味即可服用。

（3）肺结核（俗称"肺痨"）　取百合10克，百部5克，五指毛桃50克，以上三味加8碗水煲至2碗水左右，去渣，加入白及粉、三七粉各3～9克，洗净猪肺1/4个，转入炖盅炖1.5个小时。加入少许盐即可服用。

（4）美白护肤　白及美容消斑、减肥，是美容良药，被誉为"美白仙子"，用于制造美白面膜，还可治痤疮、体癣、疖肿、疤痕等皮肤病。目前白及在化妆品和护肤品方面有广泛使用。

此外，白及还常作黏性剂和赋形剂，也可作盆栽观赏花卉。

参考文献

[1]　陆善旦. 白及种植技术[J]. 农村新技术，2008（19）：4–5.

[2]　张萃蓉，曾雄琼，陈海燕，等. 不同产地白及栽培比较试验[J]. 中药材，1994（17）：7.

[3]　么厉，程慧珍，杨志. 中药材规范化种植（养殖）技术指南[M]. 北京：中国农业出版社，2006.

（李文渊）

bo　leng　gua

# 波棱瓜

## 一、概述

本品为葫芦科植物波棱瓜*Herpetospermum pedunculosum*（Ser.）C. B. Clarke的干燥种子，又名色吉美多、塞季美朵、塞拉美朵等。具有清肝利胆，健脾助运的功效。主治六脏热病，赤巴病，肝胆病，黄疸型传染性肝炎，胆囊炎，消化不良等。常用藏药，为"十味蒂达胶囊"等30多个藏成药制剂的重要原料。

## 二、植物特征

一年生藤本；茎、枝具棱沟，幼时被疏柔毛。叶片卵状心形，长6～12厘米，宽4～9

厘米，全缘或有浅裂，基部心形，弯缺张开，两面粗糙，背面叶脉隆起，具长柔毛；卷须2歧。雌雄异株。雄花单生，同一总状花序并生，花冠黄色，5深裂；雄蕊3，内藏，药室三回折曲；退化雄蕊近钻形。雌花单生，花被似雄花；子房长圆状，3室，每室胚珠4～6枚，胚珠下垂，柱头3。果实阔长圆形，三棱状，被长柔毛，成熟时3瓣裂至近基部。种子长圆形，淡灰色，基部截形，顶端不明显3裂，长约12毫米，宽5毫米，厚2～3毫米。花果期6～10月。（图1）

图1　波棱瓜

## 三、资源分布概况

　　主要分布于青藏高原东部的四川、云南、西藏等地，海拔2000～3500米的山坡灌丛及林缘、路旁。目前四川泸定和西藏林芝有栽培；1999年四川泸定开始进行引种、驯化，经种植研究、试验示范和推广，已成为波棱瓜种植代表性区域和波棱瓜子药材的主产区。

## 四、生长习性

　　波棱瓜喜阴凉湿润、怕高温、怕涝，不耐旱。在月平均气温15～25℃下生长旺盛，当气温达30℃以上时，容易形成大面积死亡。栽培宜选在海拔2000～3500米，土质疏松、肥力充足、富含腐殖质、土层深厚、土壤肥力较好的地块种植。

## 五、栽培技术

### 1. 种植材料

以有性繁殖为主。7~9月果实陆续成熟，选择植株健壮、丰产性好、无病虫的植株作采种母株，选果实丰满，具有本种特征的果实作种，待果皮由青变成淡黄褐色，顶端尚未开口或近开口时采摘。采摘果实时从果柄处剪取，果实采下后运回置通风处阴干，待晴天脱粒，脱粒后将种子晾晒至含水量10%左右，除去杂物，种子净度达95%以上，装入布袋或木桶，置阴凉通风处储藏备用。（图2）

图2 波棱瓜种子

### 2. 选地与整地

（1）选地 选择在海拔2000~3500米的地块，土层深厚，气候凉爽、土地湿润、保水但不积水，土质疏松，肥力充足、富含腐殖质的细砂壤土。

（2）整地 将配好的专用底肥（堆积、腐熟、培细的圈肥+磷肥按200∶1配制），每亩2000~3000千克，均匀地撒于地面，再深翻、耙细、整平即可。低洼地应开80厘米的高畦，并开好排水沟，防止雨季积水。（图3）

图3 种植前整地

### 3. 播种

播种前用4000倍赤霉素液浸种1~2天，待种子充分浸足药液后，改用清水继续浸种2~3天，取出种子在15~25℃进行发芽处理，每天用清水淋1~2次，直至种子有少量开始咧嘴时，即进行播种。

常采用窝播，在4月中、下旬雨季前后土壤湿润时播种。以80厘米畦的中线为准，距两边各25厘米为行距挖窝，窝距35厘米，窝深约10厘米，挖好窝后，每窝施专用底肥约0.5千克，放入种子5粒左右，施清粪水适量，盖约3厘米的土。海拔3000米左右的地块，播种后宜在畦上覆盖以地膜，以保湿、保温。

## 4. 田间管理

（1）中耕除草　待苗高5～10厘米时，进行第1次除草，苗高20～30厘米进行第2次除草。搭架后仅拔除大杂草。

（2）追肥　结合中耕除草施追肥2次，每次每亩施清粪水1500～2000千克。

（3）间苗　立杆前后应进行间苗，除间隔保留2%～5%雄株外，拔去其余雄株。在2～3窝中留1～2株雄株，每窝留苗2～3株，去弱留强。间苗尽量不使留苗受伤。

（4）立杆搭架　可采用木杆或竹竿，竿的长度在2～2.5米为宜。畦内两行立杆相互交叉，顶上连接一横杆，并将其系牢，避免果期因植株过重或风大致使植株倒伏。立杆后必须人工将苗引上杆架。（图4）

图4　立杆搭架

（5）灌排水　波棱瓜喜湿润，忌积水，怕干旱。因此，干旱时应及时浇水，保持土壤湿润，满足水分的供给；雨季应及时排除田间积水，以防止病害发生。

## 5. 病虫害防治

波棱瓜的病害主要是白粉病和根腐病，虫害为地老虎。

（1）病害

①白粉病：多在雨季发生，危害茎、叶。初期叶面出现白色小斑点，逐渐扩展成白色霉斑，之后相互连接成片，严重时整株死亡。

防治方法　保持田间通风透光，降低田间湿度。发病初期，去除病害部分，喷洒50%多菌灵1000倍液或25%粉锈宁1000倍液防治；严重时去除病株，销毁。

②根腐病：高温多雨季节，海拔较低地区容易发病。

防治方法　如已经发病，应及时拔除病株并销毁，病穴用草木灰400～500克或生石灰200～300克进行局部土壤消毒。也可用40%根腐宁、70%药材病菌灵500～800倍液灌根。

（2）虫害　主要是地老虎。

防治方法　在头年收割后和第2年下种前30天，将土地翻耕，并在翻耕的同时用低毒高效的杀虫剂（如氰戊菊酯）进行杀虫；如果在苗期出现此虫害，将低毒高效的杀虫剂（如氯氰菊酯）拌入菜叶中，于天黑前撒于虫害区进行诱杀。

## 六、采收加工

### 1. 采收

在7～9月波棱瓜果实陆续成熟，果皮由青色变为淡黄褐色，顶端快要开口时，用剪刀从果柄处剪取成熟或近成熟的果实，将采下的果实运回后置通风处阴干，待晴天脱粒。（图5）

### 2. 加工

脱粒后的波棱瓜子进行晒干或低温烘干，用风扇或风簸进行风选，去除未成熟的种子和杂质。

图5　波棱瓜果实

## 七、部颁藏药标准

### 1. 药材性状

略呈扁长方形，长1～1.5厘米，宽4～7毫米，厚2～3毫米。表面棕褐色至黑褐色，粗糙不平，有新月状凹陷，一端有三角形突起，另端渐薄，略呈楔形，顶微凹；两侧稍平截，边缘凸起，中间有一条棱线。种皮硬，革质；种仁1粒，外为暗绿色菲薄的胚乳，内有乳白色子叶2片，富油性。气微，味苦。（图6）

### 2. 检查

（1）水分　不得过10.0%。

1cm

图6　波棱瓜药材

（2）总灰分　不得过5.0%。

（3）酸不溶性灰分　不得过1.0%。

## 3. 浸出物

水溶性浸出物不得低于15.0%。

# 八、仓储运输

## 1. 仓储

用透气的竹筐或麻袋封装，置阴凉通风处。药材仓储要求符合NY/T 1056—2006《绿色食品　贮藏运输准则》的规定。仓库应具有防虫、防鼠、防鸟的功能；要定期清理、消毒和通风换气，保持洁净卫生；不应与非绿色食品混放；不应和有毒、有害、有异味、易污染物品同库存放。

## 2. 运输

运输车辆的卫生应合格，温度在16～20℃，湿度不高于30%，具备防暑、防晒、防雨、防潮、防火等设备，符合装卸要求；进行批量运输时应不与其他有毒、有害、易串味物质混装。

## 九、药材规格等级

波棱瓜子商品一般为统货，以个大、饱满、坚实、油性足为佳。

## 十、药用价值

常见的临床应用包括以下几种。

（1）赤巴病　主要用于热性赤巴病，常配伍獐牙菜，如膜边獐牙菜五味汤；疫热、胆热、胃伏热症用藏茵陈汤。

（2）肝胆病　用于肝脏热，如藏红花九味散；脾脏热扩散症，如波棱瓜汤；胆紊乱热症，如藏茵陈四味方；胆囊热扩散症，如藏茵陈汤、波棱瓜七味汤。

（3）消化不良　用于热性腹泻，如开胆七味散。

参考文献

[1]　中国科学院中国植物志编辑委员会. 中国植物志[M]. 北京：科学出版社，1999：73.

[2]　刘显福，方清茂，刘代品，等. 藏药波棱瓜栽培技术的研究[J]. 辽宁中医药大学学报，2006，8（4）：131–132.

[3]　王宏霞，陈垣，蔡子平. 藏药波棱瓜种子萌发特性研究[J]. 北方园艺，2010（21）：215–217.

[4]　权红，李春燕，鲍隆友，等. 藏东南地区波棱瓜人工栽培技术[J]. 西藏科技，2009（11）：75.

[5]　臧建成，兰小中，辛福梅，等. 人工栽培藏药波棱瓜害虫防治技术[J]. 中国园艺文摘，2009，25（10）：159.

[6]　王佩龙. 波棱瓜子药材质量标准研究[D]. 重庆：西南大学，2013.

[7]　刘美琳，张梅. 藏药波棱瓜子的现代研究进展[J]. 中药与临床，2016，7（2）：99–102.

（刘代品，刘显福）

# 川贝母

chuan bei mu

## 一、概述

本品为百合科（Liliaceae）植物川贝母*Fritillaria cirrhosa* D. Don、暗紫贝母*F. unibracteata* Hsiao et K. C. Hsia、甘肃贝母 *F. przewalskii* Maxim.、梭砂贝母 *F. delavayi* Franch.、太白贝母*F. taipaiensis* P. Y. Li或瓦布贝母*F. unibracteata* Hsiao et K. C. Hsia var. *wabuensis*（S. Y. Tang et S. C. Yue）Z. D. Liu，S. Wang et S. C. Chen的干燥鳞茎，又名川贝、阿皮卡、阿皮卡曼巴等。具有清热润肺，化痰止咳，散结消痈等功效。可用于肺热燥咳，干咳少痰，阴虚劳嗽，痰中带血，瘰疬，乳痈，肺痈等。上述几种贝母主要分布于横断山区和西南高原气候区域，不同的基原植物适宜区有所差异。川贝母分布于横断山脉地区南段，暗紫贝母、甘肃贝母、瓦布贝母分布于北段；梭砂贝母分布于中段和北段；太白贝母主要分布于秦巴山区。川贝母、暗紫贝母、甘肃贝母、瓦布贝母、梭砂贝母在四省藏区气候环境适宜地区均可种植。

## 二、植物特征

四省藏区分布的贝母属种类较多，应注意鉴别。目前引种栽培主要有川贝母、甘肃贝母、暗紫贝母等。

川贝母：多年生草本，高15～50厘米。鳞茎卵圆形，直径1～1.5厘米，鳞叶2枚。叶常对生，或3～4枚轮生或少数在中部间有散生，条状披针形至线形，长4～12厘米，先端卷曲或不卷曲。常单花顶生，少2～3花，钟状下垂，黄绿色至黄色，具紫色方格斑纹和斑点或条纹；叶状苞片2～3枚，苞片狭长；花被片长3～4厘米，外三枚宽1～1.4厘米，内三枚可达1.8厘米，基部上方具内陷的蜜腺窝，在背面明显凸出；雄蕊6，长约为花被片的1/2，花丝稍具或不具小乳突；柱头3深裂，裂片长3～5毫米。蒴果长宽各约1.6厘米，具6棱，棱上具1～1.5毫米的窄翅。花期5～7月，果期8～10月。（图1）

暗紫贝母：叶仅下面1～2对为对生，其余互生或近对生，先端不卷曲，叶状苞片1枚；花被片暗紫色，具黄褐色方格斑纹，蜜腺窝稍凸出或不明显；柱头浅裂。（图2）

图1　川贝母　　　　　　　　　　　　　　　图2　暗紫贝母

　　甘肃贝母：叶着生似暗紫贝母，叶片先端不卷曲或微卷；花被片黄色，具紫色或紫黑色斑点，蜜腺窝不明显；花丝具乳突；柱头浅裂。（图3）

　　瓦布贝母：叶片多两侧边不等长略似镰形，或披针状条形；花初开黄绿色、黄色，内面有或无黑紫色斑点，随后出现紫色或橙色浸染。（图4）

图3　甘肃贝母　　　　　　　　　　　　　　图4　瓦布贝母

梭砂贝母：叶互生，叶片卵形至卵状披针形，先端不卷曲，基部抱茎；叶状苞片2枚，近对生；花被片绿黄色，具深色平行脉纹和紫红色斑点，柱头浅裂。

## 三、资源分布概况

川贝母商品主要来自野生资源，少数为人工栽培资源。野生资源分布在横断山的高海拔地区，生长在海拔3000～4000米的山坡草丛和阴湿的灌木丛中。川贝母分布于横断山地区南段，主产于四川康定、雅江、九龙、丹巴、稻城、得荣、乡城、小金、金川，西藏芒康、贡觉、江达、察雅、左克、察隅，云南德钦、贡山、中甸、宁蒗、丽江、维西、福贡、碧江等地。暗紫贝母分布于横断山地区北段，主产于四川红原、若尔盖、松潘、南坪、茂汶、平武、理县、阿坝，青海班玛、久治、达日、甘德、玛沁、玛多、河南、同仁、同德等地。甘肃贝母分布于横断山地区北段，主产于四川康定、雅江、九龙、丹巴、小金、金川、马尔康、汶川、茂汶、理县、黑水，甘肃陇南、岷县、洋县、甘谷、文县、武都、舟曲、宕昌、迭部、曲玛，青海班玛、久治、达日、甘德、玛沁、玛多、河南、同仁、同德等地。梭砂贝母分布于横断山地区中段和北段，主产于四川石渠、德格、甘孜、色达、白玉、新龙、炉霍、道孚、理塘、阿坝、壤塘、宝兴、芦山，青海玉树、称多、杂多、治多、囊谦，西藏芒康、贡觉、江达、左贡、察雅、昌都、类乌齐、丁青、巴青、磊荣、安多，云南德钦、贡山、福贡、碧江、中甸、宁蒗、维西、丽江等地。瓦布贝母分布于横断山地区北段，主产于四川汶川、茂汶、理县、黑水等地。目前在四川、西藏、甘肃、青海等地有少量栽培。

## 四、生长习性

川贝母的基原植物均喜冷凉气候条件，具耐寒、喜湿、怕高湿、喜荫蔽等特性。野生贝母生长在海拔2000～4700米高寒山区的小灌丛下或草丛中。从种子萌发到开花结实要经过4个生长龄期，各龄期植株形态明显不同。植株年生长期90～120天，生长期越长，鳞茎生长越大，越冬保苗率高。在春季出苗后，地上部分生长迅速；5～6月进入花期；8月下旬至9月初果实成熟，种子具有后熟特性；9月中旬以后，植株迅速枯萎、倒苗，进入休眠期。通常生长4～5年以上的植株才能开花挂果，6～7年后，老鳞茎枯萎，鳞芽发育出只有一枚叶片的植株。

气温达到30℃或地温超过25℃时，植株迅速枯萎、倒苗，进入休眠期；海拔低、气温高的地区不能生存。在完全无荫蔽条件下，幼苗易成片晒死；日照过强引起蒸腾作用和呼吸作用加强，导致鳞茎不饱满，药材加工后易成"油子""黄子"或"软子"。

## 五、栽培技术

### 1. 种植材料

采用种子繁殖、鳞茎繁殖或组织培养。

（1）种子繁殖  选择品种纯正、生长整齐、健壮、无病虫害的植株作母株，待果实饱满膨胀，果皮黄褐色或褐色、种子已干浆时剪下果实，除去杂质。在透气木箱内，与筛过的细腐殖土（含水量低于10%）按一层果实一层土堆放；或果实趁鲜脱粒，脱粒的种子按14：1（种子：腐殖土）混合，装入透气木箱内。放阴凉、潮湿处，储藏期间，保持土壤湿润、果皮（种皮）膨胀，每周翻土一次，保持日均温4～10℃的变温，过6～8周，待胚长度超过种子纵轴2/3，先端呈现细弯曲形，此时，种子完成胚形态后熟，即可播种。

（2）鳞茎繁殖  枯苗后及时挖收，选无病、无损伤的鳞茎作种。选用鲜重1～5克的鳞茎用于药材生产，8～10克的鳞茎用于采收种子。

（3）组织培养  以鳞片、茎段、叶片等为外植体进行繁殖，人工鳞茎培养，选用鲜重1～5克的鳞茎，炼苗后用于药材生产。

### 2. 选地与整地

（1）选地  选择背风的阴坡或半阴坡地，排水良好、质地疏松、腐殖质丰富的砂壤土或油沙土；不宜选前茬作物为青稞、玛卡、小麦的地块，并远离麦类作物。

（2）整地  收割前茬作物后，清除其内的杂草，冻土前整地。结合翻耕，每亩施腐熟堆肥或厩肥2500～4000千克、过磷酸钙50～60千克、油饼100千克，使土壤和肥料混匀；耕深20～25厘米，耙细整平，做宽120厘米，高15厘米，沟宽30厘米的高畦，四周开好排水沟。

### 3. 播种

（1）种子繁殖  有秋播和春播，常采用秋播。

①种子处理：完成胚形态后熟的种子，在播种前用2%甲醛水溶液浸泡10～20分钟，进行表面灭菌，再用清水洗去药液，以赤霉素溶液（20～40克/千克）浸种处理种子32小时。

②播种量和时间：秋播在9～10月下雪前播种，春播在土壤解冻后。播种量根据籽粒大小，以每平方米播90～180粒为宜，每公顷播量在24～40.5千克。

③播种方法：坡地采用撒播，平地可用条播（图5）。条播播幅宽15～20厘米，幅间距7～10厘米，将种子均匀撒于畦面或播幅内，并用过筛的堆肥或腐殖质土覆盖，厚1.5～5厘米，适当洒水，盖树枝或作物秸秆等遮阴保湿、保温。

图5　川贝母种子繁殖

（2）鳞茎繁殖　每年7～9月，鳞茎切成块按100千克加0.5千克多菌灵处理，每25千克切块盛于编织袋中埋于砂质壤土封存，常温催芽数日，待芽长至1～2毫米时，即可播种。将川贝母鳞茎按厢栽培，按株距约5厘米、行距约8厘米的标准种植（图6），覆土约10厘米。种好后直接在床面覆盖黑膜并在黑膜两侧覆土固定。

（3）组织培养　采用春播的方式，栽植方式同鳞茎繁殖。

图6　川贝母鳞茎繁殖

## 4. 田间管理

（1）设置遮阴棚　几种川贝母的基原植物在幼苗生长期均需采取一定的遮阴措施（图7）。种子繁殖的川贝母在春季尚未出苗时，需将畦面的覆盖物去除，并按照各个畦的情况，设置遮阴棚。遮阴棚的高度为150～200厘米；第一年的郁闭度保持在70%左右，第二年保持在50%，第三年为30%，以后不需要遮阴。鳞茎繁殖的贝母设置200厘米的遮阴高棚，也可晴天遮阴，阴雨天亮棚，以提高苗的质量及抵抗能力。

（2）除草　川贝母幼苗柔弱，应勤除杂草，保障其正常生长，除草中带出的小苗需要随即栽入土壤。在春季尚未出苗时及秋季倒苗后，进行一次药剂除草，每亩用7%甲基磺草酮阿特拉津悬浮剂20克（有效成分）的用量来防治田间杂草；在幼苗生长期间则需采用人工除草。

图7　川贝母田间遮阴管理

（3）追肥　川贝母出苗6～7周和9～10周后，需根外追施磷、钾肥或施叶面肥。秋季倒苗后每亩施腐殖土、堆肥加过磷酸钙25千克，以氮磷钾13：5：7比例，先将各种肥料均匀混合，再在将其撒至田中覆盖厢面3厘米厚，并用树枝、竹梢等物覆盖畦表面。

（4）灌溉排水　一年生和二年生川贝母最怕干旱，特别是春季久晴不雨，应及时洒水。久雨或暴雨后注意排水防涝。冰雹多发区，应采取防雹措施。

（5）摘蕾　不采收种子的川贝母，均应在花蕾出现后及时将其摘除。

## 5. 病虫害防治

（1）立枯病　常发于春季雨水充沛期，危害幼苗。

防治方法　做好田间排水，调整郁闭度，阴雨天气需揭棚盖；发病前后喷洒1：1：100的波尔多液。

（2）锈病　常发于春夏之季，叶片受害部位出现黄褐色锈斑。

防治方法　及时清除发病叶片，并控制田间湿度，提高磷肥、钾肥的使用量；发病初期用甲基托布津可湿性粉剂800～1000倍液、粉锈宁1000倍液喷洒，每7天1次，连续4次。

（3）虫害　常见虫害有金针虫、蛴螬和地老虎。

防治方法　每亩用烟叶2.5千克熬成75千克原液，以每千克原液加水30千克淋灌。地老虎可在早晚加以捕捉。

## 六、采收加工

### 1. 采收

常在7～9月地上部分枯萎后采挖，采收时间因物种和产地不同而异。种子繁育的川贝母在播后第3年可采收，但以5～6年采收为宜；鳞茎繁育的川贝母常在播种第2～3年地上部分枯萎后采挖。采挖前将枯萎植株、杂草清除，运出种植地烧毁或深埋。选择晴天，用五齿钉耙等农用工具沿厢横切面往下挖20～25厘米，小心挖出贝母鳞茎，收集后装入清洁竹筐内，运回室内加工干燥。

### 2. 加工

当天采挖的鲜贝母运回后，除去须根、粗皮及泥沙，并清除感染病虫害及有损伤的鳞茎，按大小分选后，及时摊晒在竹晒垫上，盖以黑布，曝晒至呈粉白色，再用竹、木器具翻动，晒至干透。切忌堆沤、水洗，或在石坝、三合土或铁器上晾晒，否则泛油变黄。如遇阴雨天，不能摊晾时，可用无烟木炭火烘干，或在烘房40～50℃烘干，避免温度过高发生"油子"。

在干燥（晒或烘）过程中，贝母外皮未呈粉白色时，不宜翻动，否则易变黄；翻动时宜用竹、木器具翻动，忌用手直接翻动，以免发生"黄子"或"油子"，影响药材品质。鳞茎干燥后装入麻袋，来回搓动，撞去泥沙、残留根，用风扇或风簸进行风选，除尽须根、碎屑、尘土等杂质。

## 七、药典标准

### 1. 药材性状

（1）松贝　呈类圆锥形或近球形，高0.3～0.8厘米，直径0.3～0.9厘米，表面类白色。外层鳞叶2瓣，大小悬殊，大瓣紧抱小瓣，未抱部分呈新月形，习称"怀中抱月"；顶部闭合，内有类圆柱形、顶端稍尖的心芽和小鳞叶1～2枚；先端钝圆或稍尖，底部平，微凹入，中心有1灰褐色的鳞茎盘，偶有残存须根。质硬而脆，断面白色，富粉性。气微，味微苦。（图8）

（2）青贝　呈类扁球形，高0.4～1.4厘米，直径0.4～1.6厘米。外层鳞叶2瓣，大小相近，相对抱合，顶部开裂，内有心芽和小鳞叶2～3枚及细圆柱形的残茎。

1cm

图8　川贝母药材（松贝）

（3）炉贝　呈长圆锥形，高0.7～2.5厘米，直径0.5～2.5厘米。表面类白色或浅棕黄色，有的具棕色斑点。外层鳞叶2瓣，大小相近，顶部开裂而略尖，基部稍尖或较钝。

（4）栽培品　呈类扁球形或短圆柱形，高0.5～2厘米，直径1～2.5厘米。表面类白色或浅棕黄色，稍粗糙，有的具浅黄色斑点。外层鳞叶2瓣，大小相近，顶部多开裂而较平。

## 2. 鉴别

本品粉末类白色或浅黄色。

（1）松贝、青贝及栽培品　淀粉粒甚多，广卵形、长圆形或不规则圆形，有的边缘不平整或略作分枝状，直径5～64微米，脐点短缝状、点状、人字状或马蹄状，层纹隐约可见。表皮细胞类长方形，垂周壁微波状弯曲，偶见不定式气孔，圆形或扁圆形。螺纹导管直径5～26微米。

（2）炉贝　淀粉粒广卵形、贝壳形、肾形或椭圆形，直径约至60微米，脐点人字状、星状或点状，层纹明显。螺纹导管和网纹导管直径可达64微米。

## 3. 检查

（1）水分　不得过15.0%。

（2）总灰分　不得过5.0%。

## 4. 浸出物

照醇溶性浸出物测定法项下的热浸法测定，用稀乙醇作溶剂，不得少于9.0%。

## 八、仓储运输

### 1. 仓储

用麻袋封装，置阴凉通风处，或密封抽氧充氮封装。仓储要求温度15℃以下，相对湿度50%～70%，并符合NY/T 1056—2006《绿色食品 贮藏运输准则》的规定。贮藏期间应定期检查，发现吸潮及轻度生霉品应及时置于通风处散潮、干燥。仓库应具有防虫、防鼠的功能；要定期清理、消毒和通风换气，保持洁净卫生；不应和有毒、有害、有异味、易污染物品同库存放。

### 2. 运输

运输车辆的卫生应合格，温度在15～20℃，湿度不高于50%，具备防暑、防晒、防雨、防潮、防火等设备，符合装卸要求；进行批量运输时应不与其他有毒、有害、易串味物质混装。

## 九、药材规格等级

商品药材按性状不同分为松贝、青贝、炉贝和栽培品。

（1）松贝 分两等，一等货要求顶端闭合，大瓣紧抱小瓣，基部底平，每50克在240粒以上，无黄贝、油贝、碎贝、破贝、杂质、虫蛀、霉变。二等货要求，顶端闭合或微开口，基部底平或近平底，间有黄贝、油贝、碎贝，其余同一等。

（2）青贝 分四等，一等货要求，顶端闭口或微开口，每50克在190粒以上，对开瓣不超过20%，无黄贝、油贝、碎贝、杂质、虫蛀、霉变。二等货要求，顶端闭合或开口，每50克在130粒以上，对开瓣不超过25%，油贝、碎贝、黄贝不超过5%。三等货要求，每50克在100粒以上，对开瓣不超过30%，油贝、碎贝、杂质、虫蛀等不超过5%。四等货要求，大小粒不分，间有油贝、碎贝，黄贝，无杂质、虫蛀、霉变。

（3）炉贝 分两等，一等货要求，多呈长圆锥形，表面白色，大小粒不分。二等货要求，多呈长圆锥形，表面黄白色或淡棕黄色，有的具有棕色斑点，大小粒不分。

（4）栽培品 常为统货，不分等级。

# 十、药用食用价值

## 1. 临床常用

（1）清热润肺，化痰止咳　常用于虚劳咳嗽、肺热燥咳。肺阴虚劳咳，久咳有痰者，常配麦冬、百合、生地黄、桔梗等，如百合金固汤；肺热、肺燥咳嗽，常配瓜蒌、桔梗、天花粉等，如贝母瓜蒌散，或配知母，如二母散；肺热咳嗽，多痰咽干，常配杏仁、甘草等，如贝母丸。

（2）散结消痈　常用于瘰疬，乳痈，肺痈等。肝肾阴亏，痰火郁结之瘰疬、瘿瘤、痰核、乳痈，常配玄参、牡蛎等，如消瘰丸；热毒壅结之乳痈、肺痈，常配蒲公英、鱼腥草等。

## 2. 食疗及保健

（1）肺结核　猪肺150克，川贝母15克，白糖60克，百合30克，淮山药30克，薏苡仁20克；炖汤服食。用于咳呛咯血、骨蒸痨热、盗汗遗精、形体羸弱、气短自汗、面浮肢肿、食欲减少、大便溏泄等。

（2）冠心病（痰瘀型）　川贝母10克，丹参10克，鸡肉200克，冬菇20克，绍酒10克，盐5克，葱10克，姜5克。把上述材料放入锅内，加上汤400毫升，用武火烧沸，文火煮1小时即成。

（3）久咳　粳米100克，梨500克，川贝母10克。在粥锅内放入上述材料，加清水，用大火煮开，再加入雪梨片，熬成粥，最后用冰糖调味即可。

（4）燥咳　蜂蜜30克，川贝母10克。在锅内加水适量，烧开，放入上述材料，搅匀，用中火炖30分钟。除能够润肺止咳外，还能通便。

参考文献

[1] 康延国. 中药鉴定学[M]. 北京：中国中医药出版社，2012：194-198.

[2] 赵高琼，任波，董小萍，等. 川贝母研究现状[J]. 中药与临床，2012，3（6）：59-64.

[3] 刘辉，陈士林，姚辉，等. 川贝母的资源学研究进展[J]. 中国中药杂志，2008，33（14）：1645-1648.

[4] 桂镜生，杨树德. 川贝母与平贝母的资源状况调查及市场供求分析[J]. 云南中医学院学报，2008，

31（6）：36-39.

[5] 段宝忠，陈锡林，黄林芳，等. 太白贝母资源学研究概况[J]. 中国现代中药，2010，12（4）：12-14.

[6] 毛艳苹，赵高琼，苏玉萍，等. 川产贝母新资源瓦布贝母研究进展[J]. 中药与临床，2014（3）：53-55.

[7] 胡章薇，熊芹，肖小君. 中草药川贝母繁育技术研究进展[J]. 安徽农学通报，2017，23（11）：133-135.

[8] 孙丽，刘祥宝. 川贝母的栽培技术要点[J]. 吉林农业，2015（2）：97.

[9] 伍燕华，付绍兵，黄开荣，等. 川贝母种子质量分级标准研究[J]. 种子，2012，31（12）：104-108.

[10] 刘振启，刘杰. 川贝母的规格等级[J]. 首都食品与医药，2010，17（13）：37.

（朱田田，马晓辉）

# 川西獐牙菜

chuan xi zhang ya cai

## 一、概述

本品为龙胆科（Gentianaceae）植物川西獐牙菜*Swertia mussotii* Franch.的干燥全草，又名蒂达、桑蒂、藏茵陈。主治病毒性肝炎、黄疸等肝胆系统疾病，以及血液病。

## 二、植物特征

二年生草本，高15～60厘米。茎四棱形，棱上具窄翅，多分枝呈塔形。基生叶早落，茎生叶卵状披针形至狭披针形，长8～35毫米，宽3～10毫米，先端钝，基部心形，对生，半抱茎。

圆锥状复聚伞花序，多花；花萼长为花冠1/2～2/3，裂片4，绿色，长4～7毫米；花冠暗紫红色，裂片4，披针形，长7～9毫米，基部有2沟状腺窝，深陷，边缘流苏柔毛状；子房无柄。蒴果矩圆状披针形；种子椭圆形，深褐色，具细网状突起，长0.8～1毫米。花果期7～10月。（图1）

本区内同属植物较多，引种栽培时注意基生叶早枯落、分枝塔形、花4数、花丝基部不膨大、花冠暗紫红色、花萼长为花冠1/2～2/3、叶基部心形、半抱茎等鉴别特征。

图1 川西獐牙菜

## 三、资源分布概况

西藏、云南德钦、四川西北部、青海西南部均有分布，主要分布于四川西北部和青海玉树海拔1900～3800米的温暖湿润地区。常用藏药中约15%的处方配伍使用"蒂达"，仅成药生产的原料年需求量在150吨以上。2005年多地开始引种栽培，迄今未形成规模化种植基地，目前资源主要来自于野生品。

## 四、生长习性

喜温暖湿润环境；耐寒，耐阴，不耐旱。自然条件下，生于海拔1900～3800米的山坡、河谷、林下、灌丛、水边。第1年植株呈莲座状，处于植物群落下部，生长相对蔽阴，越冬后第2年5月开始生长加速，植株快速分枝，对光照的需求增加。应选肥沃、疏松的中性或偏碱性砂质壤土，排灌溉水良好的农耕地栽培。第1年需50%遮阴，第二年需全光照。在年平均气温0～10℃，年降雨量556～651毫米，空气相对湿度大于70%，坡度小于25°，≥0℃的积温为800～2500℃时，植株能正常生长发育。

## 五、栽培技术

### 1. 选地整地

选择海拔1900～3800米，坡度小于25°的农耕地，土壤肥沃，质地疏松的砂质壤土。

精耕细作，整地要细，翻耕土壤20厘米左右，每亩撒施腐熟厩肥或堆肥2000～3000千克、磷酸二铵10～15千克，翻入土中作基肥。在播种前，浅耕1次，整细耙平，作宽1～1.3米的平畦；挖好排水沟。同时要保持土壤含水量在12%～30%。

## 2. 繁殖方法

采用种子繁殖，种子具胚后熟特性，自然萌发率20%～40%。川西獐牙菜在不同环境下，果实成熟期不同，常在80%的果实成熟时，连果枝剪下，放置室内阴干，果实开裂后，收集种子，取出杂质，置阴凉干燥处，备用。播种前1个月，将备好的种子暴晒2～3天，用1%～2%的吲哚乙酸（IAA）浸种，置温度15℃下约28天使胚成熟，再用2%的赤霉素（$GA_3$）浸种1天，晾干或风干。每亩用种量0.5～0.8千克。4月中旬至5月初可播种，播种时将处理好的种子与干草木灰、土灰、细土或细沙，按1：10的比例拌匀，随后矮身撒播。播种后轻耙、浅埋，压实。

## 3. 田间管理

（1）苗期管理　播种至出苗需40天左右，此期间定期灌（浇）水以保持土壤湿度，也可避光遮阴，以缩短出苗生长时间，提高发芽成活率。出苗后逐渐揭去遮阴物，视土壤旱情浇水1～2次，视天气情况和草荒危害浇水和除草1～2次。待长出4枚基生叶后，喷施营养型叶面肥（按厂家推荐浓度）。

（2）翌年管理　第二年返青后，视土壤旱情和天气情况灌（浇）水1～2次，苗期结合灌（浇）每亩施磷酸二铵10千克、尿素25千克；苗期视草荒危害情况除草1～2次。开花前期拔一次高草，开花后不宜入地除草。

## 4. 病虫害防治

根腐病，发病时可用1500倍的波尔多液进行喷撒，每5～7天一次，连续2～5次就能有效防治。同时，注意排水降低土壤湿度，或播种前每亩用5袋乐斯本与细土拌匀后进行土壤处理，均利于根腐病的预防。

## 六、采收加工

第二年8月上旬或下旬，70%～80%的花开放时采收。采收时将植株连根拔起，整株采收，去杂处理后打小捆，阴干，置阴凉、通风、干燥处储藏。

## 七、部颁藏药标准

### 1. 药材性状

根呈圆锥状，表面淡黄色或土黄色，易折断，断面不平整，类白色。茎近四棱，粗细不等，节上有对生的枝，淡绿色至淡黄色。叶对生，叶片多破碎脱落，完整叶片长0.8～3.5厘米，卵状披针形至狭披针形，全缘，先端钝，基部心形，半抱茎。花皱缩，花冠4深裂，深紫红色，花萼长为花冠1/2～2/3。气清香，味苦。（图2）

5cm

图2　川西獐牙菜药材

### 2. 检查

（1）水分　不得过15.0%。

（2）总灰分　不得过5.0%。

## 八、仓储运输

### 1. 仓储

符合NY/T 1056—2006《绿色食品 贮藏运输准则》的规定。仓库应具有防虫、防鼠、防鸟的功能；要定期清理、消毒和通风换气，保持洁净卫生；不与有毒、有害、有异味、易污染物品同库存放；保管期间如果水分超过15%、包装袋打开、没有及时封口、包装物破碎等，发生返潮、褐变、生虫等现象，必须采取相应的措施加以处理。

### 2. 运输

运输车辆的卫生应合格，具备防暑、防晒、防雨、防潮、防火等设备，温度在15～20℃，湿度不高于30%，符合装卸要求；运输时不能与有毒、有害、易串味物质混装。

## 九、药材规格等级

川西獐牙菜商品一般为统货，以绿色、叶片多、花多者为佳。

## 十、药用食用价值

### 1. 临床常用

（1）利胆退黄　用于病毒性肝炎、黄疸、胆囊炎、胆结石等肝胆系统疾病，单味药物或与波棱瓜子、小檗皮、榜嘎等配伍，如八味獐芽菜丸、五味獐芽菜散。

（2）清热解毒　用于尿路感染、血液病、赤巴病、痢疾和流行性感冒。常配伍榜嘎治疗流行性感冒，配波棱瓜子、小檗皮治疗尿路感染、血液病、赤巴病、痢疾等。

### 2. 食疗及保健

（1）酒精肝、脂肪肝　川西獐牙菜3～5克，泡茶饮用。

（2）目赤、口苦　川西獐牙菜3～5克，泡茶饮用。

（3）痤疮、疖肿　川西獐牙菜煮水洗脸，或3～5克，泡茶饮用。

**参考文献**

[1] 张淑玲，李锦萍，韩有吉，等. 施肥对栽培川西獐牙菜生长发育的影响[J]. 湖北农业科学，2009，48（7）：1606-1608.

[2] 马永贵，赵生云. 川西獐牙菜种子萌发研究[J]. 安徽农业科学，2011，39（2）：797-798.

[3] 尕玛旺扎. 玉树州藏茵陈种植技术要点[J]. 青海农技推广，2008（4）：39-40.

[4] 董永波，罗瑶，祝聪，等. 遥感和GIS在四川省中藏药川西獐牙菜适宜性分布研究中的应用[J]. 中国中药杂志，2017（22）：4387-4394.

[5] 田成旺，张铁军，蒋伶活. 藏药川西獐牙菜的质量标准研究[J]. 中国实验方剂学杂志，2013，19（4）：75-78.

（郭晓恒，李文渊，古锐）

# 重楼

chong lou

## 一、概述

本品为百合科（Liliaceae）植物云南重楼 *Paris polyphylla* Smith var. *yunnanensis*（Franch.）Hand. –Mazz. 或七叶一枝花 *P. polyphylla* Smith var. *chinensis*（Franch.）Hara的干燥根茎，又名七叶一枝花、灯台七、蚤休。具有清热解毒、消肿止痛、凉肝定惊等功效，用于疗疮痈肿、咽喉肿痛、毒蛇咬伤、跌扑伤痛、惊风抽搐等。同时是"云南白药""季德胜蛇药""宫血宁"和"抗病毒冲剂"等中成药的重要原料药材。四省藏区海拔2000～3000米的林下荫蔽处均适宜种植。目前，全国每年重楼药材需求超过3000吨，其中云南白药集团年需求量约1000吨左右，其他药厂、中医院及民间需求2000吨以上。我国年产仅600吨，市场缺口主要依赖缅甸、尼泊尔、越南进口。

## 二、植物特征

云南重楼（宽瓣重楼）：多年生草本，根茎横走，粗壮，逐年生节。茎直立，单一，高50～100厘米。叶5～9（多7）枚轮生于茎顶，叶片倒卵形，长5～15厘米，宽4～8厘米，先端尖，基部楔形，全缘，上面绿色，下面粉绿色；叶柄长1～2厘米，常染紫红色。花单生于茎顶，花梗长5～15厘米；萼片叶状，5～9枚，绿色，无柄；花瓣线形，长于萼柄与萼同数，宽2～4厘米，黄绿色。浆果状蒴果近球形，熟后暗紫色，室背开裂，种子多数。花期4～5月，果期9～10月。（图1）

七叶一枝花（华重楼）与

图1　云南重楼

云南重楼的主要区别是：茎较矮，高
4～21厘米；根状茎粗短；叶常7枚，狭
卵形，边缘不整齐或呈波齿状。萼片披
针形或狭卵状披针形，花瓣狭丝形，浅
绿色，上部紫色，比花萼短。蒴果不规
则球形，果实成熟时仍为绿色；种子少
数，2～4枚，外种皮橙红色。花期3～4
月，果期9月（图2）。

图2　华重楼

## 三、资源分布概况

　　重楼属植物约10种，我国有7种和8
变种，其中有2变种为2020年版《中国
药典》（一部）收载重楼的法定基原植
物。云南重楼分布于福建、湖北、湖南、广西、四川、贵州和云南，生于海拔（1400～）
2000～3600米的林下或路边。七叶一枝花分布于江苏、浙江、江西、福建、台湾、湖北、
湖南、广东、广西、重庆、四川、贵州和云南，生于海拔600～1350（2000）米的林下荫
处或沟谷边的草丛中。商品药材主产于云南、四川、贵州，主要来自野生，其来源包括了
重楼属多个种。目前在云南、四川、贵州多地都有栽培，其中云南丽江鲁甸拉美荣的云南
重楼种植基地通过了GAP认证，云南种植面积超过11 700万亩。除云南外，四川、贵州、
广西、江西、湖南、福建、湖北和陕西等地也有一定的重楼种植面积，主要以七叶一枝花
为主，尤其是四川、贵州较多。高海拔区域有一定的云南重楼种植，低海拔以七叶一枝花
为主。

## 四、生长习性

　　重楼属植物生命周期较长，一般都在10年以上，如果条件较好，可以存活30年。种子
萌发的实生苗或将根状茎切块繁殖长出的苗均仅具1枚心形叶。种子有后熟性和休眠期，
发芽率一般较低，具有二次发育的特征，自然萌发要经过2个冬天才能出苗。用2次低温法
处理种子，则可缩短1年时间。

　　重楼喜凉爽、阴湿，不耐肥，既怕干旱又怕积水。应选择海拔2000～3000米，雨量适

当，日照较短的背阴环境栽培。宜选择生荒地或前茬为玉米、荞麦、青稞等作物的缓坡或平地，不能选前茬为辣椒、茄子、马铃薯等茄科作物或施肥多的菜地，以土质疏松、腐殖质丰富、透水性好、微酸性的壤土或红壤土为佳，不能选黏土和碱性土。忌连作。

## 五、栽培技术

### 1. 品种选择

云南重楼和七叶一枝花的类型较多，栽培时要根据当地气候环境特点选择本地最适宜生长的类型。四省藏区属相对干燥、冷凉的区域，一般宜选云南重楼多芽类型，其植株矮小，分蘖性很强，总皂苷含量较高。也可从当地成熟的种植户处购买正确的种源或从当地野外引种。

### 2. 选地与整地

（1）选地 选地势较高，排水良好的地块，腐殖质丰富、微酸性的腐殖土、壤土或红壤土，不宜选碱性土壤。

（2）整地 在冬季选择晴天，田块较干时翻耕25厘米左右，翻耕时将土块打碎并捡去石块、杂草。翻晒1～2天后，每亩施入腐熟农家肥2000～2500千克，平整做厢（畦），厢面宽1.2米，沟宽30厘米，深25厘米，便于排水。

（3）搭棚 重楼喜阴，忌强光直射，在播种或移栽前应搭建好遮阴棚。按4米×4米打穴栽桩，桩高1.8米，桩长2.2米，直径10～12厘米，桩与桩的顶部用铁丝固定，边缘桩子都要用铁丝拉线固定。拉好铁丝的桩子上，铺盖遮阴度70%的遮阳网，在固定遮阳网时应考虑以后易收拢和展开。在冬季风大和下雪的地区，待植株倒苗后（10月中旬），应及时将遮阳网收拢。第2年出苗前，再把遮阳网展开盖好。

### 3. 繁殖方法

种子繁殖和根茎切块繁殖，两者均需育苗后移栽。选择母本纯正、长势良好、整齐、无病虫害、成熟度一致、种子饱满的健壮植株采种，或用根状茎块繁殖。

（1）种子繁殖

①种子采集与处理：当果实开裂后，采集果实，并及时将所采果实置于纱布中，搓去果皮和肉质外种皮，用水洗净种子，水选除去发育较差的瘪种子和其他杂质。将种子

置室内通风处，摊开晾干至响籽，不能晒干或风干。将晾干的种子用沸水浸烫5分钟，然后放入清水中浸泡，种子完全吸涨后（需7～10天，每2天换水一次），捞出种子，晾干表面水分，与日光曝晒后的河沙按1：4的比例充分混合，进行沙藏。沙藏温度控制在18～20℃，湿度在30%～40%之间（用手抓一把砂子紧握能成团，松开后即散开为宜），但不宜浇水过多。每10～15天翻动一次，保证沙藏的种子透气，防止种子霉烂，当种子的种脐对面出现突起时，进行播种。也可将重新吸胀后的种子，直接播种。

②播种：种子育苗采用条播、点播、撒播均可，亩用种子量约15千克（折合红色鲜种子30千克），可育30万株苗。按厢宽1.2米，沟宽30厘米，沟深25厘米整理苗床。整理好苗床后，先铺一层约1厘米厚洗过的河砂，再铺3～4厘米厚筛过的壤土或火烧土，然后将处理好的种子按4厘米×4厘米的株行距播于做好的苗床上，种子播后覆盖1：1的腐殖土和草木灰，覆土厚约2厘米，再在墒面上盖一层枯枝落叶、松针或粉碎后的蒿枝，厚度以不露土为宜，冷凉的地方可以多盖一些保温，浇透水，保持湿润。出苗搭遮阴网遮阴。

播种后当年8月份有少部分出苗，大部分苗要到第2年5月份后才能长出。如果采用地膜覆盖等技术，播种当年出苗率可达70%以上。种子繁育出来的种苗生长缓慢，可以喷施少量磷酸二氢钾，中间特别要注意天干造成小苗死亡，3年后，根茎直径超过1厘米时，方可移栽。

（2）切块繁殖　分带顶芽切块和不带顶芽切块两种方法，一般切块时带顶芽部分成活率高，带顶芽切块的生长量是不带顶芽切块的1.5～2.5倍，并且当年就可以出苗，甚至开花结果。

①带顶芽切块繁殖的方法：在秋、冬季重楼倒苗后，采挖健壮、无病虫害根茎，按垂直于根茎主轴方向，以带顶芽部分节长3～4厘米处切割，伤口蘸草木灰或将切口晒干，直接到大田栽种，第二年春季便可出苗，其余部分可晒干作商品药材出售，也可进行催芽后繁殖。

②不带顶芽根茎切块繁殖：将不带顶芽根状茎，按两个节（约2厘米）切割，伤口用草木灰处理，按株行距10厘米×10厘米栽种，种植后覆盖枯枝落叶、松针，并搭遮阴网遮阴。一般第2年才出苗，出苗时，按有萌发能力的芽残茎、芽痕特征，切成小段，每段保证带1个苗，切好后将伤口适当晾干并拌草木灰，按照大田种植标准栽培。

（3）苗期管理　幼苗出土后，需要经过2～3年的培育，方能移栽。

①调整遮阴：不同生长年限的幼苗对光的需求不同，需要根据生长年限来调整遮阴度。一年生苗对强光照较敏感，遮阴率过高会影响植株的光合作用，不利于幼苗的生长；遮阴率过低则会抑制幼苗植株的生长，表现为叶面积变小，只有正常叶片面积的1/2至2/3，甚至会造成叶片卷曲。二、三年生苗需要适当减小遮阴度。通常一年生苗以遮阴度

80%为宜，二年生苗65%～70%，三年生苗（或三年以上）50%～60%。

②保水保墒与防涝：旱季时应视墒情，至少每7天浇水1次，使土壤水分保持在30%左右；雨季时应视天气情况减少浇水频次，及时排涝。

③追肥：幼苗施肥料应以叶面喷施为主，辅以复合肥和腐熟的农家肥。追肥应从出苗时开始。一年生苗用尿素、磷酸二氢钾、腐殖酸、多菌灵、中生菌素等配成800～1000倍溶液叶面喷施，4～10月每月1次；亩撒施氮、磷、钾含量为"15–15–15"的优质复合肥2～3千克，4～10月每月1次。二年生、三年生苗用尿素、磷酸二氢钾、腐殖酸、多菌灵、中生菌素等配成300～500倍溶液叶面喷施，4～10月每月1次；亩撒施氮、磷、钾含量为"15–15–15"的优质复合肥5～10千克，4～10月每月1次。

④病虫害防控：幼苗主要有立枯病、茎腐病、叶斑病、疫病、锈病等，虫害有地老虎等。以预防为主，发病初期喷施噁霉灵、多菌灵、甲基托布津、中生菌素等药剂。叶部虫害用阿维菌素、溴氯氢菊酯等防控。

## 4. 移栽定植

种苗要求芽头饱满、根系发达、无病虫害、无机械损伤的根茎，根茎（不含须根）在2克以上较好；带苗移栽则要求茎秆健壮、叶色浓绿、无病虫害的植株。

（1）种植时间　小苗倒苗至第2年出苗前均可移栽，而10月中旬至11月上旬最为适宜，此时移栽对根系破坏较小，花、叶等器官还尚未发育，移栽后当年就会出苗，出苗后生长旺盛。最好起苗后立即移栽。

（2）种植密度　一般根据种苗大小确定种植密度，苗小种植密度相对较大，苗大种植密度相对较小，株行距在10厘米×15厘米、15厘米×15厘米或10厘米×20厘米均有，通常每亩种植2.5万～3.5万株之间。有研究表明，10克滇重楼苗种植密度在10厘米×20厘米最为合适，存苗率较高，产量较高；2克左右的七叶一枝花种苗种植密度在10厘米×15厘米最为合适。

（3）种植方法　在厢面横向开沟，沟深4～6厘米，根据种植规格放置种苗，一定要将顶芽芽尖向上放置，用开第二沟的土覆盖前一沟，如此类推。播完后，用松毛或稻草覆盖畦面，厚度以不露土为宜，起保温、保湿和防杂草的作用。栽后浇透1次定根水，以后根据土壤墒情浇水，保持土壤湿润。

## 5. 田间管理

（1）保水保墒　种植后每10～15天应及时浇水1次，使土壤水分保持在30%～40%之间。出苗后，有条件的地方可采用喷灌，以增加空气湿度，促进重楼的生长。雨季来临前要注意理沟，以保持排水畅通。多雨季节要注意排水，切忌畦面积水。遭水涝的重楼根茎易腐烂，导致植株死亡，产量减少。

（2）中耕除草　重楼根系较浅，要求土壤疏松，而且在秋冬季萌发新根。立春前后苗逐渐长出，发现杂草要及时拔除，要注意不要伤及幼苗和地下茎，以免影响重楼生长。在5月下旬到6月，暴雨多、土壤易板结时要勤中耕、浅松土，清除杂草；在9～10月前后地下茎生长初期，用小锄轻轻中耕，不能过深，以免伤害地下茎。中耕除草时要结合培土，保持墒面、沟底无积水，并结合施用冬肥。

（3）施加追肥　施肥以有机肥为主，辅以复合肥和各种微量元素肥料。有机肥包括充分腐熟的农家肥、家畜类便、油枯及草木灰、作物秸秆等，禁止施用人粪尿。有机肥在施用前应堆沤3个月以上（可拌过磷酸钙），以充分腐熟。追肥每亩每次1500千克，于5月中旬和8月下旬各追施1次。在施用有机肥的同时，应根据生长情况配合施用氮、磷、钾肥料；氮、磷、钾施肥比例一般为1∶0.5∶1.2，每亩施用尿素、过磷酸钙、硫酸钾各10千克、20千克、12千克；施肥采用撒施或兑水浇施，施肥后应浇一次水或在下雨前追施。在其生长旺盛期（7～8月）可进行叶面施肥促进植株生长，用0.5%尿素和0.2%磷酸二氢钾喷施，每15天喷1次，共3次。喷施应在晴天傍晚进行。

## 6. 病虫害防治

重楼常见病害有猝倒病、根腐病、茎腐病、叶斑病、褐斑病、灰霉病、细菌性软腐病、细菌性斑点病和病毒病等；虫害主要有地下害虫类、夜蛾类、蓟马、红蜘蛛、斑潜蝇等。

（1）猝倒病　幼苗期病害，一般4～5月低温多雨时发病严重。从茎基部感病，初发病时呈水渍状，很快向地上部扩展，病部不变色或呈黄褐色并缢缩变软，病势发展迅速，有时子叶或叶片仍为绿色时就突然倒伏。开始仅个别幼苗发病，高湿条件时以发病株为中心，迅速向四周扩展蔓延，形成一块一块的病区。

防治方法　精选无病种子或种苗，苗床选用50%多菌灵可湿性粉剂600倍液+58%甲霜灵锰锌可湿性粉剂600倍液混合后浇淋。发现病株及时拔除，选用58%甲霜灵锰锌可湿性粉剂600倍液、68.75%银法利（氟菌·霜霉威）悬浮剂2000倍液浇淋植株及根部土壤。7天1次，连续2～3次。

（2）根腐病　土传病害，危害根状茎，也侵染根系。该病从苗期至生长中后期均可发生，根茎受伤易发病，一般7～9月高温高湿时为发病高峰期。染病后，根系逐渐呈黄褐色腐烂，根部不发新根，根皮呈褐色腐烂；地上部叶片边缘变黄焦枯，萎蔫易拔起，导致整株死亡。

防治方法 选择避风向阳的坡地栽培，并开沟理墒，以利排水和降低地下水位。发病初期选用75%百菌清600倍液，或25%甲霜灵锰锌600倍液，或70%代森锰锌600倍液，或64%杀毒矾600倍液，或80%多菌灵500倍液浇根，7～10天浇施一次，防控2～3次；也可用50%多菌灵可湿性粉剂500倍液或200倍生石灰水浇根。若发现线虫或地下害虫危害，选用10%克线磷颗粒剂沟施、穴施和撒施，亩施2～3千克，或50%辛硫磷乳油800倍液浇淋根部。

（3）叶枯病 主要危害叶片，其次为茎、花梗、蒴果和地下茎，造成根状茎腐烂。叶片出现红褐色或灰褐色由小到大不规则状病斑，病斑边缘有一圈比病斑深的带，病斑连片成大枯斑，干枯面积可达叶片的1/3～1/2。

防治方法 及时排水、松土。移栽前选用50%多菌灵、30%特富灵（氟菌唑）1000倍液浸泡种苗10分钟，取出，置阴凉处晾干再移栽。发病初期，及时清除严重病叶，掀棚除湿；选用75%百菌清100倍液，或40%福星（氟硅唑）3000倍液，或10%世高（醚唑）水分散颗粒剂，或30%特富灵（氟菌唑）可湿粉1000倍液喷施叶片，控制中心病株，也可用200倍波尔多液喷施叶片。根据发病趋势调整施用次数。

（4）虫害 主要有地下害虫类、夜蛾类、蓟马、红蜘蛛、斑潜蝇等。蛴螬、地老虎、金针虫等啃食植物根茎，引发根茎病害及缺苗断垄。

防治方法 在成虫大量发生初期选用50%辛硫磷乳油1000倍液，或10%吡虫啉1500倍液喷施。幼虫零星发生选用50%辛硫磷乳油1000倍液，或10%吡虫啉1000倍液，或乐地农1000倍液，或2.5%溴氰酯1500倍液浇灌根部；也可每亩施用90%晶体敌百虫 180～200克，拌炒香的米糠8～10千克，撒于田间进行诱杀。

# 六、采收加工

## 1. 采收

一般移栽3～5年后可采收。秋末在大约90%重楼倒苗后，先清除杂草及枯枝残叶，选择晴天采挖，采挖时用洁净的锄头先在畦旁开挖40厘米深的沟，然后顺序向前刨挖。采挖时尽量避免损伤根茎，保证重楼的根茎完好无损。挖取的重楼，去净泥土和茎叶，把带顶芽部分切下留作种苗，其余部分洗净干燥。

## 2. 加工

晒干或阴干，或烘房内烘干。干燥方法影响药材的质量，自然阴干、自然晒干或35℃

烘干的滇重楼色泽良好，断面呈白色至浅棕色、粉性；干燥温度过高易造成皂苷下降，干燥温度超过50℃时，断面易呈棕色至深棕色、角质，影响品质。干燥后，打包或装麻袋贮藏。

## 七、药典标准

### 1. 药材性状

本品呈结节状扁圆柱形，略弯曲，长5～12厘米，直径1.0～4.5厘米。表面黄棕色或灰棕色，外皮脱落处呈白色；密具层状凸起的粗环纹，一面结节明显，结节上具椭圆形凹陷茎痕，另一面有疏生的须根或疣状须根痕。顶端具鳞叶及茎的残基。质坚实，断面平坦，白色至浅棕色，粉性或角质。无臭，味微苦、麻。（图3）

图3　云南重楼药材

### 2. 鉴别

本品粉末白色。淀粉粒甚多，类圆形、长椭圆形或肾形，直径3～18微米。草酸钙针晶成束或散在，长80～250微米。梯纹导管及网纹导管直径10～25微米。

### 3. 检查

（1）水分　不得过12.0%。

（2）总灰分　不得过6.0%。

（3）酸不溶性灰分　不得过3.0%。

## 八、仓储运输

### 1. 仓储

仓库要求符合NY/T 1056—2006《绿色食品 贮藏运输准则》的规定。药材入库前应完全干燥，并详细检查有无虫蛀、发霉等情况，凡有问题的包件都应进行适当处理。库房必须通风、阴凉、避光、干燥，有条件时要安装空调与除湿设备，或在气调库存放，气温应保持在30℃以内，包装应密闭，要有防鼠、防虫措施，地面要整洁。贮藏时间不宜超过1年，贮藏1年后化学成分会发生较大变化，从而影响药材质量。

## 2. 运输

运输车辆的卫生应合格，温度在16～20℃，湿度不高于30%，具备防暑、防晒、防雨、防潮、防火等设备，符合装卸要求；进行批量运输时应不与其他有毒、有害、易串味物质混装。

# 九、药材规格等级

重楼的商品药一般不分等级，均为统货。以身干、根条粗大，质坚实，断面色白，粉性足者为佳。

# 十、药用价值

常见的临床应用包括以下几种。

（1）清热解毒　用于痈肿疮毒，咽喉肿痛，毒蛇咬伤，是治疗痈肿疔毒、毒蛇咬伤的常用药。痈肿疔毒，可单用粉末，醋调外敷，亦可配伍黄连、赤芍等，如夺命汤；咽喉肿痛，疖腮，喉痹，常配伍牛蒡子、连翘等；瘰疬痰核，常配伍夏枯草、牡蛎等；毒蛇咬伤，红肿疼痛，单用研末冲服，另用鲜品捣烂外敷患处。

（2）凉肝定惊　用于肝热抽搐证。肝热抽搐，小儿热极生风，手足抽搐等，单用研末冲服，或配伍钩藤、菊花等。

（3）消肿止痛　用于跌打损伤。外伤出血，瘀血肿痛，可单用研末冲服，或配伍三七、血竭等。

参考文献

[1]　李恒. 重楼属植物[M]. 北京：科学出版社，1998：14.

[2]　杨美权，张金渝. 重楼生产加工适宜技术[M]. 北京：中国医药科技出版社，2018：1-97.

[3] 杨丽英，杨斌，王馨，等. 滇重楼新品种选育研究进展[J]. 农学学报，2012，2（7）：22-24.

[4] 段宝忠，黄林芳，谢彩香，等. 基于TCM-GIS技术的云南重楼生产区划初探[J]. 价值工程，2010，29（2）：140-142.

[5] 杨远贵，张霁，张金渝，等. 重楼属植物化学成分及药理活性研究进展[J]. 中草药，2016，47（18）：3301-3323.

[6] 陈翠，杨丽云，袁理春，等. 不同栽培密度对滇重楼生长的影响研究[J]. 云南农业科技，2010（4）：16-18.

[7] 陈翠，汤王外，谭敬菊，等. 不同遮阴方式及遮阴率对滇重楼生长的影响研究[J]. 中国农学通报，2010，26（10）：149-151.

[8] 童凯，孙旭，姜美杰，等. 华重楼的形态多样性及其与单株产量和质量的关系[J]. 中国中药杂志，2017，42（7）：1300-1303.

[9] 杨琳，李娟，曾令祥. 贵州道地中药材重楼主要病虫害发生危害与防治技术[J]. 农技服务，2015，32（7）：115-117.

[10] 尹显梅，张开元，蒋桂华，等. 华重楼皂苷类成分的动态分布规律对药材质量的影响[J]. 中草药，2017，48（6）：1199-1204.

[11] 吴喆，张霁，金航，等. 红外光谱结合化学计量学对不同采收期滇重楼的定性定量分析[J]. 光谱学与光谱分析，2017，37（6）：1754-1758.

[12] 杨勤，张华，周浓，等. 滇重楼贮藏期间化学成分的变化[J]. 中国实验方剂学杂志，2015（13）：56-58.

[13] 赵仁，谭慧，山学祥，等. 云南重楼种植与可持续发展[J]. 云南中医学院学报，2016（2）：90-94.

（汉会勋）

赤芍
chi shao

# 一、概述

本品为毛茛科（Ranunculaceae）植物芍药*Paeonia lactiflora* Pall. 或川赤芍*P. veitchii* Lynch的干燥根，又名匝日堵、拉豆玛保（藏）、红芍药。具有清热凉血、散瘀止痛等功效，用于温毒发斑、吐血衄血、目赤肿痛、肝郁胁痛、经闭痛经、癥瘕腹痛、跌扑损伤、痈肿疮疡等，不宜与藜芦同用。芍药分布于甘肃、陕西、山西、河北、内蒙古、宁夏、四川；川赤芍分布于四川、甘肃、陕西、青海、西藏、云南、山西。四省藏区主要分布川赤芍，四川、甘肃也有芍药分布；其他有野生种分布的区域也可引种栽培。

## 二、植物特征

芍药：多年生草本，高40~70厘米。根粗壮，分枝黑褐色。茎生叶在下部二回三出复叶，上部三出复叶；小叶呈狭卵形、椭圆形或披针形，先端渐尖，基部楔形或偏斜，边缘具骨质细齿，两面无毛，背面沿叶脉疏生短柔毛。花数朵，顶生和叶腋，有时仅一朵开放，直径8~11.5厘米；苞片4~5，披针形，大小不等；萼片4，宽卵形或近圆形，长1~1.5厘米，宽1~1.7厘米；花瓣9~13，倒卵形，长3.5~6厘米，宽1.5~4.5厘米，白色或红色，有时基部具深紫色斑；花丝黄色；花盘浅杯状，包裹心皮基部，顶端裂片钝圆；心皮4~5，无毛。蓇葖长2.5~3厘米，顶端具喙。花期5~6月；果期8月。

川赤芍与芍药的主要区别是：叶为二回三出复叶，小叶羽状分裂；花2~4朵，苞片2~3，分裂或不分裂，萼片长1.7厘米，花瓣6~9，紫红色或粉红色，花盘肉质，心皮2~3（~5），密生黄色绒毛；蓇葖果长1~2厘米，密被黄色绒毛。花期5~6月，果期7~8月。（图1）

图1　川赤芍

## 三、资源分布概况

芍药组约30种，我国有8种。芍药分布于我国东北、华北、西南以及陕西和甘肃南部等地的山坡草地和林下；川赤芍分布于西藏东部、四川西部、青海东部、甘肃及陕西南部，在四川生长于海拔2550～3700米的山坡林下草丛及路旁，在其他地区生长于海拔1800～2800米的山坡疏林中。目前内蒙古赤峰和大兴安岭，及其周边地区有芍药栽培；川赤芍在四川、青海有少量栽培。商品药材主要来源于野生，主产于内蒙古、华北和东北等，传统以内蒙多伦地区产赤芍质量最佳，具有"糟皮粉碴"的特点，习称"多伦赤芍"。

## 四、生长习性

芍药喜阳光、喜肥、抗旱、耐寒、怕涝；野生生长于我国北方海拔500～1500米的草原和山地。川赤芍喜光、喜肥、抗旱、耐寒及耐阴；野生生长于海拔1800～3700米的青藏高原边缘的山原和峡谷地带。在土层深厚、肥沃、排水良好、富含腐殖质的壤土均可栽培生产。种子具有休眠特性，需低温条件（1～10℃）才能打破胚的休眠而发芽；层积变温处理和激素处理是目前常用的解除休眠的方法。芍药在我国北部地区5月初出芽，中部地区3月就露出红芽。5～6月植株生长最盛，6～7月开花，8～9月种子成熟，这时根部生长迅速；10月植株逐渐枯萎，以休眠芽越冬，翌春返青再度生长。

## 五、栽培技术

### 1. 品种选择

四省藏区海拔高、湿度大、水源好的区域宜选择栽培川赤芍，在湿度小、水源不好的区域宜选择栽培芍药，但最好根据栽培地的野生种选择栽培品种，也可从当地成熟的种植户处购买正确的种源或从当地野外引种。

### 2. 选地与整地

（1）选地　宜选择地势平缓、土层深厚、疏松肥沃、保肥保水较强、排水良选好的壤土和砂壤土，坡地宜选在阳坡，不宜选用低洼积水地、黏土的地块。前茬作物以马铃薯、豆类或禾本科作物为宜，不能选甜菜、玛卡、向日葵等。

（2）整地　在秋季前茬作物收获后进行深翻，翻地深度30～45厘米，结合深翻亩施腐熟细碎的圈肥3000千克以上，或生物有机肥400～500千克，或15：15：15的三元硫酸钾型复合肥30千克加4千克辛硫磷颗粒混匀后施用。春季将土壤耙细整平，做宽1.5米、高15～20厘米的畦，畦间距35厘米，畦内清除根茬碎石，田面整平耙细。

## 3. 繁殖方法

（1）播种育苗法　在小暑前后果变黑时剪去果实，在室内摊开，5～7天后果皮开裂，脱粒，除去瘪粒和杂质。宜趁鲜播种，如果不能趁鲜播种则要冷藏或保鲜沙藏，切记不可晒干，干种不出苗。沙藏法：将种子与沙土1：5混合（沙子以手握成团不滴水，松手一触即散为佳），装箱或袋置低温处储藏。播种前取出沙藏的种子，筛去沙土，用50℃温水浸种24小时，晾干，或再用1000～12 000倍的赤霉素（GA$_3$）溶液浸泡种子24小时，晾干后播种。秋播在9月中、下旬，春播在4月解冻后进行，亩用种约50千克。播种时，在畦面开横沟，行距20～25厘米，沟宽约10厘米，深5～7厘米，将种子均匀撒入沟中，覆土与畦面平，稍加镇压，面上可盖一层厩肥，以保种越冬。土壤干燥时需在播种后进行喷灌，浇透20厘米土层。寒冷地区，畦面可盖稻草或地膜，翌春出苗后揭去。播种后，经常检查苗床，观察苗床墒情和出芽情况，如遇干旱，及时浇水或喷灌，保持土壤合理墒情。栽种后，次年5月左右开始出苗，每年5～6月追施农家肥1次，冬季在畦面铺圈肥或土杂肥以保安全越冬。头两年幼苗矮小，在畦面铺上圈肥，不仅增加肥力，还能抑制杂草的生长。苗期勤除草施肥，当苗出现4～5片复叶时进行间苗和定苗，间苗标准为成苗20万～35万株/亩，苗间距3～4厘米。

春栽在第3年4月中下旬起苗，秋栽在8月中下旬起苗。先割去地上枯茎，再用药材收刨机起苗，抖去泥土，剔除有病斑、分杈和机械破损的种苗。按长短进行分类，并打成小捆备栽。如果不能立即移栽，可在通风阴凉干燥处，用潮湿的河沙层积贮藏。选择根条形、无分杈、光滑无病斑、无机械损伤的作种苗。

（2）芽头繁殖法　收获赤芍时，先将根部从芽头着生点下3～4厘米处全部切下，然后加工成药材，遗留部分的即为芽头。选择粗大，充实，芽饱满，无病虫害，无空心的健壮芽头，按其大小和芽的多少，切成数块，每块含有芽苞2～3个为宜，切口处用草木灰或硫黄粉涂抹，或是直接风干使其切口愈合，防止细菌入侵。晾1～2天，使根变软，即可栽培。芽头如果需要贮藏，不要切块，存放在室内阴凉干燥通风处，栽培时再切块。

（3）移栽定植　在苗床上培育3年的种苗移栽效果最好，若选择在春季栽植，应选择在土壤5厘米深处，地温稳定在5～8℃时进行。秋栽一般在8月下旬、9月上旬进行移栽。按行距50～60厘米，株距25～30厘米栽培。移栽时将种苗地上部分剪掉，顶芽朝上放入沟中，使苗根舒展。盖土4.5～5厘米，踩实。移栽后及时浇透水，可在床面上覆盖一层稻草。

芽头繁殖苗移栽在秋分后、立冬前进行。将选好的芽头按株距30厘米、行距50～60厘米栽种，芽朝上，用土固定芽头，施入腐熟饼肥或有机肥料，覆土后稍压。

### 4. 田间管理

（1）中耕除草　栽种的幼苗萌发出土后，即进行中耕除草，以后约1个月1次，保持土壤疏松无杂草。栽种后，头两年植株矮小，最好在畦面铺上圈肥，不仅增加肥力，还能抑制杂草的生长。2年后红芽露出时，应立即中耕除草，此时根纤细，扎根不深，不宜深锄。5、6月各一次中耕除草。每次中耕，只能浅耕表土3～5厘米，切忌株旁松土，以免伤根，并注意勿将苗芽弄断。

（2）追肥　栽种第二年起，每年追肥3～4次，在每次中耕除草后进行，到生长旺季，加施饼肥；根部生长旺季，要加施磷钾肥，冬季地上部分枯萎后，追施腊肥，既可增加肥力，又可保温，主要施放土杂肥、厩肥、饼肥、磷钾肥、火灰等混合肥。

（3）培土、灌溉　每年冬季地上部分枯萎后进行清园，结合施腊肥，冬耕培土1次。在每年10月中旬冻土前，在距地面6～9厘米处，剪去其枝叶，并在根头处进行培土、施腊肥，厚约15厘米，以防止越冬时芽露出地面枯死。夏季高温干燥时期，也应适当培土抗旱，并浇水灌溉。多雨季节，清沟排水，防止水涝。开春后，把根头培土扒开，露出根的上半部晾晒1周左右，再覆土盖严，使须根蔫死，主根生长。

（4）摘蕾　现蕾时，选晴天摘除留种外植株的全部花蕾，以免消耗养分，不利根的生长。留种的植株，可适当去掉部分花蕾，使种子充实饱满。

（5）修根　将主根2/3的泥土扒掉，用小刀割去主根上所有侧根及芽头下的细根，然后再培土，以提高药材的品质。

### 5. 病虫害防治

主要有灰霉病、叶斑病、锈病、红斑病、软腐病，以及扁刺蛾、线虫、蛴螨、地老虎、蝼蛄等病虫害。

（1）芍药白粉病　发病初期叶片两面均可见近圆形白色小粉斑，后逐渐扩大可连片呈边缘不明显的白粉斑，甚至布满整叶。后期叶片两面及叶柄、茎秆都可受害，产生污白色霉斑，并散生黑色小粒点。

防治方法　秋末及时将地上部分剪除并清理烧毁，花后及时疏枝，剪除残花，发病较轻时及时摘除病叶并烧毁，保持田园清洁。

（2）芍药锈病　发病初期叶片正面出现圆形、椭圆形或不规则黄绿色小点，叶背相应部位产生黄褐色夏孢子堆。后期病斑灰褐色，产生褐色冬孢子堆。严重时造成叶片早期大量枯死。

防治方法　及时清除病残体，集中烧毁，减少侵染源。避免选择在松属植物周围建园圃。

（3）芍药灰霉病　茎、叶、花均可受害，一般开花后发生严重。叶尖、叶缘可见近圆形或不规则形水渍状病斑，褐色、紫褐色至灰色，不规则轮纹状；湿度大时，叶背具灰色霉层。茎部病斑梭形，紫褐色；花部受害易变褐软腐，造成花瓣腐烂，引起植株顶枝枯萎等。若茎、叶、花三部位同时发病，可致严重减产，甚至绝收。

防治方法　及时剪除发病株枝叶与花朵，秋天剪除并清理枯枝、落叶、败花及杂草等。加强水肥管理，合理施肥，避免过多施用氮肥，适当增施磷钾肥，有机肥要充分腐熟；选择砂壤土栽培，适量浇水，避免渍水，防止烂根。选生长健壮、无病的母株繁殖。合理密植，加强修剪，改善通风透光，降低田间湿度，减少发病。或喷洒80%代森锌800～1000倍液，70%甲基托布津1000倍液，50%速克灵或扑海因可湿性粉剂1500倍液，温室内发病初期可用烟雾法，选用45%百菌清烟剂、10%速克灵烟剂、15%克霉灵烟剂等。

（4）芍药炭疽病　发病初期叶片病斑为长圆形，后扩大成黑褐色不规则的大型病斑，表面略下陷。湿度大时病斑表面出现粉红色黏稠孢子堆，严重时病叶下垂。茎部发病与叶片相似，严重时会引起倒伏。

防治方法　搞好田园清洁，病害流行期及时摘除发病组织，秋冬季彻底清除病残体，减少病菌数量及来源。

（5）虫害　主要有蚜虫类、叶螨类、蝼蛄类、小地老虎、蛴螬类、金针虫等危害根部。

防治方法　可用锌硫磷2千克/亩，制成毒土，结合整地撒入土中毒杀。

# 六、采收加工

## 1. 采收

种子繁殖者移栽4～5年可采收，芽头繁殖者移栽3～4年可采收。一般在秋季8～9月份采挖，不宜过早或过迟，否则会影响产量和质量。选在晴天，将茎叶割下，可采用人工或深松挖采机挖出全根，将根茎部分带芽切下，作为栽植用种，根加工成商品药材。

## 2. 加工

切下芍根可用不锈钢网筐人工流水冲洗或采用高压水枪冲洗，洗净泥沙。人工挑除其中的枯枝，并剔除破损、虫害、腐烂变质部分，去掉根茎及须根等杂质，切去头尾，修平。经修剪好的芍根，理直弯曲，晾晒或烘至半干，按大小捆成小把，以免干后弯曲，晒或烘至足干。再按药材商品规格进行分级。

# 七、药典标准

## 1. 药材性状

本品呈圆柱形，稍弯曲，长5～40厘米，直径0.5～3厘米。表面棕褐色，粗糙，有纵沟和皱纹，以及横长的皮孔样突起和支根痕，有的外皮易脱落。质硬而脆，易折断，断面粉红色或粉白色，皮部窄，木质部放射状纹理明显，有的有裂隙。气微香，味微苦、酸涩。（图2）

1cm

图2　赤芍药材

## 2. 鉴别

本品横切面：木栓层为数列棕色细胞。栓内层薄壁细胞切向延长。韧皮部较窄。形成层成环。木质部射线较宽，导管群作放射状排列，导管旁有木纤维。薄壁细胞含草酸钙簇晶，并含淀粉粒。

## 八、仓储运输

### 1. 仓储

仓库要求符合NY/T 1056—2006《绿色食品 贮藏运输准则》的规定。药材入库前应完全干燥，并详细检查有无虫蛀、发霉等情况，凡有问题的包件都应进行适当处理。贮于通风干燥阴凉处，贮藏温度要求在30℃以下，相对湿度为60%～70%，商品安全水分为10%～13%，防虫蛀霉变。

### 2. 运输

运输车辆的卫生应合格，温度在16～20℃，湿度不高于30%，具备防暑、防晒、防雨、防潮、防火等设备，符合装卸要求；进行批量运输时应不与其他有毒、有害、易串味物质混装。

## 九、药材规格等级

芍药药材等级分为一、二等及统货。

一等：呈圆柱形，稍弯曲，外表有皱纹，皮较粗糙，表面暗棕色或紫褐色；体轻质脆，断面粉白色或粉红色，粉性足；气特异，味较苦酸。长16厘米以上；两端粗细较均匀，中部直径1.2厘米以上；无疙瘩头、空心、须根、杂质、虫蛀、霉变。

二等：断面粉白色或粉红色，有粉性；长16厘米以下，中部直径0.8～1.2厘米，其余同一等。

统货：不分粗细长短，条匀，紫褐色，有纵沟及皱纹，断面粉白色或粉红色。

赤芍药材有去皮赤芍与原皮赤芍两种规格，去皮赤芍表面淡紫褐色或淡粉色，断面粉红白色；原皮赤芍表面棕红色或紫褐色。

## 十、药用食用价值

### 1. 临床常用

（1）热入营血、斑疹吐衄　温病热入营血，斑疹吐衄，常配伍水牛角、生地黄、牡丹皮等，如犀角地黄汤；若兼脾阳虚损，不能统血，而吐血唾血，配伍白术、黄芩、阿胶等，如赤芍药散；妇人血崩不止，配伍香附等。

（2）经闭癥瘕、跌打损伤　瘀血阻滞，经闭痛经，癥瘕积聚，常配伍牡丹皮、桃仁、桂枝等，如桂枝茯苓丸；若瘀在膈下，癥积痞块，配伍当归、桃仁、红花等，如膈下逐瘀汤；跌打损伤，瘀肿疼痛，配伍乳香、没药、血竭等。

（3）痈肿疮毒、目赤肿痛　热毒壅盛，痈肿疮毒，常配伍金银花、白芷、皂刺等，如仙方活命饮；胃火炽盛，痈疡身热，常配伍石膏、升麻、甘草等，如芍药汤；肝经风热，目赤肿痛，羞明多眵，配伍荆芥、薄荷、黄芩等，如芍药清肝散。

（4）肝郁胁痛、血痢腹痛　肝经瘀滞，胁肋疼痛，烦闷少食，常配伍柴胡、牡丹皮、甘草等，如赤芍药散；血分热毒，赤痢腹痛，配伍黄柏，如赤芍药散，或配伍黄柏、地榆，如芍药汤。

## 2. 食疗及保健

赤芍有提高抗缺氧能力、防血栓形成、预防应激性溃疡、降低门静脉高压、解痉、抗血小板凝聚、提高胃液的酸度、增进食欲以及促消化等作用，具有多种保健功能。

（1）滋阴清热　适用于血热、目赤肿痛、体质燥热等人群，如赤芍银耳饮。取赤芍5克、柴胡5克、黄芩5克、夏枯草5克、梨1个、银耳罐头300克、麦冬5克、牡丹皮3克、玄参3克、白糖120克，药材洗净，梨洗净、切块。将药材放入锅中加水适量，水煎煮成药汁，去渣取汁后加入梨、银耳罐头、白糖，煮至沸腾后，即可食用。

（2）补气养血、活血止痛　适用于血瘀体质人群，赤芍红烧羊肉。取羊肉500克、赤芍30克、当归15克、生地黄30克、生姜30克，黄酒、葱、蒜适量。药材洗净，放入纱布袋中扎口，羊肉切片；将羊肉、干姜、纱布袋放入锅中，加清水适量同煮，用文火煎1小时后，去掉纱布袋。再用武火煮沸，加黄酒、葱、蒜等调料，即可食用。

（3）清热解毒、消癍　适用于属血热发斑的血小板减少性紫癜、高血压等人群，如广东凉茶。取赤芍、紫草各10克，牡丹皮15克，生地黄30克，药材洗净，放入锅中，加清水同煮，熬成1000毫升，放冷后，即可饮用。

参考文献

[1]　张春红，李旻辉. 赤芍生产加工适宜技术[M]. 北京：中国医药科技出版社，2017：1-96.

[2]　陈卫国. 青海省中藏药材种植技术手册[M]. 青海：青海民族出版社，2016：1-3

[3] 高宾，郭淑珍，唐锴. 赤芍的鉴别及等级规格[J]. 首都医药，2010，17（23）：45.

[4] 张广明，刘廷辉，胡丽杰，等. 赤芍栽培技术及病虫害防治[J]. 现代农村科技，2017（10）：17-19.

（李文渊）

# 大黄
da huang

## 一、概述

本品为蓼科（Polygonaceae）植物掌叶大黄*Rheum palmatum* L. 或唐古特大黄*Rheum tanguticum* Maxim. ex Balf. 的干燥根，又名君木扎、君扎。具有泻热通肠，凉血解毒，逐瘀通经等功效；主治实热积滞便秘，血热吐衄，目赤咽肿，痈肿疔疮，肠痈腹痛，瘀血经闭，产后瘀阻，跌打损伤，湿热痢疾，黄疸尿赤，淋证，水肿；外治烧烫伤。掌叶大黄适宜于甘肃岷县、文县、礼县、临夏、武威，青海同仁、同德、贵德，四川阿坝、甘孜和木里等地种植；唐古特大黄适宜于青海果洛、玉树、黄南、海南，四川阿坝、甘孜等地种植。

## 二、植物特征

掌叶大黄：高大粗壮草本，高1.5～2米；根状茎及根粗壮，断面黄色。茎直立，中空。基生叶片长宽近相等，长达40～60厘米，先端窄渐尖或窄急尖，基部近心形，掌状半裂，裂片窄三角形，再羽状分裂；叶面具乳突状毛，叶背被短毛；叶柄粗壮，与叶片近等长；茎生叶向上渐小；托叶鞘筒长达15厘米。大型圆锥花序，顶生，果枝聚拢；花小，紫红色或带红色；花被片6，两轮。瘦果矩圆状椭圆形到矩圆形，长8～9毫米，宽7～7.5毫米，两端均下凹，翅宽约2.5毫米；种子具丰富胚乳。（图1）

唐古特大黄与掌叶大黄相似，但叶片深裂，裂片多为2～3回羽状深裂，小裂片窄长披针形。（图2）

图1　掌叶大黄　　　　　　　　　　　　　图2　唐古特大黄

## 三、资源分布概况

大黄属近60种，我国有45种，青藏高原分布有23种。《中国药典》（2020年版）规定大黄的基原植物有上述两种和药用大黄*Rheum officinale* Baill.。掌叶大黄分布于甘肃、四川、青海、云南西北部及西藏东部等地，生于海拔1500～4400米山坡或山谷湿地。主产于甘肃岷县、文县、礼县、临夏、武威，青海同仁、同德、贵德，四川阿坝、甘孜和西藏昌都等地。

## 四、生长习性

大黄喜冷凉气候，耐寒，畏炎热。野生资源分布在我国西北及西南海拔2000米以上的高山区，人工栽培在1400米以上的地区。在年均温10℃，最低温-10℃，最高温不超过30℃，无霜期150～180天，年降雨量500～1500毫米的地区可正常生长发育，植株生长最适温度为15～25℃，昼夜温差大时，肉质根生长快。大黄蒸腾作用强，需要湿润土壤条件，土壤干旱则发育不良，叶片小而黄，褶皱展不开；雨水多，土壤湿度大，则易感病或烂根。人黄属深根性植物，要求十层深厚，有机质较多，排水良好的砂壤土或壤土，黏重酸性土和低洼积水地区不宜栽种。忌连作，需4～5年以上轮作。30℃，无霜期150～180天，年降雨量500～1500毫米的地区可正常生长发育，植株生长最适温度为15～25℃，昼夜温差大时，肉质根生长快。大黄蒸腾作用强，需要湿润土壤条件，土壤干旱则发育不良，叶片小而黄，褶皱展不开；雨水多，土壤湿度大，则易感病或烂根。大黄属深根性植物，要求土层深厚，有机质较多，排水良好的砂壤土或壤土，黏重酸性土和低洼积水地区不宜栽种。忌连作，需4～5年以上轮作。

## 五、栽培技术

### 1. 种植材料

　　主要采用种子繁殖，少数用子芽（根茎上的芽）繁殖。大黄品种间易杂交变异，种株宜选健壮、无病虫害、品种纯的三年生植株，留好隔离带，除去周围的其他大黄花序。待7月中下旬大部分种子变成黑褐色时（图3），连茎割回，置通风阴凉处晾晒2～3天。完成种子后熟后，手搓脱粒，除去混杂物，将种子装入布袋或木箱内，放在通风干燥

图3　大黄种子（果实）

处贮藏。大黄种子不耐久贮，贮藏温度应控制在0～5℃，置冰箱或冷库内保存；贮藏期间避免强光照射，注意防潮、防虫，贮藏期不宜超过9个月。

### 2. 选地与整地

　　（1）选地　育苗地宜选在海拔1800～2500米、无直射阳光、阴凉湿润的半阴半阳缓坡地，土质疏松、肥力中等、无石块、保水但不积水、腐殖质丰富的轮歇黑壤土荒地。移栽地宜选在海拔1800～3000米，要求土质疏松肥沃、无积水，阴凉潮湿，土层深厚的褐土、黑垆土，所选地块坡度应小于20°，轮作周期3年以上，前茬作物以小麦、蚕豆、油菜、马铃薯为宜，严禁连作。

　　（2）整地　育苗地块选好后，清除其内的杂草、石块等，每亩施农家肥3000千克，结

合深翻使土壤和肥料混匀；用犁深翻土壤30厘米（图4），育苗地边角用镢头深翻，立垡暴晒25天以上，耱平；做畦，畦面宽100～120厘米，畦间距30厘米，畦高15厘米，畦长根据地块形状具体确定，畦长方向同于坡向。

移栽地在前茬作物收获后进行整地，翻耕；入冬前耙细耱平，保墒过冬以备早春移栽，春季土壤解冻后，细耱一遍，以利保墒；结合最后一次翻耕整

图4　大黄栽培整地

地施基肥，每亩施农家肥5000千克，配合施用磷酸二铵20千克或尿素15千克，过磷酸钙50千克。大黄是喜肥植物，在开挖栽植穴时要施种肥，将肥料均匀混合到穴内35～40厘米以上土层中，每亩施磷酸二铵30千克。

## 3. 播种

（1）种子直播　适用于种植面积大或春季雨水较多的地方，可在早春和初秋两个时期播种。播种方式有条直播和穴直播两种，前者按100厘米开沟，沟深3厘米，沟内撒播种子，覆土3厘米，亩播量1.5～2千克；后者按100厘米×65厘米的穴距开穴，穴深3～4厘米，每穴播种6～10粒后覆3厘米细土，每亩用种量0.5～1千克。土壤干旱时，播前应灌水，待土壤湿度适宜时再播种。直播苗出土后比较脆弱，应加强幼苗保护，有条件地区可在播种后覆地膜，以提高地温和保持水分。

（2）育苗移栽　春播育苗常在3月播种，当年秋（9月）或第二年3～4月移栽；秋播育苗常在7月下旬至8月上旬播种，第二年9～10月移栽。在整好的育苗地畦面上按行距20厘米，用锄开浅沟，深3～4厘米，宽3～5厘米，将种子用手均匀撒到开好的沟内，并撒施磷酸二氢铵5千克/亩，覆土0.3～0.5厘米以下露种子为度，亩用种量2～2.5千克。播种完成后，立即均匀覆盖不带种子的禾本科草类秸秆或小麦秸秆，厚约3厘米，以利保墒遮阴。

播种后注意保温，条件适宜10天左右出苗，待要出苗时，撤去盖草，出苗后注意间苗、除草、浇水和追肥。苗出齐后开始第一次除草，5月中旬第二次除草，6月中旬第三次除草；对生长过于稠密的苗床，结合第二次除草进行间苗，保持株距5厘米左右。苗期一般追肥2～3次，结合第三次除草追施尿素6.5千克/亩，叶面追施磷酸二氢钾250克/亩。若发生虫害，每亩用20%杀灭菊酯乳油6支兑水喷雾器防治。

苗床越冬前覆盖约2厘米半干的细碎土壤，防止牲畜践踏，若土壤表面有裂缝，应用脚轻压使之弥合；或者床面盖草或落叶（厚3厘米），防止冬旱。春季出苗前及时撤除覆盖物。

图5　大黄种苗

第二年3月下旬至4月上旬，根据苗畦地形自下而上起苗。挖起的苗子用手拧去残叶，根据大小20～30株扎成一把，及时运回或立即移栽。移栽时选用无病害感染、少侧根、表面光滑、苗身直、皮色金黄、直径10～15毫米、长20厘米（细根剪掉）的苗子（图5）。按穴行距70厘米、穴距60厘米，用镢头挖穴，从地块坡度上方由上向下开挖，穴的后壁（坡度上方）要垂直，穴的前面要挖开口，呈"簸箕"形，穴深35～40厘米，穴口直径33厘米。穴挖好后，将两株大黄苗平栽（平放）于穴内，两苗距离为3～4厘米，苗直径大于15毫米时，苗头应低下，苗直径小于15毫米时，苗头应扬起，两株苗一大一小搭配均匀，覆土3～4厘米，苗的两旁踩实。也可采用条播法，即按行距80～100厘米开沟，深30厘米，按株距70～85厘米平栽，芽头朝上。

（3）子芽繁殖　在收获大黄时，摘下根茎上萌生的健壮子芽种植。过小的子芽可栽于苗床，翌年秋天再行定植。栽种时在伤口处涂上草木灰，以防止伤口腐烂。

## 4. 田间管理

（1）补苗定苗　大黄出苗后应及时查苗补苗。发现缺苗时，将集中栽植备用的苗带土挖出，栽植于缺苗处，如遇土壤干旱则深栽到湿润土层。大黄苗生长到2～3片真叶时进行间苗，每穴两株苗应间去1苗，将弱苗、病苗小心拔除，避免伤及健壮苗，间苗后在苗旁壅土。

（2）中耕与除草　出苗后现2～3片真叶时进行第一次中耕除草，以后视田间杂草生长情况随时拔除，第二年中耕锄草时间相同。也可在行间种植大豆、玉米，抑制杂草生长。

（3）培土追肥　培土可使大黄根茎向上膨大生长，于6月中旬进行第一次培土，8月上旬进行第二次培土，培土厚度8～9厘米，培土时沿穴壁由下向上培成"馒头"形。大黄喜肥，除施足基肥外还应施追肥。第一次追肥应在6月初，每亩施硫酸铵8～10千克，过磷酸钙10千克、氯化钾5～7千克。第二次在8月下旬，施菜籽饼，每亩50～80千克，或人畜粪尿1000～1500千克。第二年3月下旬，每亩施农家肥4000千克，磷酸二铵15千克，与行间土混匀培到茎基部。

（4）割除花薹 大黄栽后的第3年就会抽薹开花，消耗大量养分。当长出花薹时，除种子田外，在花薹刚刚抽出时，选择晴天用镰刀将其割去，并培土至割薹处，用脚踏实，防止雨水浸入空心花序茎中，引起根茎腐烂。待后一个月，进行抹芽，留壮芽一个，其余全部除掉。

大黄田间栽培示意如图6。

图6 掌叶大黄栽培地

## 5. 病虫害防治

（1）根腐病 选择排水良好，地势高的地方种植；注意轮作，宜与豆类、马铃薯、蔬菜等进行4～5年的轮作；发现病株及时拔除烧毁，并在病区撒石灰粉消毒；雨季及时排涝，勿使土壤过湿；勤锄地松土，增加土壤透气性；对病株生长区20厘米×20厘米的土壤用草木灰400～500克，或用生石灰200～300克进行局部土壤消毒；对病株用40%药材病菌灵500～800倍液喷雾；对其他未发病的药苗用50%代森锰锌800倍液灌根，7～10天1次，连续3～4次，进行预防。

（2）黑粉病 在冬季清除田间残枝落叶进行烧毁，增施磷钾肥有利于减轻病害；按种子重量0.3%的50%多菌灵拌种，或用50%多菌灵按每亩4千克加细土30千克拌匀后撒于地面，耙入土中，栽植前用25%粉锈宁1000倍液蘸根，晾干后栽植；对病株用15%粉锈宁可湿性粉剂600～800倍液喷雾，每隔7天喷雾1次，2～3次可减轻危害。

（3）炭疽病 在冬季清除田间残枝落叶烧毁，发现病株及时拔除烧毁；发病初期喷施1∶1∶150波尔多液，每隔7～10天喷施1次，连续喷施2～3次。发病严重时，喷50%多菌灵可湿性粉剂600～800倍液或70%甲基托布津800倍液，每隔7～10天喷1次，连喷2～3次防治。

（4）轮纹病 在冬季清除田间残枝落叶烧毁，增施磷钾肥料有利于减轻病害；发病时用40%药材病菌灵可湿性粉剂500～800倍液喷雾。

（5）锈病 在冬季清除田间残枝落叶烧毁，发现病株及时拔除烧毁；增施磷钾肥，减少氮肥施用量；用3%多氧清水剂800倍液，或80%新万生600倍液，或50%萎锈灵乳油800倍液进行防治。

（6）虫害　主要有蚜虫、金针虫、蛴螬、地老虎。蚜虫在开花期发生较重，一般亩用10%吡虫啉可湿性粉剂2000倍液喷雾可有效防治；也可用宽30～50厘米、长80～100厘米的黄色木板，涂上机油诱杀蚜虫，同时保护七星瓢虫、二星瓢虫、十三星瓢虫、异色瓢虫及食蚜蝇、蚜茧蜂等蚜虫天敌。防治金针虫、蛴螬、地老虎，可在春耕时随犁拾虫，使用充分腐熟的农家肥，减少成虫产卵；用50%辛硫磷乳油每亩200～250克，加水10倍喷于25～30千克细土上，拌成毒土撒于地面，随即耕翻，或混入厩肥中施用；也可用5%辛硫磷颗粒剂每亩2.5～3千克处理土壤；发病时用50%辛硫磷乳油1000倍液或80%敌百虫可湿性粉剂700～800倍液灌根，每株灌药液250～500毫升，可杀死根际附近的害虫。此外，大黄鼠害十分严重，可在清明前采用毒饵诱杀，即把马铃薯洗净切成块，取500克拌磷化锌25克，加植物油5克、当归粉（或切细的大葱）5克，拌好后投放在洞穴处灭杀。

## 六、采收加工

### 1. 采收

大黄在出苗或移栽后的2～3年采收，常在9～10月地上植株枯萎，秋末土壤上冻之前采挖。采挖时，先把地上部分割去，挖开根体四周的泥土，将完整根体取出，抖净泥土，用刀削去地上部的残余部分，运回加工。（图7）

### 2. 加工

大黄根运回后，切去茎和侧枝根，刮去粗皮。根体个大者，纵向切成两半

图7　大黄采收

或横切成段；圆形个小的修成卵形或圆柱形，修后用绳串起来，悬挂在屋檐下或搭木棚吊起，使之慢慢阴干（图8）。阴干过程中，不能受冻，否则根体变糠。一般5个月就能干透入药。也可采用室内熏干法，即在熏室内搭起底高150～200厘米的熏架，架用木条或竹

条编成花孔状，其上放置大黄根体，厚度60～70厘米，根体放好后，在架下慢慢燃烧木材，使其烟从架棚中穿过，必须设专人看管，烟火昼夜不间断，但不要过大。熏干过程中，要经常上下翻动，熏至大黄外皮无树脂状物，并干透为止。一般2～3个月就能干透入药。

图8　大黄加工

削下的侧根，水洗后刮去粗皮，干燥后也可入药。侧根和枝根熏干或晒干后称为"水根"。

## 七、药典标准

### 1. 药材性状

本品呈类圆柱形、圆锥形、卵圆形或不规则块状，长3～17厘米，直径3～10厘米。除尽外皮者表面黄棕色至红棕色，有的可见类白色网状纹理及星点（异型维管束）散在，残留的外皮棕褐色，多具绳孔及粗皱纹。质坚实，有的中心稍松软，断面淡红棕色或黄棕色，显颗粒性；根茎髓部宽广，有星点环列或散在；根木部发达，具放射状纹理，形成层环明显，无星点。气清香，味苦而微涩，嚼之粘牙，有沙粒感。

### 2. 鉴别

（1）横切面　根木栓层和栓内层大多已除去。韧皮部筛管群明显；薄壁组织发达。形成层成环。木质部射线较密，宽2～4列细胞，内含棕色物；导管非木化，常1至数个相聚，稀疏排列。薄壁细胞含草酸钙簇晶，并含多数淀粉粒。

根茎髓部宽广，其中常见黏液腔，内有红棕色物；异型维管束散在，形成层成环，木质部位于形成层外方，韧皮部位于形成层内方，射线呈星状射出。

（2）粉末特征　粉末黄棕色。草酸钙簇晶直径20～160微米，有的至190微米。具缘纹孔导管、网纹导管、螺纹导管及环纹导管非木化。淀粉粒甚多，单粒类球形或多角形，直径3～45微米，脐点星状；复粒由2～8分粒组成。

3. 检查

（1）水分　不得过15.0%。

（2）总灰分　不得过10.0%。

4. 浸出物

照水溶性浸出物测定法项下的热浸法测定，不得不少于25.0%。

## 八、仓储运输

### 1. 仓储

药材仓储要求符合NY/T 1056—2006《绿色食品 贮藏运输准则》的规定。储藏温度不可超过30℃，温度4～28℃，相对湿度60%左右环境储藏大黄时，保质期长，品质优。用厚质塑料袋保存大黄时，尽量抽尽空气，以减少生虫的可能性。仓库要定期清理、消毒和通风换气，保持洁净卫生；不应与非绿色食品混放；不应和有毒、有害、有异味、易污染物品同库存放。在保管期间如果水分超过15%、包装袋打开、没有及时封口、包装物破碎等，发生返潮、褐变、生虫等现象，必须采取相应的处理措施。

### 2. 运输

运输车辆的卫生应合格，温度在16～20℃，湿度不高于30%，具备防暑、防晒、防雨、防潮、防火等设备，符合装卸要求；进行批量运输时应不与其他有毒、有害、易串味物质混装。

## 九、药材规格等级

大黄药材商品常分野生大黄和栽培大黄两类。

野生大黄分为西大黄、雅黄、南大黄三类，西大黄分为一等、二等和水根，雅黄、南大黄都分为一等、二等。

栽培大黄分一等、二等和统货。一等和二等货均为根状茎，一等货要求每千克8个以内，糠心不超过15%，无杂质、虫蛀、霉变；二等货要求每千克20个以内，糠心不超过15%，无杂质、虫蛀、霉变。统货要求纵切或横向联合切成瓣段，块片大小不分，小头直径不小于3厘米，无杂质、虫蛀、霉变。

## 十、药用食用价值

### 1. 临床常用

（1）泻下攻积　用于积滞便秘，是治疗实积的要药。实热便秘，常与芒硝、厚朴、枳实配伍，增强其泻下作用，如大承气汤；里实热结而气血不足者，可与人参、当归配伍，如黄龙汤；热结津伤者，配麦冬、生地黄、玄参等，如增液承气汤；寒积便秘者，可配伍附子、干姜等。

（2）清热泻火，凉血止血　用于血热妄行之吐血、衄血，常与黄连、黄芩同用，如泻心汤；火热上攻所致的目赤、咽喉肿痛等，常与栀子、连翘等配伍。

（3）凉血解毒　用于热毒痈肿疔疮，常与金银花、蒲公英、连翘同用；肠痈腹痛，可与牡丹皮、桃仁、芒硝等同服，如大黄牡丹汤。治疗乳痈，可与粉草共研磨，酒熬成膏，如黄金散。

（4）逐瘀通经　用于瘀血症，治疗瘀血症常用药。妇女产后瘀阻腹痛、恶露不尽者，常与桃仁、土鳖虫等同用，如下瘀血汤；跌打损伤，瘀血肿痛，常与红花、当归、穿山甲等同用，如复元活血汤。

（5）利湿退黄　用于湿热蕴结之温热痢疾、黄疸、淋症，如肠道湿热积滞的痢疾，单用一味大黄就可见效；湿热黄疸，常配茵陈、栀子，如茵陈蒿汤；湿热淋症者，常配木通、车前子、栀子等，如八正散。

此外，目前大黄还可用于治疗急性胰腺炎、高脂血症、肾功能衰竭，以及口腔溃疡和牙周炎等疾病。

### 2. 食疗及保健

大黄具有泻下、止血、抗菌、抗病毒、抗肿瘤、抗氧化、降脂、减肥、抗衰老、抗癌、免疫调节、保肝、利胆、降血糖、抗辐射、降压、降血清尿素氮、抗缺氧和雌激素样作用等多种药理活性。目前，大黄已在减肥降脂、美容等方面，具有胶囊类、茶饮、酒剂等多种类型的保健品，用于增加食欲、治疗便秘、降脂减肥、排毒养颜等。同时，大黄鞣质中儿茶素类化合物有较强的SOD活性，芪类化合物具有降血脂、保肝和较强的抑制酪氨酸酶及黑色素合成的活性，大黄多糖具有增强机体免疫、延缓衰老、降血糖等多种生物活性。

此外，新鲜大黄叶含丰富的维生素$B_1$、$B_2$、$B_6$、P和D等，以及谷氨酸、精氨酸等18

种游离氨基酸，具有抗衰老、抗氧化等多种活性，特别是大黄叶柄可食用，可进一步开发为保健食品。

## 参考文献

[1] 谢宗万. 中药材品种论述（中册）[M]. 上海：上海科学技术出版社，1990：22.

[2] 朱田田. 甘肃道地中药材实用栽培技术[M]. 兰州：甘肃科学技术出版社，2016：64-65.

[3] 熊辉岩，王振辉，杨淳斌，等. 大黄属植物资源及其地上生物资源的开发利用简述[J]. 青海科技业，2003（5）：29-31.

[4] 李福安，李建民. 青藏高原大黄资源应用与开发研究进展[J]. 青海医学院学报，2001，22（3）：39-41.

[5] 潘水站，张杰，张鹏，等. 陇南地区大黄无公害栽培技术[J]. 甘肃农业科技，2004（6）：54-55.

[6] 唐文文. 大黄干燥方法与保质储藏技术研究[D]. 兰州：甘肃农业大学，2012.

[7] 张学儒. 大黄药材商品规格评价与合理用药的研究[D]. 长沙：湖南中医药大学，2010.

[8] 赵明宇. 大黄的药理作用与临床应用[J]. 北方药学，2018，15（5）：160.

[9] 戴万生. 大黄的保健功效及其应用[J]. 云南中医中药杂志，2003，24（4）：45-46.

（朱田田）

dang　gui

# 当归

## 一、概述

本品为伞形科（Umbelliferae）植物当归*Angelica sinensis*（Oliv.）Diels的干燥根，又名西当归、岷当归。具有补血活血、调经止痛、润肠通便等功效，用于血虚萎黄、眩晕心悸、月经不调、经闭痛经、虚寒腹痛、风湿痹痛、跌扑损伤、痈疽疮疡、肠燥便秘等；酒当归用于经闭痛经、风湿痹痛、跌扑损伤等。在甘肃南部、陕西南部、四川、云南北部均及西北部、湖北西南部及贵州西北部均有栽培，尤以甘肃南部和云南丽江产量大。四省藏区在海拔1700～2500米的潮湿坡地均可栽培。

## 二、植物特征

多年生草本，高40～100厘米。根圆柱形，分枝，主根粗短，肥大肉质，香气浓郁。基生叶和茎下部叶卵形，长8～18厘米，宽15～20厘米，三出式2～3回羽状全裂，裂片卵形或卵状披针形，2～3浅裂；叶柄基部膨大成管状；茎上部叶简化成羽状分裂和囊状的鞘。复伞形花序顶生，伞

图1　当归

辐9～30；小伞形花序有花12～36朵；花白色，雄蕊5，花丝内弯；花柱基圆锥形。双悬果椭圆形至卵形，长4～6毫米，宽3～4毫米；分果瓣具5棱，背棱线形，隆起，侧棱展成宽翅，棱槽内有油管1，合生面油管2。花期6～7月，果期7～9月。（图1）

## 三、资源分布概况

在西藏、四川、甘肃等地海拔1700～3000米的高寒山区，有极少野生资源分布。目前，当归商品药材均是栽培品，主产于甘肃漳县、岷县、宕昌，云南丽江、兰坪等，四川、陕西、湖北、贵州、青海等地也有栽培。

## 四、生长习性

当归喜阴湿冷凉气候，怕干旱、高温及积水，抗旱性和抗涝性均弱。野生当归生长在海拔1700～3000米的高寒山区。在均温为3～13℃，年积温（≥10℃）为2000～3000℃，年最低温−26℃左右，年降水量600～1000毫米，年平均日照时数为2100～2300小时，空气相对湿度65%～80%，无霜期90～190天的地区，植株能正常生长发育。最适宜在海拔2000～2800米，土质疏松、土层深厚、富含有机质和排水良好的中性或弱碱性潮湿坡地栽培。

## 五、栽培技术

### 1. 种植材料

主要采用育苗移栽的生产方式，栽培期三年。二年生植株种子（俗称火药籽）育苗移栽后早期抽薹现象严重，常选三年生当归种子（俗称正药籽）用于育苗。当归以异花传粉为主，花期7月初～8月底，开花后第3～4天是人工授粉最佳时间，柱头可维持授粉性至开花结束；果实9月底成熟，以9月上旬采收的果实（种子）发芽率最高，可直接播种育苗。

### 2. 选地与整地

（1）选地　育苗地宜选在高海拔、排水便利的川台地或二阴区坡地，坡度小于15°～30°，要求土层深厚，肥沃疏松，并富含腐殖质的砂壤土、黑土。移栽地前茬最好是麦类，油菜和豆类等次之，不宜在前茬是根类药材的地块种植。当归忌重茬、连茬、迎茬，轮作周期要求三年以上。

（2）整地　育苗地在5月下旬除尽杂草，每亩施农家肥3000千克或腐熟油渣100千克，配合施用三元复合肥20～30千克，均匀撒施于地表；坡地用三齿耙或镢头深翻土壤20～25厘米，打碎土块，耙平；缓坡地可用役畜或者旋耕机翻耕；顺坡作畦，畦面宽100～120厘米，畦间排水沟宽30厘米，畦高15～20厘米，畦长方向顺着上下坡方向。播种前将50%左右300～400克多菌灵粉剂和5%辛硫磷颗粒30千克与细土拌匀，撒施地表，再浅耕耙糖一次使肥料和土混合均匀，即可作畦，开好排水沟。（图2）

移栽地在前茬作物收获后及时深耕灭茬，夏茬地深伏耕消灭农田病虫草害后，进一步熟化土壤培肥地力；秋茬地随收随耕，耕后立土晒垡，耙糖镇压，蓄水保墒。精细整地，抢墒覆膜，做到地平、土绵、墒饱、肥足，有条件的地块可灌足冬水，增加土壤墒情（图3）。栽种前施足基肥，每亩施2000千克以上的腐熟农家

图2　当归育苗地整地

肥、25～30千克磷酸二铵和20千克硫酸钾后进行翻耕，即可作畦，开好排水沟。

## 3. 育苗

（1）播种　常在6月中下旬播种，播种前用30～40℃温水浸种1天，一般采用撒播。发芽率良好（＞70%）的种子，每亩用种量4～5千克，土壤干旱及杂草较多的地块可适当增加播种量，土壤墒情好、出苗有保障的地块可适当减少播种量；播种量太少易形成移栽后早期抽薹的大苗和分叉苗，太多则苗小和苗弱，移栽成活率低。将浸种处理或药剂拌种后的种子均匀撒播在畦面，用2毫米×2毫米的铁网筛将湿土筛撒在畦面的种子上，覆土约3毫米，以不见浮籽为度。并立即均匀覆盖厚3～5厘米的小麦等禾本科

图3　当归移栽地整地

图4　当归育苗地覆草遮阴

作物的秸秆，每亩用量约600千克（以干重计），有条件时应短期喷水保湿以促进种子萌发、出苗齐及保持苗壮（图4）；也可搭建高30厘米以上的50%～70%遮阳网遮阴，以利通风透气并防止苗叶钻入遮阳网。

（2）苗床管理

①除草和揭覆草：苗高1～2厘米，苗出齐、杂草长出时进行第一次除草，用小木棍挑开覆草，拔除杂草。7月中旬进行第二次除草，同时进行间苗，保持苗间距约1厘米。8月上旬苗高4～6厘米，第四片真叶长出时，进行第三次除草，选择阴天弱光时揭去覆草。此后视杂草生长情况进行除草。

②遮阴：低半山区和川台地揭草后搭遮阳网进行遮阴，棚架高50厘米左右，遮阳网

密度为50%，若遇较长时期的阴雨天，则及时揭开遮阴棚，否则会因光照太弱而生长缓慢、苗子发黄形成弱苗，或土壤湿度大，发生根腐病。

③追肥：根据生长情况，在苗生长后期，可将尿素及磷酸二氢钾各5克溶于1升水中喷施，或在下雨前撒追肥。

（3）起苗和选苗　一般在播种当年9月下旬至10月上旬起苗，预先准备好三齿耙（齿长约25厘米）、背篓或编织袋、塑料绳（细绳或片绳）及农用车、马车等起苗及运输的工具。在气温降至5℃左右，或叶片刚刚变黄时开始起苗。用三齿耙垂直挖进土层20厘米左右，摇动三齿耙，挖松耕层，手工拣出种苗。同时，除去过小、过大、侧根过多的苗，以及病苗、虫伤和机械伤等不合格的苗。

（4）捆苗和晾苗　苗子经拣选后，手工揪掉苗上的叶片，留下1厘米长的叶柄，根部适量带土捏成块（苗土比例约1∶1），约100苗捆成一把。（图5）

图5　当归种苗（扎把）

苗捆后就地选阴凉处，将苗一把靠一把摆在一块，苗把头部外露，使水分散失，太阳光线强时，用揪下的当归苗叶片覆盖苗把。收工时将捆好的种苗分层装在背篓或编织袋内运到贮苗处。

（5）贮苗　在室外靠南的墙根或阴凉、地势干燥、不积水处，搭建简易棚或种苗贮藏库，要求通风条件良好、避雨、遮阳，防止鼠害及积水。常用堆码和窖藏两种方法。

①堆码：在简易棚或种苗贮藏库内地面铺一层细土，将苗把苗头朝外尾朝里一层苗一层土（土层厚度约5厘米，填满苗把间空隙）码成垛（高1米左右），放20天左右，使苗把适当失水，减弱种苗呼吸强度。11月上中旬，用砖块或土块将苗垛四周（距苗垛约10厘米）垒起，中间用湿润的细土填实，苗堆顶部覆盖湿润细土30厘米左右。地面结冰时，苗堆表面用棚膜覆盖，防止苗把表面水分蒸发而失水。（图6）

②窖藏：在地势高、阴凉通风处搭建简易棚或建种苗贮藏库，在库内挖深约1米的长方形坑，坑的长宽视苗把多少而定，在窖底铺一层半干生土，然后用生土和种苗交替分层

堆放，土层厚3厘米左右。堆放到距窖顶约20厘米时，在顶部盖土至窖顶。窖口处留一直径10厘米通气口，用厚2～3厘米薄土覆盖；窖藏期约150天。

图6　当归种苗（堆码）

### 4. 移栽与管理

（1）种苗选择　不同海拔高度，栽种时间不同。高海拔寒冷区适当早栽，低海拔区适当晚栽，但均应控制种苗大小。一般选用直径2～5毫米，生长均匀、健壮、无病无伤、分叉少、表面光滑，百苗重80～110克，苗龄90～110天的优质种苗用于移栽。直径小于2毫米或大于6毫米的种苗，应慎用。用40%甲基异硫磷和40%多菌灵各250克兑水10～15升配成药液，种苗栽种前浸蘸药液，10小时左右后栽植，以预防病虫害和麻口病。

（2）栽植　气温低、降水多的地区宜用地膜覆盖穴植栽培，按照垄面宽80～110厘米覆盖农用黑色除草地膜，垄间距30厘米，平垄，每垄栽4～5行，行距25厘米，株距27～30厘米，一般亩保苗8000穴以上。常采用密植稀定移栽技术防抽薹保全苗，即每穴移栽2苗，双苗分开定植，边覆土边压紧，覆土至半穴时，将种苗轻轻向上提一下，使根系展开，然后盖土至满穴，细土覆盖过种苗头部2厘米左右，再用细湿土压严地膜开口处。栽植深度要适宜，太浅表土墒情差，幼苗扎根浅易烧苗；太深则苗出土困难，消耗养分多，影响后期生长发育。

（3）查苗补苗　栽种后一般20～30天出苗，苗出齐后及时查苗补苗，以防缺苗引起减产。出苗后有些植株叶片会偏离开口，压在地膜下，应及时辅助放苗；发现地膜破损处应及时用细湿土封严，适时拔除垄沟及膜下杂草，避免杂草将地膜顶起。

（4）除草追肥　苗高5厘米时进行第1次除草，及时拔除病苗，定苗至适宜密度。在6月中旬及7月中下旬分别进行第2次和第3次除草，6月中下旬进入早薹盛期，需及时拔除早薹植株，以免浪费水肥，影响正常生长。拔除抽薹株时应一手压住正常植株，另一手拔除抽薹株，避免将健壮株带出。8月以后生长迅速，结合中耕除草培土，对基肥施用不足的地块施加追肥，常在根膨大前期每亩用磷酸二氢钾0.5千克兑水45升叶面喷施，或结合灌根防病将肥料溶在药液内，用追肥枪在根际施加。

## 5. 病虫害防治

（1）麻口病 染病初期常在叶柄基部（土表下）出现红褐色斑痕或条斑状，与健康组织分界明显，根部纵切可见局部呈褐色糠腐状；随根增粗和病情发展，根表皮呈现褐色纵裂纹，裂纹深1～2毫米，根毛增多和畸化；发病严重时，根头部整个皮层组织呈褐色糠腐干烂；轻病株地上部无明显症状，重病株则表现矮化，叶细小而皱缩。（图7）

图7 当归麻口病（腐烂茎线虫病）

防治方法 ①农业防治：实行与麦类、豆类、胡麻、油菜等轮作三年以上，勿与马铃薯、黄芪、蚕豆、苜蓿、红豆草等轮作。不能轮作或轮作年限不足的地块，必须深翻土壤30厘米左右，以达到解毒、防病、除虫作用，使用充分腐熟的有机肥；在收获后，要彻底清除烂根及病残体和酸模等杂草。②土壤处理：地下病虫害严重的地块，播前结合整地施用高效低毒低残留农药进行土壤消毒，或栽种时每亩施辛硫磷1千克加多菌灵1千克，兑细沙或细土50千克，均匀施于根头顶端，可有效控制病虫害造成的损失。③药剂防治：用杀菌剂灌根，每亩用40%多菌灵胶悬剂250克或托布津600克加水350升，每株灌稀释液50毫升，5月上旬和6月中旬各灌1次。

（2）根腐病 发病初期根呈水渍状褐色烂斑，后期整个根部呈锈黄色腐烂，地上部萎蔫枯死。（图8）

防治方法 ①农业防治，选地势高、排水良好的地块栽种，做到雨过田干；避免连作，与玉米、烟草等非寄主作物轮作；轮作年限越长，病害越轻，老病区应轮作3～5年以上。②药剂防治：采用无病健种或用50%多菌灵1000倍液浸5～10分钟，晾干后播种；或用1∶1∶150波尔多液浸根苗

图8 当归根腐病

10～15分钟消毒，或用农抗120、402抗菌剂浸种苗10分钟，晾干后再栽植。发病初期用40%根腐宁、70%药材病菌灵药剂配成500～800倍液，每株500毫升灌根。

（3）褐斑病　常在6～8月高温多雨的季节发病，发病初期叶面出现褐色斑点，病斑逐渐扩大，外围出现褪绿晕圈；病情严重时，叶片大部分呈红褐色，最后逐渐枯萎死亡。

防治方法　每亩用多菌灵15～20克，或代森锰锌、甲基托布津等15～20克交替喷施叶面进行防治。

（4）白粉病　发病初期，叶面上出现灰白色粉状病斑，后扩大为较大斑块，并出现黑色小颗粒，最后变黄枯萎。

防治方法　发病初期喷施50%甲基硫菌灵硫黄悬浮剂800倍液，或20%粉锈宁乳油2000倍液，或12.5%速保利可湿性粉剂2500倍液，或45%特克多悬浮剂1000倍液，或40%氟硅唑（福星）乳油4000倍液。

（5）日灼病　常在6～8月份叶片快速生长期，雨后暴晴，又遇高温、强光照时发病，发病时嫩叶的叶脉间失绿、发黄，叶片边缘浅褐色焦枯并内卷曲，最后干枯，严重影响光合作用，造成减产。

防治方法　一般每亩用苯醚甲环唑4克、多福溴菌腈可湿性粉剂20克及多菌灵15～20克或代森锰锌、甲基托布津等交替喷施叶面。

（6）虫害　主要有地老虎、金针虫、蛴螬、根际蚜虫等。当归虫害在结合移栽期蘸根预防、毒土预防、成株期灌根等防治的基础上，对虫口密度大的地块，可采取以下措施进行防治，也有较好的防治作用。

①小地老虎：主要危害是幼虫咬断根茎，造成缺苗。

防治方法　一般在5月上旬出苗后，用40%辛硫磷乳油或者80%敌敌畏乳油制成1000～1500倍液，在幼苗或幼苗根际处喷施。

②金针虫：主要是幼虫咬食根部，使幼苗和植株黄萎死亡，造成缺苗、断垄。

防治方法　常在出苗后，用0.5千克废弃当归种子或小麦麸，或油菜饼拌杀虫剂（40%辛硫磷乳油、80%敌敌畏乳油）150毫升制成毒饵，傍晚在害虫活动区撒施诱杀。

③蛴螬：是金龟子的幼虫，主要咬食根系，钻蛀茎基，危害严重。常结合深翻土地，清除杂草，人工消灭越冬幼虫，减少虫口密度，施用腐熟的农家肥，减少成虫产卵量。

防治方法　土壤处理，每亩用40%辛硫磷乳油600毫升拌100千克细砂土撒施后翻地。蛴螬危害前期用40%辛硫磷乳油或者80%敌敌畏乳油配成1000～1500倍液灌根；或利用成虫的趋光性，在田间适宜的地方安装黑光灯或者太阳能紫光灯进行诱杀。

# 六、采收加工

## 1. 采收

在移栽后当年10月下旬至11月上旬采收，11月上旬是最佳采收期，选择晴天或多云天气采挖。采挖前5～7天，割去地上茎叶，并将茎叶集中堆放和处理。采挖前1天除去地膜、田间杂草及其他异物，将杂草和杂物分类处理。采挖时从田块的一边起，用三齿耙专用工具在当归后侧深挖30厘米，使带土的植株全部露出土面，然后轻轻抖去泥土，不得伤到当归根，保证根全数挖出，个体完好无缺。将带有少量泥土的根部晾晒2～3小时后，用木条（长30厘米左右、宽10厘米左右、厚5厘米左右）轻轻敲打当归头部数次，抖去泥土，理顺根条，5～10株一堆，并拣出腐烂植株，掰去残留叶柄，就地晾晒。运回时将当归按头尾交叉的方法轻轻装于背篓或编织袋中，注意防止根条折坏。装好后运到具有加工条件的仓库。

## 2. 加工

当归运回仓库后，按头向外尾向内的方式堆码（图9）。待天晴时，在院内篷布上摊开晾晒，每天翻动1～2次，并及时拣出腐根。堆垛、晾晒的当归一般20天后，根条失水开始萎蔫变柔软时，再次用木条敲打，抖净泥土，理顺根条，再进行后续加工。

（1）分选加工　当归根条失水变柔软后，将归头（根头部）直径大于3厘米、长度大于

图9　当归晾晒前堆码存放

6厘米的根，削去侧根及主根尾部，加工成当归头，并用铁丝串成串，用撞擦方法撞去表皮，以露出粉白肉色为度。归头大而短，无法加工成当归头者，则削去小的侧根，保留大的侧根并打掉根尖，加工成箱归。归头较小的，7～8根捆成1把，加工成当归把子。加工当归头时削下的侧根按大小加工成当归股节。

（2）干燥　经分选后当归可采用晒干、阴干或烘干等方法进行干燥。

①晒干：将药材摊开晾晒，晒干后，要凉透才能包装，否则会因内部温度高而发酵，或因部分水分未散尽而造成局部水分过高而发霉等。在室外晒时，晚上要防冻，可用塑料布覆盖或运到室内以免受冻而影响药材质量。

②阴干：将药材放置或悬挂在通风的室内或荫棚下，避免阳光直射，使水分自然蒸发，直至药材干燥。

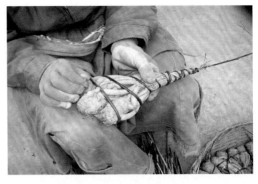

图10　当归扎把

③烘干：将经晾晒、扎把（图10）的药材架于棚顶上，先以湿木材猛火（温度以40～50℃为宜，忌用明火）烘到表皮呈现金黄色或淡褐色，翻棚，使色泽均匀，再以文火烘至全部达七八成干时，停火，待其自然干后下棚。

## 七、药典标准

### 1. 药材性状

本品略呈圆柱形，下部有支根3～5条或更多，长15～25厘米。表面浅棕色至棕褐色，具纵皱纹和横长皮孔样突起。根头（归头）直径1.5～4厘米，具环纹，上端圆钝，或具数个明显突出的根茎痕，有紫色或黄绿色的茎和叶鞘的残基；主根（归身）表面凹凸不平；支根（归尾）直径0.3～1厘米，上粗下细，多扭曲，有少数须根痕。质柔韧，断面黄白色或淡黄棕色，皮部厚，有裂隙和多数棕色点状分泌腔，木部色较淡，形成层环黄棕色。有浓郁的香气，味甘、辛、微苦。

### 2. 鉴别

（1）横切面　木栓层为数列细胞。栓内层窄，有少数油室。韧皮部宽广，多裂隙，油室和油管类圆形，直径25～160微米，外侧较大，向内渐小，周围分泌细胞6～9个。形成层成环。木质部射线宽3～5列细胞；导管单个散在或2～3个相聚，呈放射状排列；薄壁细胞含淀粉粒。

（2）粉末特征　淡黄棕色。韧皮薄壁细胞纺锤形，壁略厚，表面有极微细的斜向交错纹理，有时可见菲薄的横隔。梯纹导管和网纹导管多见，直径约至80微米。有时可见油室碎片。

## 3. 检查

（1）水分　不得过15.0%。

（2）总灰分　不得过7.0%。

（3）酸不溶性灰分　不得过2.0%。

（4）重金属及有害元素　照铅、镉、砷、汞、铜测定法测定，铅不得过5毫克/千克；镉不得过1毫克/千克；砷不得过2毫克/千克；汞不得过0.2毫克/千克；铜不得过20毫克/千克。

## 4. 浸出物

照醇溶性浸出物测定法项下的热浸法测定，用70%乙醇作溶剂，不得少于45.0%。

# 八、仓储运输

## 1. 仓储

仓库要求符合NY/T 1056—2006《绿色食品 贮藏运输准则》的规定。药材入库前应完全干燥，并详细检查有无虫蛀、发霉等情况，凡有问题的包件都应进行适当处理；堆垛层不能太高，保持库房干燥、通风，注意外界温度、湿度的变化，及时采取有效措施调节室内温度和湿度。气调贮藏时，充氮或二氧化碳，在短时间内，使库内充满98%以上的氮气或50%二氧化碳，而氧气留存不到2%，使害虫缺氧窒息而死，达到很好的杀虫灭菌的效果。一般防霉防虫，含氧量控制在8%以下即可。

## 2. 运输

运输车辆的卫生应合格，温度在16～20℃，湿度不高于30%，具备防暑、防晒、防雨、防潮、防火等设备，符合装卸要求；进行批量运输时应不与其他有毒、有害、易串味物质混装。

# 九、药材规格等级

当归药材商品分为内销和外销两类，内销药材分为全归、归头两种商品规格，全归分为5个等级，归头分为4个等级；出口外销药材分为通底归、箱归两种商品规格，箱归又分为3个等级。

（1）全归　除去根部细须根，抖净泥土，边晒边捏边理顺，晒至半干时用木板压一夜，继续晒至全干。

①一等（图11）：每千克40支以内，根稍粗≥0.2厘米；②二等（图12）：每千克70支以内，根稍粗≥0.2厘米；③三等：每千克110支以内，根稍粗≥0.2厘米；④四等：每千克110支以外，根稍粗≥0.2厘米；⑤五等：不符合以上分等的小货。

（2）归头　晒至七八成干时掰净归膀、须根、岔枝，继续晒干，分等撞去粗皮。

①一等（图13）：每千克40支以内；②二等（图14）：每千克80支以内；③三等（图15）：每千克120支以内；④四等：每千克160支以内。

（3）通底归　头身肥大，归腿粗壮。刮去锈皮，去掉头股，稍留头芦，露出寸身，每支选留粗壮归腿5～6个，身长不超过13厘米，锈面不超过归头面三分之一，无霉变、虫蛀、毛须、枯死梗，每千克平均72～76支。

（4）箱归　头身肥大，归腿粗壮。去净毛须、尾须，去掉头股，稍留头芦，露出寸

 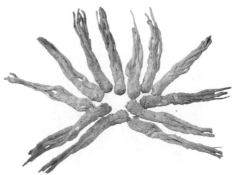

图11　一等当归　　　　　　　　　　　图12　二等当归

图13　一等归头　　　　　　　　　　　图14　二等归头

身，每支选留粗壮归腿24～25个，身长不超过13厘米，身干，无霉变、虫蛀、枯死梗。

①特等箱归（图16）：每箱净重25千克，每千克平均32～36支；②一等箱归（图17）：每箱净重25千克，每千克平均52～56支；③二等箱归（图18）：每箱净重25千克，每千克平均60～64支。

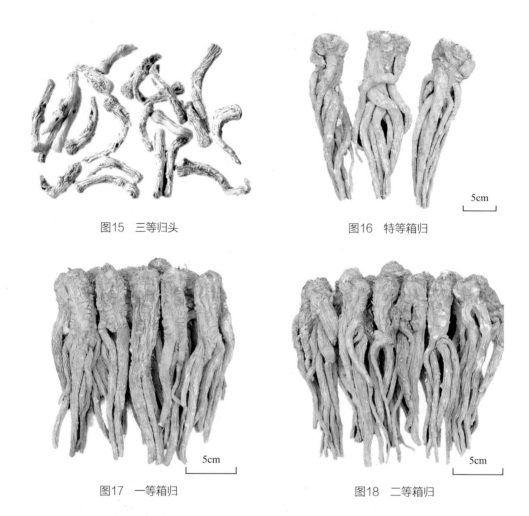

图15　三等归头　　　　　　　　　　　图16　特等箱归

图17　一等箱归　　　　　　　　　　　图18　二等箱归

（5）小面归　达不到箱归、通底归要求，每箱净重25千克，归腿5～7股，每千克110支以内。

（6）拔毛归　去掉须根，保留支根，每箱净重25千克，每千克150支以内。

（7）归腿　去净毛须、尾须，上端直径≥0.7厘米，尾部直径≥0.5厘米，长≥11厘米，无虫蛀、霉变、杂质。

## 十、药用食用价值

### 1. 临床常用

（1）补血活血　用于血虚证，既能补血，又能活血，是治疗血虚的要药。用于心血亏虚，症见心悸怔忡，失眠多梦，眩晕健忘，面白无华，舌质淡，脉细弱者，常配伍酸枣仁、柏子仁、白芍等；心气虚、心血虚而见怔忡者，常配伍黄芪等补气之品；肝血亏虚，症见眩晕耳鸣，爪甲干枯，目干畏光，视物昏花，视力减退，急躁易怒等症，常配熟地黄、白芍等，如补肝汤（《医宗金鉴》）、补血养肝明目汤（《杂病源流犀烛》）；心脾两虚，常与人参、黄芪、白术、炙甘草等同用，如归脾汤（《济生方》）。

（2）调经止痛　用于月经不调，闭经，痛经，是妇科调经之要药。用于血虚月经期延后，量少色淡，常配伍熟地黄、白芍、川芎等；血崩偏于虚寒者，常配伍阿胶、艾叶等，如胶艾汤（《金匮要略》）；气血两虚之崩漏，多配伍熟地黄、人参、黄芩、白术等，如固本止崩汤（《傅青主女科》）；血滞经闭，配伍延胡索等；气血虚弱之痛经，配伍人参、地黄、黄芪、赤芍等。

（3）润肠通便　用于血虚肠燥便秘，常配伍肉苁蓉、牛膝、升麻等。

（4）活血止痛　用于心胸痛、腹痛、跌打损伤和风湿痹痛等多种疼痛证。心胸痛单用或配伍桔梗、芍药、橘皮、人参、桃仁等，如当归汤（《广济方》）；用于多种原因所致腹痛证，如配伍甘草、柑皮、附子、牵牛、大黄、干姜等治疗久寒宿疾，胸腹中痛；跌打损伤常与乳香、没药、桃仁、红花等同用，如复元活血汤（《医学发明》）；风湿痹痛配伍桂枝、独活、川芎等。

### 2. 食疗及保健

（1）体虚、气血不足　用于身体虚弱，气血不足，疲倦乏力，头晕眼花或贫血。取党参30克（或人参15克），当归15克，净母鸡1只（最好选用乌鸡），切块，加水和生姜、食盐适量，一同炖至鸡烂熟，分3～4次食用。虚寒腹痛、产后血虚腹痛及体质虚弱，阳气不足，畏寒肢冷。取当归15克，生姜30克，羊肉500克切片，加水煮汤，再以食盐、葱花调味，分2～3次食用。

（2）阴血不足　用于老年人阴血不足，肝肾两虚，肢体麻木，腰腿酸软，步履困难，视物昏花，记忆力减退。取当归90克，鸡血藤90克，枸杞子90克，熟地黄70克，白术60克，川芎45克，泡酒白酒1升。

（3）美颜护肤　当归也是美颜护肤的佳品，目前有当归香水、当归护发精、当归美容膏、当归油护理霜、当归除皱面膜、当归润肤面膜、当归美白面膜等产品。

## 参考文献

[1]　李应东. 甘肃道地药材当归研究[M]. 兰州：甘肃科学技术出版社，2011.

[2]　朱田田. 甘肃道地中药材实用栽培技术[M]. 兰州：甘肃科学技术出版社，2016：1-8.

[3]　陈海平. 当归生物学特性及无公害栽培研究[J]. 农业与技术，2016，36（20）：78-80.

[4]　富胜，宋振华，王春明，等. 当归新品种岷归5号选育及标准化栽培技术研究[J]. 中国现代中药，2015，17（10）：1044-1047.

[5]　马占川. 当归种子直播技术试验研究初报[J]. 农业科技通讯，2015（3）：159-160.

[6]　张裴斯，刘效瑞，宋振华，等. 当归熟地育苗技术规程[J]. 甘肃农业科技，2014（6）：59-60.

[7]　赵锐明，陈垣，郭凤霞，等. 甘肃岷县野生当归资源分布特点及其与栽培当归生长特性的比较研究[J]. 草业学报，2014，23（2）：29-37.

[8]　王志旺，妥海燕，李荣科，等. 当归挥发油对哮喘BALB/c小鼠的平喘作用及对Treg细胞活性的影响[J]. 中药药理与临床，2015（6）：72-75.

[9]　刘倍吟，魏程科，李应东. 当归挥发油对高血压模型大鼠血压及血管炎症反应的影响[J]. 中国中医药信息杂志，2016，23（11）：71-74.

[10]　吴国泰，刘五州，杜丽东，等. 当归挥发油对高血脂模型大鼠的降血脂作用及血管内皮保护作用[J]. 中国动脉硬化杂志，2016，24（10）：989-993.

[11]　吴国泰，刘五州，牛亭惠，等. 当归挥发油对高血脂小鼠动脉粥样硬化的保护作用[J]. 中药材，2016，39（9）：2102-2107.

[12]　吴国泰，杜丽东，高云娟，等. 当归挥发油对小鼠的降压作用及血管活性的观察[J]. 中国医院药学杂志，2014，34（13）：1045-1049.

（朱田田，马晓辉）

# 党参

## 一、概述

本品为桔梗科（Campanulaceae）植物党参*Codonopsis pilosula*（Franch.）Nannf. 或素花党参*C. pilosula* Nannf. var. *modesta*（Nannf.）L. T. Shen的干燥根，又名勒都多结、鲁堆多结（藏族）、狮头参。具有健脾益肺、养血生津等功效，用于脾肺气虚，食少倦怠，咳嗽虚喘，气血不足，面色萎黄，心悸气短，津伤口渴，内热消渴等。在四川西北部、青海、甘肃、云南西北部有栽培，四省藏区在海拔1500～3200米的地区均可栽培。

## 二、植物特征

党参：多年生缠绕草质藤本，茎基具多数瘤状茎痕，根纺锤状或纺锤状圆柱形，较少分枝，长15～30厘米，直径1～3厘米，表面灰黄色，上端有细密环纹，下部则疏生横长皮孔，肉质。茎长1～2米，有多数分枝，侧枝15～50厘米，小枝1～5厘米。叶互生或小枝上近对生；叶片卵形或狭卵形，长1～6.5厘米，宽0.8～5厘米，基部近心形，边缘具波状钝锯齿，两面具长硬毛或柔毛。花单生枝端；花萼贴生至子房中部，筒部半球状；花冠阔钟状，长1.8～2.3厘米，直径1.8～2.5厘米，黄绿色，内面有明显紫斑。蒴果下部半球状，上部短圆锥状。种子细小，多数，卵形，无翼，棕黄色，光滑。花果期7～10月。（图1）

图1　党参

素花党参：与党参的区别是全体近光滑无毛；花萼裂片小，长约10毫米。（图2）

图2　素花党参

## 三、资源分布概况

党参属有40多种，我国有39种，多种植物的根在不同地区作党参使用。《中国药典》（2020年版）规定党参的基原植物有上述两种和川党参 *Codonopsis tangshen* Oliv.。党参分布于西藏东南部、四川西部、云南西北部、甘肃东部、陕西南部、宁夏、青海东部、河南、山西、河北、内蒙古及东北等地区，生于海拔1560～3100米的山地林边及灌丛中，全国各地有大量栽培，药材商品称潞党参、台党和白条党。素花党参分布于四川西北部、青海、甘肃及陕西南部至山西中部，生于海拔1500～3200米间的山地林下、林边及灌丛中，药材商品称纹党、凤党和刀党。川党参在四川北部及东部、重庆、贵州北部、湖南西北部、湖北西部以及陕西南部有大量栽培，药材商品称板桥党。

## 四、生长习性

党参喜温和凉爽气候，耐寒，怕高温；根在土中能露地越冬；幼苗喜潮湿、荫蔽、怕强光，定植后对水要求不严，成株喜阳光，高温、潮湿易引起烂根，干旱缺水不易出苗或出苗后死苗。野生党参生于海拔1500～3200米间的山地林下、林边及灌丛中。在海拔800～3200米，土壤湿度13%～17%，年均温6.5～7.0℃，年日照时数在1800～1900小时，年降水量360～390毫米，温凉半湿润、半干旱气候区均能生长。最适宜在海拔1300～2300米的阴坡，土层深厚、肥沃、疏松、腐殖质丰富、排水良好的砂壤土栽培，忌黏壤土和重盐碱地，不宜连作。

## 五、栽培技术

### 1. 种植材料

采集二、三年生植株的种子（图3），以三年生植株的种子产量高，质量好。其种子细小，不耐贮藏，室温下贮存1年后，发芽率降至25%左右。贮藏期间种子水分控制在13%以内，在冰箱（0～5℃）中保存，注意防虫防潮，避免接触食盐。

图3 党参种子

### 2. 选地与整地

（1）选地 育苗地宜选择地势平坦，水源方便，土质疏松肥沃，排水良好的砂质壤土，或在山区选择坡度15°～30°的半阴半阳的山坡地或二荒坡地，海拔2000米以下为宜。移栽地选择不严格，除盐碱地、涝洼地外，生地、熟地、山地、梯田等都可种植，以土层深厚，疏松肥沃，排水良好的砂壤土为佳。忌连作，前作以玉米、马铃薯为好。

（2）整地 选用熟地，则前茬作物收后翻耕一次，使土壤充分风化，减少病虫害，播前再耕一次，每亩施入腐熟堆肥、厩肥1500～2000千克，耙细整平，开1.3米宽高厢。生荒地，先铲除杂草，捡除石块、树枝、树根，将杂草晒干后铺于地面焚烧，深耕土地，耙细整平，开厢；山坡地可不开厢，但开好排水沟。育苗地要精耕多耙，使土壤细碎疏松（图4），施入腐熟堆肥和草木灰作基肥，或每亩施50千克磷酸铵或复合肥做基肥。

图4 党参育苗地整地

### 3. 播种

有种子直播和育苗移栽两种方法，常用育苗移栽。

（1）播种期 育苗分春播和秋播，以秋播为好。春播宜在3月底至4月初土地解冻后进行，春播宜早，太晚则伏天时苗太小，抗旱能力差。秋播宜迟不宜早，以10～11月上中旬地上冻前为宜，秋播当年不出苗，第二年清明前后出苗。

（2）播前准备　选择籽粒饱满，色泽光亮，无污染的种子，除去杂质及受伤、破损、霉变的种子；播种前先晒种，发芽率≥80%的种子可用于生产。春播种前将种子装入布袋内，置40～45℃温水中，不断搅拌，浸泡4小时，捞出用清水反复冲洗，放在25～30℃处，用湿麻袋或纱布片盖好催芽。经过1～2天，种子萌动膨胀时即可播种。秋播的种子不作处理。

（3）播种方法　分条播和撒播。播前将整好的地按1.3米宽开厢，用细土或草木灰拌成种子灰。撒播将种子灰均匀撒于厢面，每亩用种量2～2.5千克；条播按行距25～30厘米开深4～6厘米的浅沟，然后将种子灰均匀撒于沟内，播幅10厘米左右，每亩用种量1.5～2千克（图5）；播后覆盖一层薄土，以盖住种子为度。播种完成后，立即用草、小麦秸秆或其他禾本科作物秸秆均匀覆盖，厚度约3厘米，适当用石块、树枝或土带压住覆盖物。

图5　党参育苗地播种

（4）苗床管理　播种后苗床保持湿润，9～13天出苗（若遇干旱，则出苗时间较长）（图6）。幼苗长出2片真叶时开始中耕除草，松土宜浅，避免埋苗、伤根。早期用手拨开覆盖物，以防损伤种苗，苗高5厘米再全部揭掉，并进行间苗，每隔2厘米留苗1株，缺苗较多要及时补苗，以每平方米500～600株为宜，结合间苗进行除草。早间苗、勤除草是培育壮苗的关键措施。

图6　党参苗床

（5）起苗　用三齿铁叉将苗掘起，然后轻轻翻下，拣出苗子，抖掉泥土，切勿伤根。将挖起的种苗按20%带土量，扎成30～50株小把，装入麻袋或塑料编织袋，运到移栽地。一般根粗在0.3～0.4厘米，根长在15～18厘米，发育均匀，分叉少，皮色正，无破损，无病虫危害的种苗做移栽用。

## 4. 移栽

育苗党参生长1年进行移栽。移栽分春季和秋季两种。春季3月下旬至4月上旬，土壤解冻后至苗萌芽前起苗栽植；秋季宜在停止生长后进行，约10月上中旬至土壤封冻前起苗栽植。挖起的秧苗最好在当天栽完，如果发生苗干时不要浇水，应埋入湿土中1～2天，秧苗即可复原。移栽时，按行距20～23厘米，在地面横向开

图7　党参移栽地

沟，沟深25～30厘米，将参苗按株距5厘米斜放于沟内（图7），尾部不要弯曲，覆上细土，踏紧后再覆土与厢面平。在较高山区秋季移栽，其芦头应在土面以下7～8厘米，以防冰冻之害。移栽时用25%多菌灵300倍液浸根30分钟，可防止或减少病害。

## 5. 田间管理

（1）中耕与除草　党参移栽后杂草生长迅速，除草要及时，在出苗期，杂草苗小根浅，除草省工省时。一般在移栽30天后，苗出土时第一次中耕除草，苗藤蔓长10厘米时第二次中耕除草，苗藤蔓长40厘米时第三次中耕除草。除草时避免切伤或碰坏党参苗。苗藤蔓封垄后，可抑制杂草生长。

（2）疏花搭架　党参开花较多，非当年收获种子的留种田，要及时疏花，减少养分消耗，促进根系生长。党参株高达到30厘米时，要搭架。或稀疏间作早玉米、芥菜型油菜等高秆作物，其茎秆起支撑搭架作用，党参的缠绕特性可自动挂蔓，防止烂蔓，提高光合效率，做到一季两收。搭架时在畦间用细竹竿或树枝等作为搭架材料进行搭架，三枝一组插在田间，顶端捆扎，以利缠绕生长，从而加强通风、透气和透光性能。（图8）

图8　党参疏花搭架

（3）合理追肥　施加追肥是增产的关键，其目的是及时补给植株代谢旺盛时对养分的大量需要。追肥以速效肥料为主，一般追肥以钾肥为主，追肥的同时要注意及时清除田间杂草，以免与杂草争肥。在雨季，要注意排涝，防止烂根。

## 6. 病虫害防治

（1）根腐病　培育和选用无病健壮种苗；雨季随时清沟排水，降低田间湿度；田间搭架，避免藤蔓密铺地面，有利于地面通风透光。初期零星发病时，采用50%氯硝铵粉剂加生石灰7.5～10千克撒在病株茎基及周围土壤进行灭菌消毒，或用25%多菌灵500倍液或50%甲基托布津1500倍液浇灌病株。

（2）锈病　党参苗枯萎后，割除地上部残茎枯叶烧毁。生长期及时检查，发现病株立即喷药保护，药剂可选用50%二硝散200倍液，或97%敌锈钠300倍液，或25%粉锈宁1000～1500倍液，或70%甲基托布津800～1000倍液，每隔10天1次，连续2～3次。

（3）虫害　主要是蚜虫和蛴螬，用乐果乳油1500～2000倍液喷杀效果较好。蛴螬除人工捕杀幼虫外，可用90%晶体敌百虫与炒香的菜籽饼制成毒饵进行诱杀，用50%锌硫磷乳油1000倍液浇灌根际周围也能达到较好的防治效果。

## 六、采收加工

### 1. 采收

优质党参一般生长3～5年。在10月下旬霜降前后，地下部分停止生长以后采挖；海拔较高地区多在霜降前，海拔较低地区多在霜降之后。党参地上部变黄干枯后，用镰刀割去地上藤蔓，党参根部在田间后熟一周，再起挖。先用四齿直把铁叉直插入土壤，将耕层土壤挖松，再用三齿爪将党参刨出抖去泥土，收挖切勿伤根皮甚至挖断参根，以免汁液外渗使其松泡。

### 2. 加工

挖出的党参，剪去藤蔓，抖去泥土，及时运回晾晒场，挑除病株后用水洗净表面泥土，按粗细、长短进行分级，用细绳在党参根茎（芦头）处串穿成1～2米长的串（图9），摊放在干燥通风透光处的竹席、篷布上或干燥平坦的水泥地上晾晒数日，使水分蒸发。边晾晒，边翻动，根条变柔软、不易折断时，将党参串卷

图9　党参上串（晾晒）

成圆柱状外包麻布用脚轻轻揉搓，一般晾晒2天，揉搓一次，共揉搓3～4次即可，使皮部与木质部贴紧、皮肉紧实。继续晾晒，反复多次，晾晒至含水量在12%～13%。晒干后的党参须放在通风干燥处，以备出售或入库。在加工过程中，严防鲜参受冻受损。入库时要防潮、防虫保存，不能用火烘烤，严禁用硫黄熏蒸上色。

## 七、药典标准

### 1. 药材性状

（1）党参　呈长圆柱形，稍弯曲，长10～35厘米，直径0.4～2厘米。表面灰黄色、黄

棕色至灰棕色，根头部有多数疣状突起的茎痕及芽，每个茎痕的顶端呈凹下的圆点状；根头下有致密的环状横纹，向下渐稀疏，可达全长的一半，栽培品环状横纹少或无；全体有纵皱纹和散在的横长皮孔样突起，支根断落处常有黑褐色胶状物。质稍柔软或稍硬而略带韧性，断面稍平坦，有裂隙或放射状纹理，皮部淡棕黄色至黄棕色，木部淡黄色至黄色。有特殊香气，味微甜。（图10）

1cm

图10　党参药材

（2）素花党参（西党参）　长10～35厘米，直径0.5～2.5厘米。表面黄白色至灰黄色，根头下致密的环状横纹常达全长的一半以上。断面裂隙较多，皮部灰白色至淡棕色。

## 2. 鉴别

本品横切面：木栓细胞数列至10数列，外侧有石细胞，单个或成群。栓内层窄。韧皮部宽广，外侧常现裂隙，散有淡黄色乳管群，并常与筛管群交互排列。形成层成环。木质部导管单个散在或数个相聚，呈放射状排列。薄壁细胞含菊糖。

## 3. 检查

（1）水分　不得过16.0%。

（2）总灰分　不得过5.0%。

（3）二氧化硫残留量　照二氧化硫残留量测定法测定，不得过400毫克/千克。

## 4. 浸出物

照醇溶性浸出物测定法项下的热浸法测定，用45%乙醇作溶剂，不得少于55.0%。

## 八、仓储运输

### 1. 仓储

仓库要求符合NY/T 1056—2006《绿色食品 贮藏运输准则》的规定。药材入库前应完全干燥，并详细检查有无虫蛀、发霉等情况，凡有问题的包件都应进行适当处理。库房必须干燥，通风，相对湿度应保持在45%～75%之间，并且具有避光、通风、排水、防虫鼠的设备。药材与地面保持10厘米以上距离，与墙面距离为30厘米，与房顶距离为50厘米，批与批之间的距离为50厘米。贮藏期间要勤检查、勤翻动，经常通风，必要时可密封充氮养护。还可以将干燥药材放在密封的聚乙烯塑料袋中储藏，并定期检查。到夏季应转入低温库储藏。

### 2. 运输

运输车辆的卫生应合格，温度在16～20℃，湿度不高于30%，具备防暑、防晒、防雨、防潮、防火等设备，符合装卸要求；进行批量运输时应不与其他有毒、有害、易串味物质混装。

## 九、药材规格等级

党参产区多，商品药材有西党、东党、潞党、条党、白党几类。素花党参与党参是本片区主要栽培物种，主要归为西党类，西党具有三个商品规格。甘肃又将基原植物为素花党参的栽培药材称纹党，野生品分为野党和防党，基原植物为党参的栽培药材称白条党。

### 1. 西党规格标准

一等：干货。呈圆锥形，头大尾小，上端多横纹。外皮粗松，表面米黄色或灰褐色。断面黄白色，有放射状纹理。糖质多、味甜。芦下直径1.5厘米以上。无油条、杂质、虫蛀、霉变。

二等：干货。呈圆锥形，头大尾小，上端多横纹。外皮粗松，表面米黄色或灰褐色。断面黄白色，有放射状纹理。糖质多、味甜。芦下直径1厘米以上，无油条、杂质、虫蛀、霉变。

三等：干货。呈圆锥形，头大尾小，上端多横纹。外皮粗松，表面米黄色或灰褐色。

断面黄白色，有放射状纹理。糖质多、味甜。芦下直径0.6厘米以上，油条不超过15%。无杂质、虫蛀、霉变。

## 2. 白条党规格标准

一等：干货。呈圆锥形，头大尾小，少有分枝；"狮子盘头"明显，根头茎痕较少或无，条较长。上端有横纹或无，下端有纵皱纹，表面米黄色或黄白色，皮孔散在，不明显。断面木部浅黄色，皮部灰白色，有裂隙或放射状纹理。糖质多、味甜。芦下直径0.8厘米以上，长度为18厘米以上，无油条、杂质、虫蛀、霉变。

二等：干货。呈圆锥形，头大尾小，少有分枝；"狮子盘头"明显，根头茎痕较少或无，条较长。上端有横纹或无，下端有纵皱纹，表面米黄色或黄白色，皮孔散在，不明显。断面木质浅黄色，皮部灰白色，有裂隙或放射状纹理。糖质多、味甜。芦下直径多在0.6～0.8厘米，长度为16～22厘米，无油条、杂质、虫蛀、霉变。

三等：干货。呈圆锥形，头大尾小，少有分枝；"狮子盘头"明显，根头茎痕较少或无，条较长。上端有横纹或无，下端有纵皱纹，表面米黄色或黄白色，皮孔散在，不明显；断面木质部浅黄色，韧皮部灰白色，形成层明显，有裂隙或放射状纹理。糖质多、味甜。芦下直径多在0.6厘米以下，长度为12～20厘米，油条不得超过10%，无杂质、虫蛀、霉变。

## 3. 纹党规格标准

一等：干货。呈圆锥形，头大尾小，少有分枝；"狮子盘头"较大，根头无茎痕，条较长。上端有密集横纹，长达全长1/3处，下端有不规则的纵皱纹，表面米黄色，皮孔散在，不明显；质地少硬或略带韧性，断面木质浅黄色，皮部灰白色，有裂隙和放射状纹理。糖质多、味甜。芦下直径1.3厘米以上，无油条、杂质、虫蛀、霉变。

二等：干货。呈圆锥形，表面黄白色或灰黄色，体结实而柔。断面棕黄色或黄白色。糖质多，味甜。芦下直径1.0～1.3厘米，杂质含量不超过1%，无油条、杂质、虫蛀、霉变。

三等：干货。呈圆锥形，表面米黄色，质地少硬或略带韧性，断面木部浅黄色，皮部灰白色，断面有裂隙和放射状纹理。糖质多、味甜。芦下直径0.6～1.0厘米，无油条、杂质、虫蛀、霉变。

四等：干货。呈圆锥形，表面米黄色，皮孔散在，不明显；质地少硬或略带韧性，断面木部浅黄色，皮部灰白色，断面有裂隙和放射状纹理。有糖质，味甜。芦下直径0.6厘米以下，油条不得超过15%，无杂质、虫蛀、霉变。

## 十、药用食用价值

### 1. 临床常用

（1）健脾益肺　用于脾肺气虚证，中气不足所致诸证，常配伍白术、茯苓等，如四君子汤；中气下陷常配伍黄芪、升麻、白术等，如补中益气丸；肺气虚证，常配伍黄芪、五味子等。

（2）养血生津　用于血虚证和气津两伤，气虚不能生血，常配伍熟地黄、酸枣仁等，如党参补血汤；热伤气津之气短口渴，常配伍麦冬、天门冬、地黄、芍药等。

### 2. 食疗及保健

党参属药食两用中药，我国已获批的党参保健品有100多个品种，多用于增强免疫力、改善营养性贫血和缓解体力疲劳等。党参能益气、生津、养血，也常见于家庭膳食。

（1）补益气血　用于身体虚弱，气血不足，疲倦乏力，头晕眼花或贫血。党参鸽肉汤：取党参30克，枸杞15克，龙眼15克，熟地黄15克，陈皮5克，洗净；取鸽肉250克，洗净切块，先在沸水中焯去血沫，再与上述原料一起放入砂锅，加适量清水，大火煮沸，撇去浮沫，再用小火熬煮1～1.5小时，加入食盐等调味，即可食用。

（2）健脾、补气固表　用于脾胃虚弱，气虚，容易感冒等。党参乌鸡汤：取党参30克，乌鸡半只，淮山15克，北沙参15克，香菇50克，大枣5枚，生姜适量。先将香菇用清水浸透，乌鸡在沸水中焯去血沫，再与上述原料一起放入砂锅，加适量清水，文火炖1～1.5小时，加入食盐等调味，即可食用。

（3）健脾益胃　用于脾胃虚弱，消化不良等。党参粟米粥：取党参15克，扁豆30克，麦芽15克，洗净；一同放入砂锅，加适量清水，煮40分钟，去渣留汁，然后放入洗净的粟米60克，文火熬成粥，即可食用。

（4）补中益气　用于脾胃虚弱，气虚，疲倦乏力等。党参排骨汤：取党参30克，黄芪15克，白术10克，淮山15克，洗净；取排骨500克，洗净切块，与上述原料一起放入砂锅，加适量清水，大火煮沸，撇去浮沫，再用小火熬煮1.5小时，加入食盐等调味，即可食用。

（5）益气、生津养阴　用于气虚、阴虚、口渴等。党参麦冬汤：取党参15克，北沙参15克，玉竹10克，麦冬10克，洗净；取瘦肉200克，洗净切块，与上述原料一起放入砂锅，加适量清水，大火煮沸，撇去浮沫，再用小火熬煮1～1.5小时，加入食盐等调味，即可食用。

此外，党参配以不同食、药材制作的各种泡酒，能达到良好的滋养或治疗效果。如党参配红枣制成参枣酒，适合气短咳嗽、食欲不振、腹泻等人群，而党参枸杞酒同样适用于脾虚面黄、食少倦怠等人群。目前，市场上已有党参咀嚼片、党参茶、党参饮料、党参膏滋、党参口服液、党参火锅底料等食用产品，党参作为药品、保健食品、新食品原料开发都有着广阔前景与价值。

参考文献

[1]  谢宗万. 中药材品种论述（上册）[M]. 上海：上海科学技术出版社，1990：29-33.
[2]  朱田田. 甘肃道地中药材实用栽培技术[M]. 兰州：甘肃科学技术出版社，2016：34-39.
[3]  张小龙. 陇西道地白条党参种苗培育技术[J]. 现代种业，2015（20）：81-82.
[4]  谢贤明，韦卡娅，韦会平，等. 川党参GAP生产操作规程（SOP）（试行）[J]. 现代中药研究与实践，2011（5）：6-9.
[5]  张志勤，王喆之，张海宽，等. 陕西凤党高产栽培技术[J]. 陕西农业科学，2005（5）：138-140.
[6]  张友明，温建荣. 板桥党参规范栽培技术[J]. 安徽农学通报，2008（19）：236-237.
[7]  于天福. 党参无公害栽培技术[J]. 农业技术与装备，2014（5）：24-28.

（朱田田）

du  yi  wei

# 独一味

## 一、概述

本品为唇形科（Labiatae）植物独一味*Lamiophlomis rotata*（Benth.）Kudo的干燥地上部分，又名达巴、火巴、达布巴（藏音）。具有活血止血、祛风止痛等功效，用于跌打损伤，外伤出血，风湿痹痛，黄水病等。分布于西藏、青海、甘肃、四川西部及云南西北部，商品药材主产于青海、四川、甘肃交界的区域和西藏东北部。四省藏区有野生资源分布的地区均可栽培，具有农耕地的地区可采用大田栽培方式，缺乏农耕地的地区可采用草地免耕野生抚育方式。

## 二、植物特征

无茎草本，根茎粗达1厘米。叶莲座状，贴生地面，常4枚，对生，叶片菱状圆形、菱形、扇形或横肾形，长6～13厘米，宽7～12厘米，基部浅心形或宽楔形，下延至叶柄，边缘具圆齿，上面绿色，具皱，密被白色疏柔毛，下面仅沿脉疏被短柔毛，叶脉呈扇形；叶柄扁平而宽。轮伞花序密集排列成有短葶的头状或短穗状花序，长3.5～7厘米，序轴密被

图1　独一味

短柔毛；苞片全缘而具缘毛，小苞片针刺状。花萼管状，10脉，5齿；花冠淡紫、红紫或粉红褐色，二唇形，下唇3裂，中裂片较大；花盘浅杯状。小坚果倒卵状三棱形，浅棕色，无毛。花期6～7月，果期8～9月。（图1）

## 三、资源分布概况

独一味为单种属植物。分布于我国西藏、青海、甘肃、四川西部及云南西北部，尼泊尔、锡金、不丹也有分布。主产于青海、四川、甘肃邻接区域和西藏东北部。四川、青海、西藏有部分栽培，商品药材主要来自野生。

独一味产地价格低廉，在海拔4000米左右草地开荒栽培既不环保又成本高昂，也不符合当地农牧民生产习惯。因此，必须根据当地农牧民的生产条件，采用生态种植的思路进行栽培。

## 四、生长习性

独一味喜阳光、湿润，耐寒、耐干旱、耐贫瘠，不耐热。生长环境特异，因此目前没有大面积人工栽培。野生生长于海拔2700～4500米的高原或高山上强度风化的碎石滩中或石质高山草甸、河滩地。独一味的种子具有休眠特性，自然萌发率低。生长周期长，为3～5年，指标成分的含量不稳定。地上部分更新依靠根茎芽萌发，根茎芽的数目与叶片大小呈正相关，地上部分和地下部分的重量呈正相关。在高原寒温带半湿润季风气候区均能栽培。

## 五、栽培技术

### （一）大田栽培技术

适用于能利用农耕地栽培的地区，没有农耕地的地区适宜采用草场免耕野生抚育技术。

#### 1. 品种

选择在9月份独一味果实变成黑褐色时，在野外选择叶片宽大、生长健壮、无病虫害、成熟度一致、种子饱满的植株采种。

#### 2. 选地与整地

（1）选地　选海拔适宜、土质疏松、肥沃、腐殖质丰富的农耕地，并选择管理便捷的地块做苗床。

（2）整地　农耕地：在秋季前茬作物收获后进行翻耕，翻地深度约30厘米，结合深翻亩施腐熟农家肥3000～4000千克，春季每亩再加施氮肥30千克、磷肥30千克，翻地后将土壤耙细整平，做宽1.5米、高15～20厘米的畦，畦间距30厘米，畦内清除根茬碎石，畦面整平耙细。退化草场不能翻耕，只能补苗。苗床整理：育苗前15天将土壤翻耕，清除杂草、枯枝等杂质后，结合深翻每亩施入腐熟的农家肥3000～3500千克，磷酸二铵3～4千克，50%锌硫磷200克，混合。做宽0.5米、高20厘米的畦，畦间距30厘米，畦内清除根茬碎石，整平耙细。如果土壤墒情比较干燥，在放入基肥后应灌水保墒。也可在温室中做同样的畦进行育苗。

### 3. 繁殖方法

常采用种子育苗移栽法。

（1）种子采收　在8月中旬至9月下旬种子变成黑褐色时，用枝剪或其他刀具将果穗从基部剪下，置阴凉处晾干，用簸箕、撞笼、木棒等工具抖种子，用风选除去混杂物及尘土，水选法除去瘪种子，将种子晾晒至含水量小于12%。种子具有休眠特性，不经处理的发芽率只有20%～25%，贮藏时间越长发芽率越低。优良种子的千粒重应在3.0克以上。种子不耐贮藏，在室温下贮藏1年后，发芽率逐年降低，因此贮藏时期应控制温度在0～5℃低温条件下，或放置冰箱内冷藏。贮藏期间，注意防潮生虫。

（2）种子处理　播种前用15 000～20 000倍的赤霉素（GA$_3$）溶液浸种24小时，再用清水反复淘洗10次，沥干水分，晾干后，拌少量的草木灰或细沙土末，拌灰（沙土）量以种子不粘为宜。

（3）播种　在春季土壤解冻后整理好苗床，将种子灰均匀撒于厢面，每亩用种量1.5～2千克，播后覆盖一层细土末，以盖住种子为度，采用秸秆等覆盖苗床面保水保墒或覆盖地膜，或搭建简易温室。播后苗床土壤保持湿润，经处理过的种子13～23天出苗。出苗后继续保持湿润。当气温稳定在10℃后，大田育苗选择傍晚去掉覆盖材料。

温室内常采用营养钵育苗，不受季节限制，根据生产情况，每年可分2～3次进行育苗。将苗床整理中处理的土壤装入营养钵中，放入种子3粒，覆土厚度0.3厘米，摆放在大棚内，每隔3天在傍晚时间喷水保湿，使土壤保持湿润。

（4）苗床管理　在苗出齐后视杂草生长情况除草1～2次，除草时因幼苗较小，宜手工除去，同时避免带出和损伤幼苗。幼苗期，发现蜗牛等昆虫损伤幼叶时，采取人工捕捉、降低温度、通风等措施进行防治。温室内育苗要严格控制温度、湿度，当温度、湿度过高时要及时进行通风排湿等，以免发生病害。8月底9月初，日平均气温低于12℃后，大田苗床需加盖地膜保温，每隔3天喷水保湿。11月上旬逐渐揭膜通风抗寒锻炼5～7天，畦面覆盖半干细土1厘米，然后完全揭膜过冬。温室内可让其自然过冬，只需保持土壤适宜湿度即可。（图2）

图2　独一味幼苗

（5）起苗　播种当年8～9月或次年5月开始萌发前，即可起苗。起苗时用小铲将苗掘起，然后轻轻翻下，拣出苗子，抖掉泥土，切勿伤根。将挖起的种苗按20%带土量，扎成约50株小把，装入麻袋或塑料编织袋，运到移栽地。以健壮、颜色常绿且发亮、无病虫害、无机械损伤的种苗做栽培用。（图3）

图3　独一味种苗

## 4. 移栽定植

根据当地气温条件，最好在幼苗新根萌发前、土壤解冻后尽早移栽。早移栽根系较短，缓苗快，成活率高。选择阴天或下午光照强度减弱时进行，以避免强光对叶片的灼伤，造成缓苗期过长或死苗现象。大田移栽：在移种前根据移栽地土壤墒情和天气情况浇一次透水。按行距30厘米，株距30厘米，挖深15厘米、直径10厘米的穴，将秧苗放入穴，理顺根部，每穴栽两苗，然后填土压实。移栽后立即浇定根水。

## 5. 田间管理

（1）间苗、补苗　移栽20天后，对生长过于稠密的穴行进行间苗，每穴留健壮苗2苗。如有缺苗现象，则可将间出的苗移栽到缺苗处。

（2）中耕除草　结合间苗、补苗进行第一次中耕除草，应保持土壤疏松无杂草。每次中耕，只能浅耕松土3～5厘米，以免伤根，并注意勿将苗芽弄断。苗已封垄后，不需再中耕除草。

（3）灌溉排涝　独一味既要防涝，又要防旱。当土壤含水量低于120克/千克时需要灌水。夏秋雨季，降水较多，造成地面大量积水时，要及时排水。入冬前如果土壤较为干旱，可进行冬灌，浇透即可。

（4）追肥　独一味需肥不高，通常移栽前施入适量的基肥，以后不再施肥。如出现缺肥情况，在行间开5厘米深的沟槽，施入腐熟的农家肥，覆土即可。或每亩施用500千克的干牦牛粪粉末。

（5）越冬管理　独一味越冬能力差，入冬后田间覆盖半干的细土0.5～10.0厘米，或覆盖秸秆3厘米厚，或干牛粪粉末覆盖。

## （二）草场免耕野生抚育技术

适用于具有中度或重度退化草场的地区，结合草场恢复进行独一味的野生抚育。

### 1. 选地

选择中度或重度退化草场，地形以向南开口的小流域盆地底部为好。

### 2. 繁殖方法

种子直播或育苗移栽。为保护草场植被，减少水土流失，必须实行完全免耕技术，不翻耕，将种子直接撒播在草场浅层土壤内或移栽秧苗。

（1）种子直播　在解冻后，将按育种方法处理的种子，拌细土或草木灰后，在退化草场直接撒播，或免耕播种机直接在草皮上播种，每亩播种量1～2千克。土壤较干旱的情况下出苗率低，可适当增加播种量，土壤墒情较好的情况下，适当降低播种量。并在方便地块集中播种数百粒种子，用于补苗。

（2）育苗移栽　不能翻动土壤，采用钢钎开穴，将幼苗放入穴中，每穴栽两苗，然后压实，有条件的地区浇一次定根水。注意不要把幼苗完全埋藏。

### 3. 田间管理

（1）补苗、间苗　播种20天后，陆续出苗，仔细检查苗情，如有缺苗现象，则要补苗。用于补苗的苗，先浇水润透土壤，带土挖出，移栽到缺苗处，立即浇水。第二年返青时再一次仔细检查苗情，对过稠密拥挤处进行间苗，大概按行距30厘米，株距30厘米留苗，拔去弱小苗，健壮苗2苗以下。

（2）除草、施肥　草地的草被以禾草类为主，直播独一味后，杂草正常生长，对幼苗期有一定的遮阴及防风作用，不需要除草。第二年以后，栽培地或移栽的地块，独一味本身有较强的竞争能力，也不需再割草。无需改变栽培地放牧生产方式与强度，如果属季节性草场，应进行放牧轮换。根据长势，可施用500千克/亩干牦牛粪粉末。

## （三）病虫害防治

目前独一味栽培面积小，病害少，虫害主要有金针虫、地老虎和蝼蛄。采用野生抚育栽培技术，以农业防治配合生物防治、物理防治。禁止连作，轮作周期至少4年。利用害虫的趋光性，在田间适宜的地方设置紫光灯进行诱杀，效果良好。7～8月份是金针虫和蝼蛄危害盛期，利用金针虫和蝼蛄趋好在青草下潜伏的习性。将青草在田间堆成宽40厘米，厚10～15厘米的小堆，每天早晨捕捉一次，5天后另换青草。

## 六、采收加工

### 1. 采收

一般生长3～5年后可采收，在7月至8月花果期收割地上部分。用剪刀、采集铲等工具将地上部分齐地面剪下或铲下。野生抚育地应保留至少一半的开花植株，特别是保留种子产量大的植株，保障种子的散布，如出现减产情况，可以进行隔年间采。采集时尽量保存地下根茎、保护好根系；否则会影响来年收成。药材装袋，当天运回加工场地。不可堆置。

### 2. 加工

采集的地上部分，用人工流水冲洗或采用高压水枪冲洗，洗净泥沙。人工挑除病株和杂质，摊放在干燥通风的石板或水泥地上，晾晒数日，摊放厚度不超过15厘米。晾晒期间，每天要翻动3～6次，并注意检查，拣出霉烂部分，夜间要覆盖保暖材料防冻害并防止雨雪。如遇到阴雨天，摊晾在通风的室内或荫棚内，防止发霉变质。同时收集种子，药材反复晾晒直至干透，到含水量至12%，即可进行打捆或用布质材料装袋。

## 七、药典标准

### 1. 药材性状

本品叶莲座状交互对生，卷缩，展平后呈扇形或三角状卵形，长4～12厘米，宽5～15厘米；先端钝或圆形，基部浅心形或下延成宽楔形，边缘具圆齿；上表面绿褐色，下表面灰绿色；脉扇形，小脉网状，突起；叶柄扁平而宽。果序略呈塔形或短圆锥状，长3～6厘

米；宿萼棕色，管状钟形，具5棱线，萼齿5，先端具长刺尖。小坚果倒卵状三棱形。气微，味微涩、苦。（图4）

1cm

图4　独一味药材

## 2. 鉴别

本品粉末棕褐色。非腺毛众多，2～3细胞组成，直径10～15微米，壁较厚，有疣状突起。叶肉细胞呈不规则形，内含众多草酸钙针晶，长7～10微米。气孔直轴式或不等式。纤维长梭形，壁孔横裂。

## 3. 检查

（1）水分　不得过13.0%。

（2）总灰分　不得过13.0%。

（3）酸不溶性灰分　不得过4.0%。

## 4. 浸出物

照醇溶性浸出物测定法项下的热浸法测定，用70%乙醇作溶剂，不得少于20.0%。

# 八、仓储运输

## 1. 仓储

仓库要求符合NY/T 1056—2006《绿色食品　贮藏运输准则》的规定。药材入库前应完全干燥，并详细检查有无虫蛀、发霉等情况，凡有问题的包件都应进行适当处理。库房气温应保持在30℃以内，在保管期间如果水分超过14%、包装袋打开、没有及时封口、包装物破碎等，导致吸收空气中的水分，发生返潮、结块、褐变、生虫等现象，必须采取相应的措施加以处理。

## 2. 运输

运输车辆的应卫生合格，温度在16～20℃，湿度不高于30%，具备防暑、防晒、防雨、防潮、防火等设备，符合装卸要求；进行批量运输时应不与其他有毒、有害、易串味物质混装。

# 九、药材规格等级

独一味目前没有商品规格等级，均是统货。以根条粗壮、无叶及须根，洁净者为佳。

# 十、药用价值

## 1. 临床常用

（1）活血、祛风止痛　用于跌打损伤，筋骨疼痛，气滞闪腰，风湿痹痛，黄水病等，尤长于治疗跌打引起的头部骨伤，细脉断裂，伤口烧痛等症。常配伍黄花绿绒蒿、千里光、查明、色布古垂、查江、熊胆等。

（2）止血、止痛　用于外伤出血、刀枪伤、伤口烧痛、肿胀、发紫，以及疔疮等。单味药外用或口服，或配伍清热解毒、凉血止血药同用。

## 2. 保健作用

独一味具有镇痛、止血、抗菌、提高免疫功能、抗肿瘤等作用，目前生产有独一味牙膏，以及用独一味、藏红花、红景天、天山雪莲等藏药制成的熏蒸药包，用于除烦安眠。

参考文献

[1] 孙辉，蒋舜媛，冯成强，等. 独一味*Lamiophlomis rotate*野生资源现状与存在的问题[J]. 中国中药杂

志，2012，37（22）：3500-3505.

[2] 任继周. 草业科学研究方法[M]. 北京：中国农业出版社，1998：42.

[3] 钟世红，古锐，陈航. 藏药独一味种群结构及更新规律初步研究[J]. 现代中药研究与实践杂志，2011，25（5）：34-36.

[4] 任嘉，陈甜甜，周生军，等. 藏药独一味栽培技术研究[J]. 中国民族民间医药，2015，25（4）：7-9.

[5] 张亚娟，陈恒，高宏，等. 种子处理及田间覆盖对独一味种子萌发的影响[J]. 甘肃农业大学学报，2007，6（3）：195-197.

[6] 罗桂花，金兰，丁莉. 青海独一味种子萌发条件优化[J]. 安徽农业科学，2011，39（14）：8339-8340.

[7] 胡莹莹，叶萌，张泽锦，等. 野生藏药独一味种子萌发特性初步研究[J]. 北方园艺，2008，16（11）：195-197.

[8] 罗淑兰. 独一味种子的采收与贮藏方法[J]. 特种经济动植物，2011，13（11）：39.

（古锐）

# 藁本
gao ben

## 一、概述

本品为伞形科（Umbelliferae）植物藁本*Ligusticum sinense* Oliv. 或辽藁本*L. jeholense* Nakai et Kitag. 的干燥根茎和根，又名西芎、香藁本、香头子。具有祛风、散寒、除湿、止痛的功效，用于风寒感冒、巅顶疼痛、风湿肢节痹痛等。四省藏区主要分布藁本，主产于四川、湖北、湖南、甘肃，在高山峡谷地区可栽培，以四川阿坝、甘肃天水、武都等地最适宜。藁本可大田种植，也可在果园、人工林等的行间套种，透光度70%的林下可种植；大田种植可套种少量玉米。目前在甘肃、四川有栽培。以下仅介绍藁本的相关栽培技术。

## 二、植物特征

多年生草本，高达1米；根茎发达，有膨大的结节。茎直立，圆柱形，中空，表面具纵沟纹。叶互生；基生叶具长柄，柄长达20厘米；叶片轮廓三角形，长10～15厘米，宽15～18厘米，二回三出式羽状全裂；末回羽片卵形，边缘齿状浅裂，顶生小羽片渐尖至尾尖；茎中部叶较大，上部叶简化。复伞形花序顶生或腋生；总苞片6～10，线形，远较伞幅短；伞幅14～30；小总苞10，线形或狭披针形；花白色，花瓣5，先端微凹，具内折小尖头；雄蕊5，花丝弯曲。双悬果卵形，无毛；背棱槽中有1～3个油管，侧棱槽内油管3个，合生面油管4～6个。花期7～8月，果期9～10月。（图1）

图1 藁本

## 三、资源分布概况

藁本药材的法定来源有藁本和辽藁本，藁本分布于陕西、甘肃、四川、贵州、湖北、湖南、江西、浙江、安徽、河南、福建、广东、广西、云南、重庆等地，生于海拔1000～2700米的林下、沟边草丛中及湿润的水滩边。辽藁本分布于吉林、辽宁、河北、山西、内蒙古、山东等地。

## 四、生长习性

藁本喜凉爽、湿润气候，耐寒，忌高温，怕涝，野生常分布于山坡、林缘及半阴半阳排水良好的地块，对土壤要求不甚严格，但以疏松肥沃、排水良好的砂壤土为好，黏土或干燥瘠薄地不宜种植，忌连作。种子在15～30℃均可萌发，但以20℃为最好，发芽率可达80%以上。种子寿命为1年，故隔年种子不能用。

# 五、栽培技术

## 1. 品种选择

四省藏区宜选择栽培藁本，最好根据栽培地的野生种选择栽培品种，也可从当地成熟的种植户处购买种源或从当地野外引种。在9月份果实变成黑褐色时，在野外选择叶片宽大、生长健壮、无病虫害、成熟度一致、种子饱满的植株采种。

## 2. 选地与整地

（1）选地　选海拔适宜、土质疏松、腐殖质丰富、排水良好的砂壤土地块。

（2）整地　在前茬作物收获后翻耕，结合耕翻每亩施入圈肥或土杂肥2000～3000千克，整细耙平，做成宽1米左右的平畦，畦间挖好排水沟。

## 3. 繁殖方法

种子或根芽繁殖，生产上常用根芽繁殖。

（1）种子繁殖　选择品性纯正、生长良好、无病虫害的健壮植株作母株，在7～8月果实变黑褐色时剪下果序，在室内摊开，晾晒3～5天后，脱粒，除去瘪粒和杂质。趁鲜播种，或冷藏或保鲜砂藏。播种前取出种子，用50℃温水浸种24小时，或再用1000～12 000倍的赤霉素（$GA_3$）溶液浸泡种子24小时，晾干后拌以草木灰或细土末。春播在4月上、中旬，秋播在冻土前，亩用种2～3千克。播种时，在畦面开沟，行距30厘米，沟深3～5厘米，将种子均匀撒入沟中，覆土与畦面平，稍加镇压，浇水。播种后，保持畦面湿润，出苗后适当浇水。幼苗3厘米高时，可浅锄松土，除去杂草，并结合中耕，按株距3厘米间苗。待苗高6～8厘米时，按12～15厘米定苗，并同时进行中耕除草。

（2）根芽繁殖　在早春萌发前或晚秋地上部分枯萎后，选择品性纯正、生长良好、无病虫害的健壮植株，将根刨出，按根茎大小分株，一般每墩可分3～4株。分好株后按穴距30厘米×20厘米，开10厘米左右的穴，每穴栽1～2株。栽后覆土压实，春栽覆土至根芽上2～3厘米，秋栽宜4～5厘米。春栽10～15天出苗，秋栽翌年春发芽出苗。

## 4. 田间管理

（1）苗期管理　幼苗期要及时浇水、松土和除草，雨季注意排水防涝。

（2）施追肥　在6月中旬每亩追施过磷酸钙30千克，然后浇水；8月上旬生长盛期，在行间开沟追施腐熟圈肥或厩肥，每亩2000千克，然后用土覆盖。

（3）套作　春季在行间间作玉米，既起遮阴、保湿的作用，又可增加收入。

（4）摘蕾　出现花薹后，除留种地块外，选晴天摘除全部花薹，以免消耗养分，不利于根和根茎的生长。

## 5. 病虫害防治

主要病虫害有白粉病和红蜘蛛危害。

（1）白粉病　夏秋发病，叶部病斑无明显界限，如覆白粉，正面较多，后期病部产生小黑斑。

防治方法　清理药园，烧毁病株；发病初期喷施50%托布津800～1000倍液，每周1次，连喷2～3次。

（2）虫害　主要有红蜘蛛，危害茎叶，严重时使叶枯黄脱落。

防治方法　早春进行翻地，清除地面杂草，保持越冬卵孵化期间田间没有杂草；或采用99%矿物油200倍加1.8%阿维菌素2000倍，或加5%噻螨酮乳油1500倍液喷雾，或加43%联苯肼酯悬浮剂2000倍液；每周1次，连喷2～3次，多种药剂交替使用效果更好。

# 六、采收加工

## 1. 采收

种子繁殖播种后3年收获，根芽繁殖2年收获。在秋后地上部分枯萎或早春萌芽前采收。选在晴天，将茎叶割下，可采用人工或挖采机挖出根和根茎，剔出残茎、叶，抖净泥土，运回加工场地。

## 2. 加工

根和根茎装在不锈钢网筐中，用人工流水或高压水枪冲洗，洗净泥沙。人工挑除其中的杂质，并剔除腐烂变质部分，晒干，筛去须根，装箱或装袋。

## 七、药典标准

### 1. 药材性状

根茎呈不规则结节状圆柱形，稍扭曲，有分枝，长3～10厘米，直径1～2厘米。表面棕褐色或暗棕色，粗糙，有纵皱纹，上侧残留数个凹陷的圆形茎基，下侧有多数点状突起的根痕及残根。体轻，质较硬，易折断，断面黄色或黄白色，纤维状。气浓香，味辛、苦、微麻。（图2、图3）

 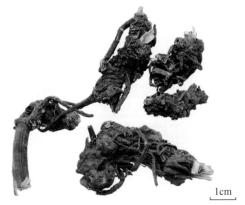

图2　藁本药用部位　　　　　　　　　　图3　藁本药材

### 2. 检查

（1）水分　不得过10.0%。

（2）总灰分　不得过15.0%。

（3）酸不溶性灰分　不得过10.0%。

### 3. 浸出物

照醇溶性浸出物测定法项下的热浸法测定，用乙醇作溶剂，不得少于13.0%。

## 八、仓储运输

### 1. 仓储

仓库要求符合NY/T 1056—2006《绿色食品　贮藏运输准则》的规定。药材入库前应完全干燥，放缸内或木箱内盖紧，在30℃以下保存。库房必须阴凉、避光、干燥、通风。在保管期间如果药材水分超过10%，或包装袋打开、没有及时封口、包装物破碎等，导致药材吸收空气中的水分，发生返潮、霉变、生虫等现象，必须采取相应的措施加以处理。

## 2. 运输

运输车辆的卫生应合格，温度在16～20℃，湿度不高于30%，具备防暑、防晒、防雨、防潮、防火等设备，符合装卸要求；进行批量运输时应不与其他有毒、有害、易串味物质混装。

## 九、药材规格等级

藁本药材商品来源常分为藁本和辽藁本，均为统货。以身干、整齐、香气浓者为佳。

## 十、药用价值

祛风、散寒、止痛，常用于风寒表证，巅顶疼痛。外感风寒，憎寒壮热，头疼自汗，烦躁不安者，常配伍厚朴、陈皮、苍术等，如和解散；太阳经头风头痛，发热恶寒，无汗、脉浮者，常配伍羌活、防风、麻黄等，如羌活芎藁汤；暑令受热，或晕车晕船，头痛恶心者，常配伍威灵仙、白花蛇、防风、蒺藜子等，如藁本散。

参考文献

[1] 中国药材公司. 中国常用中药材[M]. 北京：科学出版社，1995：414-416.

[2] 丁乡. 辽藁本产销现状与后市展望[J]. 中国中医药信息杂志，2006，13（4）：108-109.

[3] 四川省中医药研究院南川药物种植研究所，四川省中药材公司编著. 四川中药材栽培技术[M]. 重庆：重庆出版社，1988：407-408.

[4] 赵英华，何贵富，车寿林. 藁本高产栽培技术[J]. 农业科技通讯，2017（7）：215.

（刘代品，刘显福）

# 枸杞子

gou qi zi

## 一、概述

本品为茄科（Solanaceae）植物宁夏枸杞*Lycium barbarum* L.的干燥成熟果实，又名旁麦宅布、旁米布如（藏语）、枸杞果、西枸杞等。具有滋补肝肾、益精明目等功效，用于虚劳精亏、腰膝酸痛、眩晕耳鸣、内热消渴、血虚萎黄、目昏不明等病症。在新疆、青海、甘肃、内蒙古均有栽培，四省藏区在海拔1500～3200米的河岸、灌丛及山坡荒地可栽培。

## 二、植物特征

灌木，高0.5～2米。多分枝，枝条细弱，弓状弯曲或俯垂，有棘刺；叶互生或于枝下部数叶簇生；叶片卵状披针形，顶端急尖，基部楔形，栽培较野生普遍偏大；叶柄短。花在长枝上1～2朵腋生，短枝上2～6朵同叶簇生；花冠漏斗形，紫堇色，淡紫红色或淡红色，筒部长8～10毫米。浆果卵形或卵圆形，深红色或橘红色，果皮肉质，多汁液，长8～20毫米，直径5～10毫米。种子常20余粒，略成肾脏形，扁压，棕黄色，长约2毫米。花果期较长，从5月到10月边开花边结果，采摘果实时成熟一批采摘一批。（图1）

图1　枸杞

## 三、资源分布概况

国产枸杞属植物7种3变种，宁夏枸杞近缘种有黑果枸杞（*Lycium ruthenicum*）、枸杞（*L. chinense*）、截萼枸杞（*L. truncatum*）、清水河枸杞（*L. qin-gshuiheense*）、小叶黄果枸杞（*L. parvifolium*）、黄果枸杞（*L. barbarum* var. *auranticarpum*）和密枝枸杞（*L. barbarum* var. *implicatum*）等。常生于土层深厚的沟岸、山坡、田埂和宅旁，耐盐碱、沙荒和干旱，常作水土保持和造林绿化的灌木。宁夏枸杞在宁夏、内蒙古、新疆、河北、甘肃等有大面积种植，欧洲及地中海沿岸国家也普遍栽培并分布有野生资源，其中宁夏的中宁、中卫是枸杞子的道地产区。近年来全国每年出口的枸杞为3000多吨。

## 四、生长习性

枸杞属植物适应性强，对气温要求不严格，但以凉爽气候为宜。喜阳光，喜干燥气候，耐寒、耐旱、耐瘠薄、耐盐碱、喜湿润，最怕积水或水涝，忌荫蔽。降霜后地上部分停止生长，在–30℃低温能安全越冬，花能经受微霜而不致受害。栽培常选择湿润而又排水良好的环境，对土壤要求不严，以中性偏碱富含有机质的壤土最适宜。育苗土以含盐量0.2%以下的砂壤土为好；成株在有机质少，含盐量0.3%以下，pH 8.5以上的砂壤、轻壤土和白僵土中均能成活。

## 五、栽培技术

### 1. 选地与整地

（1）选地　育苗田常选土壤肥沃、排灌方便的砂壤土，土壤含盐量应低于0.2%。定植地可选壤土、砂壤土或冲积土，灌溉方便，含盐量低于0.3%。

（2）整地　育苗田在入冬前深翻1次，每亩施1500～2000千克腐熟厩肥作基肥，深翻25厘米；育苗前，翻地25～30厘米，细耙整平，开1～1.5米宽的畦，等待播种。定植地多进行秋耕，第二年春天耙平后，备好基肥，等待定植。

### 2. 种苗繁育

（1）留种　在6～10月枸杞收获期间，选择3～5年树龄、无病、无虫口、健壮、具本栽培类型特性的枸杞植株作为母株，用于采集种子和剪取插条。

（2）繁殖方式　枸杞种苗繁殖以种子繁殖为主，也可以采用扦插育苗繁殖。

种子繁殖以春季播种最好。播种前将干果在水中浸泡1～2天，搓除果皮和果肉，在清水中漂洗出种子，捞出稍晾干，然后与3份细沙拌匀，在室内20℃条件下催芽，待种子有30%露白时进行播种。播种时采用条播，按行距30~40厘米开沟，将催芽后种子拌细土或细沙撒于沟内，覆土1厘米左右，然后稍填压并覆草保墒。干旱多风地区，播种采用深开沟，浅覆土。播种量每亩0.5千克。

扦插育苗分硬枝扦插和嫩枝扦插两种。硬枝扦插在3月下旬至4月上旬萌芽前采集树冠中、上部着生的一、二年生的徒长枝和中间枝，粗0.5~0.8厘米，然后剪成15~18厘米长的插条，上端留有饱满芽，沙藏。嫩枝扦插在5~6月，选用粗0.2厘米枝条，剪成长12~15厘米的插条。扦插前插条下端用浓度为15毫克/升的NAA浸泡24小时，或速蘸枸杞生根剂1号加水稀释成2500倍液，按宽窄行距40厘米和20厘米，株距10厘米插入苗圃踏实，地上部分留1厘米，外露一个饱满芽，上面覆一层细土。扦插完后，在苗床上搭建40厘米高的荫棚遮阴，育苗期间要保持苗床土壤湿润，浇水宜用喷淋。

（3）苗床管理　枸杞种子播种后7~10天出苗，出苗时及时撤覆草，以保证苗齐。苗高3~6厘米时，间苗；苗高20~30厘米时，按株距15厘米定苗，并结合间苗、定苗，及时除草松土，以后视杂草情况随时除草。7月以前注意保持苗床湿润，以利幼苗生长，8月份以后要降低土壤湿度，以利幼苗木化。苗期常施追肥2次，每次每亩施尿素5~10千克，视苗情适量施磷钾肥（图2）。扦插10~15天后待插枝生根可拆去荫棚，以利壮苗。苗圃注意除草保墒，待幼苗长至15厘米以上时灌第一水；苗高20厘米以上时，选一健壮枝作主干，将其余萌生的枝条剪除；苗高40厘米以上时剪顶，促发侧枝，次年出圃。

图2　枸杞育苗地

### 3. 移栽定植

枸杞幼苗根颈粗达0.7厘米时可移栽定植，于春季4~5月或秋季10月中下旬进行，以春季成活率较高。栽植时，按2米×1米行株距挖深30~50厘米、长40厘米、宽30厘米的穴，每穴施腐熟的有机肥1千克，并与熟土拌匀，肥上覆盖约10厘米厚的细熟土，直立放入枸杞苗，使根向四周伸展，栽正后覆土高出地面8~10厘米，踏实。栽后接着灌水2~3次，可提高成活率。

### 4. 田间管理

（1）中耕除草　枸杞苗木园地需勤翻晒，一年1次，春或秋季进行。春季常在3月下旬到4月上旬进行，不宜过深，一般12~15厘米。秋季翻晒园地在10月上中旬进行，可适当深挖20厘米左右。对于幼龄枸杞易滋生杂草，中耕除草要勤，约每半月1次；树冠定形后，中耕除草次数可酌减，5~8月中旬各1次。同时结合除草将无用的萌蘖及蘖芽去除，以保证母株良好发育。

（2）幼龄果树整形　幼龄枸杞的整形需要5~6年时间，可分三次进行。栽植第1年苗木萌芽后，将主干上30厘米内的萌芽剪除，30厘米以上选留不同方向生长的侧枝3~5条、间距3~5厘米作为骨干枝，并在幼树高50~60厘米处剪顶定干。第2~4年，分别在上年选留的主、侧枝上培育结果枝组，在每年5月下旬至7月下旬，每间隔15天剪除主干上的萌条，选留和短截主枝上的中间枝促发结果枝，经过三年培养树冠不断增高、扩大，第4年树高可达120厘米，冠幅120~150厘米，单株结果枝100条左右；第5、6年以主干为中心，在树冠中心部位选留2条生长直立的中间枝，呈对称状，枝距10厘米，于30厘米处短截后分生侧枝，形成上层树冠，使树体高160厘米左右，上层冠幅约150厘米，下层冠幅约200厘米，枝干分布均匀，受光良好，呈半圆形。同时，对多年未整形的幼树枝，要因树制宜，疏掉过密枝条。（图3）

图3　枸杞生长期

（3）适时追肥　枸杞喜肥，年年结果，养分消耗多，因此，每年都必须及时追施肥料，才能保证高产稳产，并可防止树势早衰。根据枸杞年度生育期内的营养生长需肥规律，采用有机无机相结合的原则，根据产地枸杞的树龄大小和目标产量，合理地控制氮、磷肥总量，适当增施钾肥。在4月中下旬，采用有机无机配施方式施足基肥，在6月至7月的枸杞盛果期，追施化肥。其中，三、四年生幼龄果树于10月中旬至11月中旬，单株追施有机肥10千克左右，五、六年生追施有机肥15～20千克，七年生以上为25千克左右。追肥时沿树冠外缘开沟，将肥料施入沟内与土拌匀后封沟，略高于地面，施肥深度20～25厘米为宜。生育期内追施速效肥，常每年追肥2～3次，二、三、四年生果树于6～8月施追肥，每次每株用肥量25～50克；五年生以上果树于5～7月施肥，每次每株用肥量50～100克。追肥时可直接撒施在树盘范围内，施后浅锄灌水。此外，于5～7月进行叶面喷肥，每月各两次。也可使用枸杞生态专用肥料。

（4）灌溉排水　二、三年生的幼龄果树应适当少灌，以利于根系向土壤深层延伸。一般每年灌水5～6次，多在5～9月及11月每月灌水一次。四年生以上果树，在6～8月每月还要增加一次灌水，使每年灌水次数达到7～8次。一般幼果期，需水较多，不可缺水。在雨水较多年份，可酌情减少灌水，并注意排水。

（5）成龄果树修剪　成龄果树修剪在每年春、夏、秋季进行。春季在植株萌芽后，新梢生长前进行，剪除枯枝、交叉枝和根部萌蘖枝；夏季在5～8月，植株生长期进行，剪除无用的徒长枝、过密枝、纤弱枝，并适当剪去老的结果枝，以利培育新的结果枝；秋季适当剪短秋果枝，剪除刺枝。对老结果枝进行修剪，应视新结果枝的多少而定，如新结果枝多，老结果枝可多剪。（图4）

图4　枸杞结果期

## 5. 病虫害防治

枸杞的病虫害种类多，危害严重，且大多是枸杞特有。

（1）黑果病　常在6月下旬进入雨季后发病，枸杞青果感病后，开始出现小黑点、黑斑或黑色网状纹。阴雨天，病斑迅速扩大，使果变黑，花感病后则不能结果，枝和叶感病后出现小黑点或黑斑。

防治方法 ①农业防治：统一清园，将树冠下部及沟渠路边的枯枝落叶及时清除销毁；早春土壤浅耕、中耕除草、挖坑施肥、灌水封闭、秋季翻晒园地；雨后开沟排水，降低田间湿度，减轻危害。②药剂防治：发病初期，摘除病叶、病果，再喷洒一遍百菌清或绿得保800倍液；有连续阴雨时，提前喷施50%托布津1000倍液，全园预防。

（2）根腐病 常在春季和高温季节发病，根颈部发生不同程度腐朽、剥落现象，或根颈、枝干的皮层变褐色或黑色腐烂。

防治方法 ①农业防治：保持园地平整，不积水、不漏灌。②药剂防治：发现病斑立即用灭病威500倍液灌根，同时用三唑酮100倍液涂抹病斑。

（3）枸杞白粉病 常在6～8月多雨季节发病，叶片正面和背面形成白粉，常造成叶片卷缩、干枯和早期脱落。发病时可用50%退菌特600～800倍液，每10天喷1次，连续喷2～3次。

（4）虫害 枸杞有20多种虫害，主要有蚜虫、负泥虫、木虱、瘿螨、瘿蚊等。

蚜虫：每年4月枸杞发芽时开始危害枸杞嫩梢叶，严重时每一枝条均有蚜虫密集，使叶片变形萎缩，树势衰弱，可持续危害至10月上旬，一年发生20代。在枸杞展叶、抽梢期使用2.5%扑虱蚜3500倍液树冠喷雾防治，开花坐果期使用1.5%苦参素1200倍液树冠喷雾防治。果实采收前20～30天禁止使用农药，以保证果品中无农药残留或少量不超标的农药残留。

枸杞负泥虫：又名肉旦虫，幼虫和成虫均危害叶片，严重时仅留叶脉。在4月中旬，或5～9月危害时，用50%敌敌畏乳剂1000倍稀释液每7～10天喷1次。

枸杞木虱：形似缩小的蝉，5～6月为若虫大量发生时期，虫体布满叶片，叶片发黄，幼虫比成虫的危害更严重。用灭菊酯1600倍液，每10天喷1次，连续喷2～3次。

此外，还有枸杞实蝇、枸杞驻果蛾、瘿螨、瘿蚊等其他虫害，可在萌芽前地面撒5%西维因拌制的毒土，杀灭越冬虫，发现有虫果，及时摘除，虫害发生时，可选用吡虫啉、阿维菌素等进行防治。


## 六、采收加工

### 1. 采收

当枸杞果实变红，果蒂松软时即可采摘，春果9～10天采一次；夏果5～6天采一次；

秋果10～12天采一次。摘果应选晴天露水干后进行，并注意轻摘、轻拿、轻放，否则果汁流出晒干后果实会变成黑色，降低药材品质。盛装枸杞子的器皿，要用盆、桶、篮、筐等，不宜用塑料袋等。

## 2. 加工

鲜果要及时晾晒或烘干，不宜久放。晒干法：将鲜果均匀地摊在架空的竹帘或芦席上（图5），厚2～3厘米，先在阴凉处放置2天，然后放在较弱日光下晾晒，10天左右即可晒干，晴朗天气需5～6天。晒枸杞时要注意不能在烈日下暴晒或用手翻动，以免果实起泡变黑，也要注意卫生，烟灰、尘土飞扬的场所以及牲畜棚旁等均不宜晒枸杞。热风烘干法：将鲜果经冷浸液处理1～2分钟后均匀摊在果栈上，厚2～3厘米，先在40～45℃条件下烘烤24～36小时，使果皮略皱；然后在45～50℃条件下烘36～48小时，至果实全部收缩起皱；最后在50～55℃烘24小时即可干透。干燥后的果实，装入布袋中来回轻揉数次，使果柄与果实分离，用风车扬去果柄或采用机械脱果柄。

果实脱果柄后，经人工选果去杂（拣除青果、破皮果、黑色变质果及其他杂质），使用国家标准分级筛，手工分级或机械分级。分级后的枸杞子进行分袋包装或箱装。

图5　枸杞晾晒

## 七、药典标准

### 1. 药材性状

本品呈类纺锤形或椭圆形，长6～20毫米，直径3～10毫米。表面红色或暗红色，顶端有小突起状的花柱痕，基部有白色的果梗痕。果皮柔韧，皱缩；果肉肉质，柔润。种子20～50粒，类肾形，扁而翘，长1.5～1.9毫米，宽1～1.7毫米，表面浅黄色或棕黄色。气微，味甜。（图6）

1cm

图6 枸杞子药材

### 2. 鉴别

本品粉末黄橙色或红棕色。外果皮表皮细胞表面观呈类多角形或长多角形，垂周壁平直或细波状弯曲，外平周壁表面有平行的角质条纹。中果皮薄壁细胞呈类多角形，壁薄，胞腔内含橙红色或红棕色球形颗粒。种皮石细胞表面观不规则多角形，壁厚，波状弯曲，层纹清晰。

### 3. 检查

（1）水分　不得过13.0%。

（2）总灰分　不得过5.0%。

（3）重金属及有害元素　照铅、镉、砷、汞、铜测定法测定，铅不得过5毫克/千克；镉不得过0.3毫克/千克；砷不得过2毫克/千克；汞不得过0.2毫克/千克；铜不得过20毫克/千克。

### 4. 浸出物

照水溶性浸出物测定法项下的热浸法测定，不得少于55.0%。

## 八、仓储运输

### 1. 仓储

仓库要求符合NY/T 1056—2006《绿色食品 贮藏运输准则》的规定。将干燥药材放在密封的聚乙烯塑料袋中储藏，置干燥、清洁、阴凉、通风、无异味，相对湿度应保持在45%～75%之间的专用仓库中贮藏，到夏季应转入低温库储藏。或采用低温冷藏法，温度控制在5℃以下。入库前详细检查有无虫蛀、发霉等情况，凡有问题的包件都应进行适当处理。同时应防止仓储害虫及老鼠的危害，并定期检查。

### 2. 运输

运输车辆的卫生合格，温度在16～20℃，湿度不高于30%，具备防暑防晒、防雨、防潮、防火等设备，符合装卸要求；进行批量运输时应不与其他有毒、有害、易串味物质混装。

## 九、药材规格等级

枸杞子栽培地区较多，产品质量有差别，常分为西枸杞和血枸杞两类。西枸杞：指宁夏、甘肃、内蒙古、新疆等地的产品，具有粒大、糖质足、肉厚、籽少、味甜的特点。血枸杞：指河北、山西等地的产品，具有颗粒均匀，皮薄、籽多、糖质较少、色泽鲜红、味甜微酸的特点。国务院商业部和卫生部颁布了枸杞的6个验级标准。要求枸杞子颜色均匀，无油粒、黑色粒。贡果：180～200粒/50克；枸杞王：220粒/50克；特优：280粒/50克；特级：370粒/50克；甲级：580粒/50克，要求颗粒大小均匀，无干籽、油粒、杂质、虫蛀、霉变；乙级：900粒/50克，油粒不超过15%，无杂质、青果、虫蛀、霉变等颗粒。

## 十、药用食用价值

### 1. 临床常用

枸杞子善补肝肾之阴，益精血，明目。用于精血不足所致的视力减退、内障目昏、头晕目眩、腰膝酸软、遗精滑泄、耳聋、牙齿松动、须发早白、失眠多梦等，单用或配伍怀牛膝、菟丝子、何首乌等，如七宝美髯丹；肝肾阴虚、阳热上浮之两目昏花、干涩、视物不清，常配伍菊花、熟地黄、山药、山茱萸等，如杞菊地黄丸；真阴不足之腰膝酸软、遗精滑泄、自汗盗汗、眼花耳聋等症，常配伍熟地黄、山药、山茱萸、龟甲胶等，如左归丸；阴阳精血俱虚之全身瘦弱，遗精阳痿，视物昏花等，常配伍鹿角胶、龟甲胶、人参等；肾阳不足、命门火衰所致诸证，常配伍熟地黄、山茱萸、肉桂、附子等，如右归丸。

## 2. 食疗及保健

枸杞子是药食两用中药，具肝肾之阴，益精血，明目等功效，常见于家庭膳食或茶饮。枸杞嫩叶营养丰富，也可作蔬菜。

（1）养肝明目、降血糖、抗衰老　用于熬夜伤阴或操劳过渡所致诸症，如杞子菊花茶。取枸杞子30颗，菊花5朵，红茶5克，加沸水泡10分钟即可饮用。用于延缓视力衰退，防止花眼等。枸杞鸡蛋羹：取2个鸡蛋打入碗中，放入枸杞子20克、三七粉2克，调匀，蒸熟即可食用。

（2）补精血、明目　用于视物模糊、视力减退、两眼干涩、流泪。枸杞子猪肝粥：取枸杞子20克，粳米150克，洗净；猪肝片50克，用沸水焯去血沫后，与上述材料一同放入砂锅，加适量清水，文火熬成粥，即可食用。杞子黄精汤：取枸杞子15克，黄精10克，生姜2片，洗净；取瘦肉100克，洗净切块，与上述原料一起放入砂锅，加适量清水，大火煮沸，撇去浮沫，再用小火熬煮1～1.5小时，加入食盐等调味，即可食用。

（3）补肾壮阳　用于体弱肾虚、腰膝酸软、遗精阳痿、夜间多尿者。杞子牛鞭汤：取枸杞子30克，白果10g，生姜2片，洗净；取牛鞭一具，洗净切块，与上述原料一起放入砂锅，加料酒30毫升，清水适量，大火煮沸，撇去浮沫，再用小火熬煮1～1.5小时，加入食盐等调味，即可食用。

（4）滋补肝肾、补脑安神　用于血虚头痛、眩晕等。杞子羊脑煲：取枸杞子30克，生姜2片，大葱白2段，洗净；取羊脑一副，洗净，与上述原料一起放入砂锅，加料酒30毫升，清水适量，大火煮沸，撇去浮沫，再用小火熬煮1～1.5小时，加入食盐等调味，即可食用。

## 参考文献

[1]　刘王锁，石建宁，郭永恒，等. 宁夏野生枸杞资源现状[J]. 浙江农业科学，2013，1（1）：1-21.

[2] 董静洲，杨俊军，王瑛. 我国枸杞属物种资源及国内外研究进展[J]. 中国中药杂志，2008，33（18）：2020-2027.

[3] 常金财. 现代枸杞栽培管理技术概述[J]. 农学学报，2014，4（11）：59-60.

[4] 江帆，江莉. 枸杞栽培技术浅谈[J]. 农业与技术，2018（8）：130

[5] 刘博洁. 枸杞栽培管理技术[J]. 河北林业，2010（3）：28-29.

[6] 罗健航，董平，赵营，等. 枸杞施肥问题的探讨[J]. 宁夏农林科技，2009（4）：28-29.

（朱田田，马晓辉）

hong jing tian

# 红景天

## 一、概述

本品为景天科（Crassulaceae）植物大花红景天*Rhodiola crenulata*（Hook. f. et Thoms.）H. Ohba、狭叶红景天*R. kirilowii*（Regel）Maxim.、唐古特红景天*R. tangutica*（Maxim.）S. H. Fu、四裂红景天*R. quadrifida*（Pall.）Fisch. et. Mey.、小丛红景天*R. dumulosa*（Franch.）S. H. Fu或圣地红景天*R. sacra*（Prain ex Hamet）S. H. Fu的干燥根和根茎，《中国药典》（2020年版）仅收载大花红景天是其唯一来源，其他品种为地方标准收载，又名扫罗玛尔布（藏语）。具有益气活血，通脉平喘之功。主要用于气虚血瘀，胸痹心痛，中风偏瘫，倦怠气喘。分布于四省藏区的山坡草地、灌丛、石缝中。

## 二、植物特征

大花红景天：多年生草本。地上的根颈短，残存花茎少数，黑色，高5～20厘米。不育枝直立，高5～17厘米，先端密着叶。花茎多，直立或扇状排列，高5～20厘米，稻秆色至红色。叶椭圆状长圆形至几为圆形，长1.2～3厘米，宽1～2.2厘米，先端钝或有短尖，全缘或波状或有圆齿；假柄短。花序伞房状，多花，长2厘米，宽2～3厘米，具苞片；花大，具长梗，雌雄异株；雄花萼片5，狭三角形至披针形，长2～2.5毫米；花瓣5，红色，倒披针形，长6～7.5毫米，宽1～1.5毫米，具长爪，先端钝；雄蕊10，与花瓣同长，对瓣的着生基部上2.5毫米；鳞片5，近正方形至长方形，先端有微缺；心皮5，披针形，长3～3.5毫米，不育；雌花蓇葖5，直立，长8～10毫米，花枝短，干后红色；种子倒卵形，长1.5～2毫米，两端有翅。花期6～7月，果期7～8月。（图1）

图1　大花红景天

狭叶红景天：叶线形至披针形，全缘或有疏齿；花瓣5或4，绿黄色，倒披针形；萼片短于花瓣，花丝花药黄色，长4毫米。（图2）

唐古特红景天：主根粗长，分枝；根颈无残留老枝

图2　狭叶红景天

茎，先端被三角形鳞片；叶线形，先端钝渐尖；雌雄异株，雄株花茎干后稻秆色或老后棕褐色，萼片5，花瓣5；雄蕊10，在基部上1.5毫米着生；鳞片5，横长方形，先端有微缺。

小丛红景天：根颈粗壮，分枝，地上部分常被有残留的老枝；叶互生，线形至宽线形；萼片5，线状披针形；花瓣5，白或红色，披针状长圆形，直立；雄蕊10，较花瓣短；鳞片5，横长方形。

四裂红景天：茎生叶多数，全缘；根颈短，直径1～3厘米，基部扩大，分枝，黑褐色，残留老枝茎多数；萼片4，线状披针形；花瓣4，紫红色，全缘；雄蕊8，黄色；鳞片4，近长方形；蓇葖4，先端具反折的短喙。

## 三、资源分布概况

红景天属有96种，我国有73种。除《中国药典》（2020年版）收录的大花红景天 *R. crenulata*（Hook. f. et Thoms.）H. Ohba外，四省藏区分布的狭叶红景天、唐古特红景天、四裂红景天、小丛红景天和圣地红景天均属较为常用的品种，已收载于地方药材标准。目前在云南、四川、西藏等地有引种栽培，但商品的主流仍然来自野生资源。

## 四、生长习性

大花红景天、狭叶红景天、唐古特红景天、四裂红景天、小丛红景天和圣地红景天均是高海拔分布的物种，多生长于山坡草地、灌丛、石缝中。小丛红景天、狭叶红景天和唐古特红景天的海拔高度稍低，1600～2000米，尤以小丛红景天海拔高度可以低至1600米；可以在海拔2000米左右选择栽培地。而大花红景天、圣地红景天和四裂红景天生长的海拔高度均在2700米以上，可以在海拔2700～3000米选择栽培地。因此，栽培时以就地就近引种为宜。

## 五、栽培技术

### 1. 种植材料

采用根茎繁殖、播种育苗、组织培养等方法。

（1）根茎繁殖　在2～3月或9～10月采集二年生及以上野生及人工栽培红景天的根茎，也可结合收获药材时，选取二年生及以上的根茎作种根茎。选取无病害根茎，切成长3～5厘米的根茎段，然后放在阴凉通风处1～2天，使伤口愈合，再用50%多菌灵1000倍液浸泡消毒20分钟后即可栽植。

（2）播种育苗　在7～8月选择植物健康、品系纯正的红景天植株采集种子。要随熟随采，当果实表面变成褐色，果皮变干，果实顶端即将开裂时，先将果穗剪下，放阴晾处晒干后，再用木棒将种子打下，除去果皮及杂质，放在阴凉通风干燥处保存。红景天种子细小，发芽适宜温度15～20℃；贮存1年丧失发芽力。育苗可用温室或塑料大棚、室外阳畦。

育苗时选新鲜成熟种子在春季或秋季播种。播种前用流水冲洗种子，再用不同浓度的赤霉素+不同浓度的生根粉浸种24小时后取出沥干水。选用砂土翻晒2天除菌，再用筛子筛出细砂进行拌种育苗。制备营养土（砂壤土∶珍珠岩∶羊粪=3∶1∶1）或基质，营养土要求肥沃、疏松，既保水又透气，播种前2天用50%多菌灵可湿性粉剂600倍液浇透营养土，播后搭小拱棚保温、保湿，白天温度应控制在10～20℃，夜间不低于5℃。每亩用种量1～1.2千克。幼苗出土初期生长缓慢，出土20天的幼苗仍只有2片子叶，植株很小，要经常保持苗床土壤湿润，待70%幼苗出土后即可揭去小拱棚及时通风换气，增强光照，锻炼壮苗。

（3）组织培养　采用野生健康红景天植株的种子、根、茎、叶为外植体。通过激素诱导产生愈伤组织，再进行生根培养，40～50天后选择长势良好、根系健壮植株，放置在温室进行炼苗3～5天，洗去根部的培养基立即移栽。培养苗很脆嫩，在移栽时应小心栽入营养钵或苗床，1年后才可移栽至大田和山地。

## 2. 选地与整地

（1）选地　根据品种选海拔适宜，阳光充足、气候冷凉、无霜期较短、夏季昼夜温差较大的地区。育苗地选土质肥沃疏松、阳光充足、排水良好的壤土或砂壤土、离水源较近的地块。移栽地选择排水良好、土壤含沙略多的山坡地、荒山坡地的耕地或非耕地，不宜于黏土、盐碱土、低洼积水地栽培。

（2）整地　在前茬作物收获后深翻30～40厘米，清除田间杂物，打碎土块，顺坡向作畦，畦宽100～120厘米、高20～25厘米，结合耕地每亩施入厩肥或猪圈粪2000～3000千克，复合肥1.5～2千克，耙碎整平。地势较高的平地作畦，地势较低地块作高畦，山坡地可不打垄不做畦，但要挖好排水沟。

## 3. 栽植

（1）根茎切段繁殖　春栽4～5月，秋栽9～10月，以秋栽为宜。在畦面按行距20～25厘米开沟，沟深10～12厘米，按株距10～15厘米，将消毒处理后的根段，斜栽沟内，覆土，稍加镇压，即可。

（2）种苗繁殖　种子或组织培养繁育的幼苗生长1年后，方可移栽到移栽地。在当年秋季地上部分枯萎后或第2年春季返青之前均可移栽，以春季移栽较好。一般在3月下旬至4月上旬幼苗尚未萌发时进行，先将幼苗全部挖出，按种苗大小分等移栽。栽植时在畦面按行距20～25厘米横开沟，沟深10～12厘米，按株距10～12厘米，将顶芽向上栽入沟内，覆土盖过顶芽2～3厘米为宜，栽后稍加填压，土壤过干时栽后要浇水，每亩栽大苗约33 000株，小苗可栽40 000株。

## 4. 田间管理

移栽后红景天在全部生长期内要经常松土、除草，保证田间无杂草。移栽后第二年应根据生长情况适当追施农家肥，特别在开花期前后适量追施草木灰或磷肥，促进地下部分生长。干旱时应及时浇水，高温多雨季节要注意田间排水，在雨季来临前挖好排水沟避免积水。入冬之前，向畦面盖2～3厘米的土以利防寒越冬。

## 5. 病虫害防治

红景天在适宜的环境中其病虫害很少，主要的病虫害有根腐病、灰霉病、蚜虫、蛴螬。

（1）根腐病　红景天根腐病是镰刀菌属真菌浸染植物而发生的病害，栽培3～4年后红景天根腐病发病率一般达30%～50%，且连作的红景天根腐病发病率可达80%以上。该病发病程度与土壤含水量有关，地下水位高或田间积水，田间持水量高于92%时发病最重，地势高的田块发病轻。因此，在选择红景天栽培地时，应选透水性好的地块，并深挖排水沟，防止田间积水。忌连作是减少根腐病发生的关键。发病后用50%多菌灵WP+70%代森锰锌WP750倍处理效果相对较好，同时配合松地时适当扒开土使红景天根颈部裸出地面和人工摘除红景天花序等措施，可以减轻红景天根腐病的危害。

（2）灰霉病　灰霉病主要发生在温室幼苗期，低温高湿是诱发灰霉病的主要环境因子。做好保温、降湿及通风工作是防治灰霉病的关键，或使用50%异菌脲按1000～1500倍液喷施，每隔5天用药1次。

（3）虫害　主要有蚜虫、蛴螬。蚜虫主要发生在温室幼苗期，选用"四季红"喷雾防治。蛴螬主要发生在大田期，危害地下部分，可用50%辛硫磷1000倍液浇灌防治。

# 六、采收加工

## 1. 采收

根茎繁殖生长2～3年后采收，种子繁殖移栽3～4年后采收。一般在秋季地上部分枯萎后，先除去地上部枯萎茎叶，将地下部分挖出，去掉泥土，运回加工场地，再用水冲洗干净，除去非药用部位。

## 2. 加工

处理干净的根茎在60～70℃条件下烘干，或将洗干净的根茎蒸7～10分钟之后，晒干或在干燥室内烘干，待药材达到七八成干时，将药材大小分等，按一定数量捆成小把，顶部要对齐，根部捋顺抻直，下部用细线缠住，再烘干或晾至全干，存放在阴凉干燥处保存，避免回潮变质。

## 七、药典标准

### 1. 药材性状

本品根茎呈圆柱形，粗短，略弯曲，少数有分枝，长5～20厘米，直径2.9～4.5厘米。表面棕色或褐色，粗糙有褶皱，剥开外表皮有一层膜质黄色表皮且具粉红色花纹；宿存部分老花茎，花茎基部被三角形或卵形膜质鳞片；节间不规则，断面粉红色至紫红色，有一环纹，质轻，疏松。主根呈圆柱形，粗短，长约20厘米，上部直径约1.5厘米，侧根长10～30厘米；断面橙红色或紫红色，有时具裂隙。气芳香，味微苦涩、后甜。（图3）

1cm

图3　红景天药材

### 2. 鉴别

（1）根横切面　木栓层5～8列细胞，栓内层细胞椭圆形、类圆形。中柱占极大部分，有多数维管束排列成2～4轮环，外轮维管束较大，为外韧型；内侧2～3轮维管束渐小，为周木型。

（2）根茎横切面　老根茎有2～3条木栓层带，嫩根茎无木栓层带。木栓层为数列细胞，栓内层不明显。皮层窄。中柱维管束为大型的周韧型维管束，放射状环列；维管束中内侧和外侧的维管组织发达呈对列状，中间为薄壁组织，韧皮部和木质部近等长，被次生射线分隔成细长条形，形成层明显。髓部宽广，由薄壁细胞组成，散生周韧型的髓维管束。薄壁细胞含有棕色分泌物。

### 3. 检查

（1）水分　不得过12.0%。

（2）总灰分　不得过8.0%。

（3）酸不溶性灰分　不得过2.0%。

### 4. 浸出物

照醇溶性浸出物测定法项下的热浸法测定，用70%乙醇作溶剂，不得少于22.0%。

## 八、仓储运输

### 1. 仓储

仓库要求符合NY/T 1056—2006《绿色食品 贮藏运输准则》的规定。药材入库前应完全干燥，并详细检查有无虫蛀、发霉等情况，凡有问题的包件都应进行适当处理。库房必须通风、阴凉、避光、干燥，有条件时要安装空调与除湿设备，或在气调库存放，气温应保持在30℃以内，包装应密闭，要有防鼠、防虫措施，地面要整洁。存放的货架要与墙壁保持足够距离，保存中要有定期检查措施与记录，符合《药品经营质量管理规范（GSP）》要求。

### 2. 运输

运输车辆的卫生合格，温度在16～20℃，湿度不高于30%，具备防暑防晒、防雨、防潮、防火等设备，符合装卸要求；进行批量运输时应不与其他有毒、有害、易串味物质混装。

## 九、药材规格等级

目前市场上红景天药材商品主要分为大花红景天（玫瑰红景天）、西藏红景天、东北红景天3种；但栽培品不多，多为野生统货。

# 十、药用食用价值

## 1. 临床常用

（1）益气活血，通脉　用于气虚血瘀，胸痹心痛，中风偏瘫，以及冠心病、心肌缺血和高血压等。

（2）益气，平喘　用于倦怠气喘，肺结核、肺炎，肺、肝纤维化，以及肝癌、乳腺癌、喉癌、胃癌等。

## 2. 食疗及保健

现代研究表明：红景天具有保护心血管系统、预防衰老、抵抗外部刺激、抗肿瘤等作用。作为食材，用于调节血压、抗衰老、抗缺氧和增强免疫等。但孕妇、体质虚寒的人群，以及发烧、咳嗽人群应慎用。

（1）调节血压　红景天15克，枸杞子10克，大枣3颗，煮沸，每天服用两次，用于调节血压，提高人体对不良环境因素刺激的抵抗力和耐受力。

（2）抗衰老　红景天15克，白酒500克，浸泡7天后可饮用，1次/日，30毫升/次。具有抑制机体内自由基反应的作用。经常服用这道酒可以对神经衰弱、失眠、健忘、疲惫等症状起到改善作用，适用于老年人、恢复期病人以及运动员、特殊环境中的工作人员的保健。

（3）滋阴补虚，润肺养肺　红景天30克，黄芪15克，枸杞子15克，大枣7颗，雪莲花3朵，炖煮鸡、排骨、瘦肉等，3次/周。可以用于辅助治疗肺病、神经麻痹症、发热等病症。

参考文献

[1] 中国科学院中国植物志编辑委员会. 中国植物志[M]. 北京：科学出版社，1999.
[2] 谭淑琼，欧珠，祁驰恒. 西藏大花红景天栽培技术[J]. 现代农业科技，2016（23）：87.
[3] 贾国夫，何正军，晏军. 大花红景天人工栽培地根腐病防治研究[J]. 草业与畜牧，2008（5）：8-9.

（郭晓恒）

# 红毛五加

## 一、概述

　　本品为五加科植物红毛五加*Acanthopanax giraldii* Harms的干燥茎皮，又名刺玛须博热毕、赤甲、白花丹（羌）。具有祛风湿，强筋骨，通关节的作用，用于痿证、足膝无力、风湿痹痛、关节不利、风湿瘙痒、腰膝酸软、阳痿、阴囊湿等。红毛五加主要分布于青海（大通）、甘肃（洮河流域、兴隆山）、宁夏（六盘山）、四川西部、陕西（太白山、凤县、陇县、志丹）、湖北（巴东）和河南（卢氏）。主产区为于马尔康、小金、黑水、茂县、松潘、金川、汶川、红原等县的亚高山林区。目前，红毛五加主要在四川省黑水县、茂县栽培。

## 二、植物特征

　　灌木，高1～3米；枝灰色；小枝红棕色，无毛或稍有毛，密生直刺，稀无刺；刺下向，细长针状。叶有小叶5，稀3；叶柄长3～7厘米，无毛，稀有细刺；小叶片薄纸质，倒卵状长圆形，稀卵形，长2.5～6厘米，宽1.5～2.5厘米，先端尖或短渐尖，基部狭楔形，两面均无毛，边缘有不整齐细重锯齿，两面不甚明显，网脉不明显；无小叶柄或几无小叶柄。伞形花序单个顶生，直径1.5～2厘米，有花多数；总花梗粗短，长5～7毫米，稀长至2厘米，有时几无总花梗，无毛；花梗长5～7毫米，无毛；花白色；花瓣5～7，雄蕊5～7，花柱5，基部合生。果实球形。花期6～7月，果期8～10月。（图1）

图1　红毛五加

红毛五加近年来由野生变家种，主要采用扦插育苗繁殖。红毛五加叶在四川省阿坝州被开发成红毛五加叶茶并获得QS批文。

## 三、资源分布概况

野生红毛五加主要分布于青海（大通）、甘肃（洮河流域、兴隆山）、宁夏（六盘山）、四川西部、陕西（太白山、凤县、陇县、志丹）、湖北（巴东）和河南（卢氏）。主产区为于马尔康、小金、黑水、茂县、松潘、金川、汶川、红原等县。目前，红毛五加主要在四川省黑水县、茂县栽培。

## 四、生长习性

红毛五加为川西高原亚高山林地药用植物，野生种群主要分布在川西高原海拔2800～3500米亚高山地区，该区年均气温6～12℃，年无霜期大于150天，年均降雨量1000～1900毫米。红毛五加主要生长在针阔混交林和暗针叶林的阴坡、半阴半阳坡上，土壤背景为酸性森林土壤，高氮、低磷、高钾。

人工栽培条件下，须选择川西高原野生红毛五加有分布的地区，土地类型为耕地、稀疏退耕林或疏林；海拔2500米以上、灌溉良好、土壤耕层厚度为30～40厘米。野生疏林在使用前需要进行土壤灭菌，并注意病虫害防治。

## 五、栽培技术

### （一）生态种植技术要点

#### 1. 种植技术

通过遮阳网、种植高秆作物或树木，模拟红毛五加野生生境光照条件，进行育苗与大田栽培。

#### 2. 可持续采收技术

基于传统砍伐实践，通过合理的修枝方法，模拟野生红毛五加高产植株形态，促进产量的较快提高。

## （二）育苗

### 1. 扦插苗培育（第一次育苗）

扦插苗培育优势：以野生红毛五加为原料，制穗材料相对丰富，可以迅速扩大产业规模。劣势：有一定技术难度，且扦插苗一般需要1~2年的培育方能进行第二次育苗，耗时较长。

（1）采枝　4月至5月，红毛五加萌动（此时韧皮部和木质部极易剥落，俗称上水）前1~3周，取野生或栽培的红毛五加木质化的枝条，以二至四年枝条或粗壮的一年生枝条为佳。

（2）制穗　选择直径0.5~1.5厘米，粗壮的枝条作为制穗原料。

为防止枝条失水，在清晨或傍晚剪穗，做到即剪即扦插。插穗下端距叶芽下2厘米处剪，上端距叶芽2厘米以上处剪成15~30厘米的小段（上端平整，下端呈马蹄形），每段至少保留2个芽（图2）。尽量保存芽痕和Y字形分叉作为插穗的入土段。为提高生根速率，可将剪好的插穗捆好，马蹄形端向下在一定浓度的萘乙酸生根粉溶液中处理1小时以上后扦插（图3），如没有条件，可下端在清水中浸泡1小时后扦插。

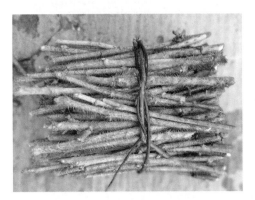

图2　红毛五加插穗

图3　红毛五加插穗浸泡生根剂

（3）选地、整地　选择土层深厚、疏松，湿润且排水良好的砂壤熟地。拣去杂草、石块，耙细整平。开厢：厢面宽1~1.5米、沟深20厘米。洒施或灌施敌克松、多菌灵、0.3%高锰酸钾及其他商品土壤灭菌剂进行苗床消毒，2~3天后供扦插用。

（4）扦插　苗床浇透水后铺设地膜（其目的在于除杂草保水保墒），按行距10~15厘米、株距10厘米、深度10~20厘米，将插穗斜口向下扦插于苗床中。（图4）

（5）苗床管理　苗床喷水量根据土壤湿度而定，注意插壤内不能积水。出苗后如杂草较多，应及时用手拔除。红毛五加幼苗喜阴，根据扦插苗圃日照情况搭设1～2层遮阳网、稀疏竹席、砍伐的枝条或间做高秆植物（如玉米、火麻仁），遮阳防止日光灼伤幼苗。

种苗在苗床中培育一年或两年，培育两年的种苗处于较佳的大田移栽状态。第二年扦插苗可施用农家肥、复合肥、氨基酸肥等，促进潜伏芽的萌发与生长。（图5）

图4　扦插苗地

图5　扦插苗潜伏芽萌发

## 2. 壮苗（第二次育苗）

对红毛五加实生苗和扦插苗进行壮苗。其中实生苗为野生带根红毛五加枝条，采用实生苗优势在于存活率高，生长较快，见效时间短；劣势：野生实生苗较难获取，规模扩大较慢。

（1）实生苗起苗和扦插苗出圃

①实生苗起苗：4月至5月，野生红毛五加萌动前1～3周，挖取红毛五加苗（直径在1cm左右，多在林下可见此种红毛五加苗），保留其地下横走根茎。捆好后搬运下山，如下山后不及时栽种，需保湿或下端浸于清水中，防治苗木失水死亡。

②扦插苗起苗出圃：采用初春手工带土球起苗，4月栽培红毛五加萌动前1～2周，挖取成活扦插苗，起苗时注意尽量保留扦插苗根系，土球要求能包裹大部分扦插苗根系，用草绳或塑料袋打包土球。在运输过程中可根据情况适当给土球补水。

（2）选地、整地　移栽地海拔为2500～3500米，坡度为0～30°。优选耕地、稀疏林地退耕地，次选阳坡郁闭度0.4左右的疏林、阴坡空地；优选有机质含量高、弱酸性的轻壤土和中壤土，要求土层深厚、疏松肥沃，湿润且排水良好，对土地进行深翻，耙平。如土壤腐殖质少，须通过施用底肥或腐殖土改良土壤。

必须做好围栏，以防备野猪及牛羊啃食；必须做好灌溉硬件建设，以预防7～8月旱情。

（3）移栽定植　株行距0.5米×0.5米，挖沟，沟深以种苗根能伸直为宜。将种苗垂直立于沟中，培土、压实，栽后视土壤墒情浇适量定根水。采用地膜覆盖，保水、保温、防治草害。

（4）遮光　移栽后，在7月前可通过搭设一层遮阳网、套作其他较高大植物（如火麻、玉米）等方式降低太阳辐射。在红毛五加新萌生无性分株可生长0.5米以上并成林时，地下根茎进入无性繁殖旺盛期，可不需遮阴。（图6）

图6　红毛五加壮苗

（5）保水与排涝　平地开沟灌溉和防涝，坡地采用喷灌设备灌溉，在整个发育期保持土壤湿润，捏能成团，至50厘米高处落下能散开。

（6）追肥　在4月份施用农家底肥（需完全腐熟），根据红毛五加长势每亩施用300～600千克农家肥。在5～7月地上部分生长旺盛期施肥，主要撒施农家肥、尿素和高氮复合肥。

（7）疏林　红毛五加壮苗1～2年后，挖取生长较好的植株到其他地块栽培，增大株行间距为1米×1米，以此促进优势株丛横走地下根茎的发育。

红毛五加育苗、壮苗流程见图7。

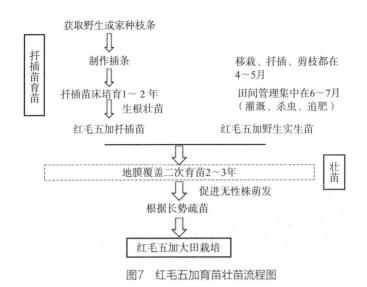

图7　红毛五加育苗壮苗流程图

## （三）大田栽培

（1）水肥管理　前期同壮苗阶段，后期红毛五加枝条粗壮后化肥可采用穴施。

（2）剪枝　初春剪枝目的在于促进腋芽的萌发、促进无性繁殖，使潜伏芽萌发为无性枝。移栽第一年，剪去顶芽；移栽第二年，剪去弱枝，剪去顶芽；移栽第三年，保留3～5个主枝条生长，其他枝条在春季剪去，并进行适当压枝，减少花枝数量，促进侧枝的萌发。（图8）

（3）压条繁殖　疏林后空缺的区域，可在初春通过临近株丛压条繁殖实现无性扩繁。

## （四）病虫害防治

### 1. 病害

有根腐病、立枯病、叶锈病等。

图8　红毛五加修枝

防治方法 ①用丙森锌和甲霜锰锌喷洒叶面，另加阿维菌素。②立枯病苗期病株喷施1：1：200的波尔多液，连续2~3次。③叶锈病用40%乐果2000倍液、50%多菌灵可湿性粉500倍液喷洒，连续2~3次。④治根腐病用乙膦铝（疫霜灵）+恶霉灵灌根。5天灌1次，连灌2~3次。⑤施用充分腐熟的农家肥。

## 2. 虫害

（1）虫瘿 本病害可能是蚜虫、胡蜂等各类害虫造成。

防治方法 前期主要采用人工防治，摘去长虫瘿叶片，发病期喷施用高氯甲维盐多次。

（2）钻心虫 本虫害是红毛五加高产的大敌，会严重影响红毛五加生长。（图9）

图9 红毛五加主要病害（从左至右为根瘤病、叶斑病、钻心虫）

防治方法 一般在红毛五加新枝发出2寸长时于嫩梢处蛀入，观察时可见新叶枯萎，即时摘除即可，必要时用福星8000倍加敌杀死1500倍，或科博600倍加敌杀死1500倍防治。到夏季，害虫已蛀入老茎，蛀道很长，可在蛀孔处填入磷化铝或磷化钙颗粒，然后用黏土封闭蛀孔的方法杀死害虫。

# 六、采收加工

## 1. 红毛五加皮

春季红毛五加萌动后砍伐一或二年生红毛五加枝条。用木槌均匀砸红毛五加枝条，抽取木心，茎皮阴干，即为红毛五加皮。

## 2. 红毛五加叶

鲜叶采收时忌有露水。鲜叶装于透气良好的竹筐、塑料筐，采后及时运到加工厂，避免嫩叶挤压损伤或遇水。

## 七、地方标准

### 1. 药材性状

本品呈长条形卷筒状，节部有突起的芽痕或叶柄残基。长20～70厘米，直径0.5～1.5厘米，厚约1毫米，节间长4～13厘米。外表面黄色、黄白色或棕黄色，密被黄褐色或红褐色毛状针刺，长3～10毫米，倒向一端；内表面黄绿色或黄棕色，具浅纵条纹。质轻而韧，不易折断，折断面纤维性，外侧黄棕色，内侧绿白色或黄白色。气微，味淡，鲜时有清香气。（图10）

图10 红毛五加药材

### 2. 鉴别

本品粉末淡黄色、黄色或黄棕色。皮刺厚壁细胞淡黄色或红棕色，类长方形或长多角形，排列紧密，壁呈念珠状增厚；偶见细长分隔纤维，梭状，具薄的横隔，多断碎。韧皮纤维成束或单个散在，细长，有的边缘微呈波状弯曲，直径9～40微米，胞腔细窄，有孔沟。分泌道碎片含淡黄色或橘黄色分泌物。草酸钙簇晶直径15～70微米，多具小而锐尖的棱角。木栓细胞黄棕色，表面观长方形或类多角形。表皮细胞表面观多角形、类长方形，可见角质层纹理，垂周壁略增厚。

### 3. 检查

（1）水分　不得过13.0%。

（2）总灰分　不得过9.0%。

（3）酸不溶性灰分　不得过1.0%。

## 4. 浸出物

照水溶性浸出物测定法项下的热浸法测定，不得少于12.0%。

# 八、仓储运输

## 1. 仓储

药材仓储要求符合NY/T 1056—2006《绿色食品 贮藏运输准则》的规定。仓库应具有防虫、防鼠、防鸟的功能；要定期清理、消毒和通风换气，保持洁净卫生；不应与非绿色食品混放；不应和有毒、有害、有异味、易污染物品同库存放；在保管期间如果水分超过14%、包装袋打开、没有及时封口、包装物破碎等，导致药材吸收空气中的水分，发生返潮、结块、褐变、生虫等现象，必须采取相应的措施。

## 2. 运输

运输车辆的卫生合格，温度在16～20℃，湿度不高于30%，具备防暑防晒、防雨、防潮、防火等设备，符合装卸要求；进行批量运输时应不与其他有毒、有害、易串味物质混装。

# 九、药材规格等级

一等：干货。多数为红棕色、灰棕色枝皮，木心极少。气微，味淡，有清香气。

二等：干货。药材混有部分灰白色枝皮，木心较少。气微，味淡。

三等：干货。混有大量木心或木心未砸取。

# 十、药用价值

有祛风湿，通关节，强筋骨的作用。临床常用于痿痹，拘挛疼痛，风寒湿痹，腰膝无力，阳痿，囊湿。

## 参考文献

[1] 陈玉锋, 黄旭峰, 古锐, 等. 不同光照强度下红毛五加光合及生理特性研究[J]. 中国中药杂志, 2018, 43 (5): 925-933.

[2] 陈玉锋, 黄旭峰, 古锐, 等. 遮荫对红毛五加生长、光合及指标成分积累的影响[J]. 北方园艺, 2017, 41 (18): 145-151

[3] 钟世红, 古锐, 李贵鸿, 等. 川西高原红毛五加群落生态学研究[J]. 中国中药杂志, 2010, 35 (17): 2227-2232.

[4] 古锐, 钟世红, 何彪, 等. 川西高原红毛五加种群年龄结构及生物量积累研究[J]. 中国中药杂志, 2010, 35 (13): 1666-1669.

[5] 古锐, 张艺, 王战国, 等. 羌族地区红毛五加药用民族植物学研究[J]. 中国民族医药杂志, 2006, 12 (5): 48-50.

（古锐）

huang qi
# 黄芪

## 一、概述

本品为豆科（Leguminosae）植物膜荚黄芪*Astragalus membranaceus*（Fisch）Bge. 或蒙古黄芪*A. membranaceus*（Fisch）Bge. var. *mongholicus*（Bge）Hsiao的干燥根，又名绵芪、北芪、齐乌萨玛。具有补气升阳，固表止汗，利水消肿，生津养血，行滞通痹，托毒排脓，敛疮生肌等功效；用于气虚乏力，食少便溏，中气下陷，久泻脱肛，便血崩漏，表虚自汗，气虚水肿，内热消渴，血虚萎黄，半身不遂，痹痛麻木，痈疽难溃，久溃不敛等。目前在山西、甘肃和内蒙古等地有大量栽培，山西是其道地产区。甘肃、青海、四川等的藏区，在海拔1000～2500米的山区或半山区的干旱向阳草地上均可栽培。

## 二、植物特征

膜荚黄芪：多年生草本，高50~100厘米。主根圆柱状，肥厚，灰白色至淡棕黄色。茎直立，上部多分枝，被白色柔毛。奇数羽状复叶，互生；叶柄长0.5~1厘米；托叶离生；小叶13~27枚，椭圆形或长圆状卵形，先端钝圆或微凹，基部圆形，下面具贴伏白色柔毛；托叶披针形，长约6毫米。总状花序腋生，着花10~20朵；总花梗与叶近等长或较长，果期显著伸长；花萼钟状，长5~7毫米，萼齿长仅为萼筒的1/5~1/4；花冠黄色或淡黄色，旗瓣倒卵形，顶端微凹，基部具短瓣柄，翼瓣较旗瓣稍短，瓣柄较瓣片长约1.5倍，龙骨瓣与翼瓣近等长。荚果薄膜质，光

图1　膜荚黄芪

滑，稍膨胀，半椭圆形，长20~30毫米，宽8~12毫米；种子3~8颗，肾形，黑色。花期6~8月，果期7~9月。（图1）

蒙古黄芪与膜荚黄芪相似，但植株较矮小，小叶亦较小，长5~10毫米，宽3~5毫米，荚果无毛。

## 三、资源分布概况

全世界黄芪属植物约2000多种，主要分布于北半球、南美洲及非洲。我国有278种、2亚种和35变种2变型，南北各省区均产，但主要分布于中国西藏（喜马拉雅山区）、亚洲中部和东北等地。野生膜荚黄芪主要分布于黑龙江、吉林、辽宁、河北、山西、内蒙古、陕西、甘肃、宁夏、青海、山东、四川和西藏等省区；野生蒙古黄芪分布于黑龙江、吉林、内蒙古、河北、山西和西藏等省区。

黄芪药材生产主要以栽培蒙古黄芪为主，主要产于山西浑源、应县、繁峙、代县，甘肃陇西、渭源、岷县、临洮，内蒙古固阳、武川、达茂、土右旗等地。山东、宁夏、河北、辽宁、吉林、黑龙江、陕西、新疆等省区也有栽培。

## 四、生长习性

黄芪属长日照植物，生态适应性强。喜阳光，耐干旱，怕涝，喜凉爽气候，耐寒性强，可耐受-30℃以下低温，怕炎热。野生黄芪多生长在海拔800～1300米之间的山区或半山区的干旱向阳草地上，或向阳林缘、疏林下；土壤多为山地森林暗棕壤土。栽培地块以土层深厚、腐殖质丰富、透水力强的中性或弱碱性砂壤土为宜。黏土、重盐碱地或瘠薄的砂砾土不宜种植。黄芪忌重茬，不宜与马铃薯、菊花、白术等连作。

## 五、栽培技术

### 1. 种植材料

有种子直播和育苗移栽两种。种子直播的黄芪根条长，质量好，播种后一般5～6年后采收，但采挖时费时费工。育苗移栽的黄芪保苗率高，产量高，但根分叉较多，外观质量差。栽培的黄芪一般在2年以后年年开花结实，以3年黄芪的种子质优。种子呈褐色时应及时采收，若种子老熟后发芽率降低。（图2）

图2　黄芪种子

### 2. 选地与整地

（1）选地　黄芪为深根药材，根长达1米以上，宜选择地势向阳，土层深厚、疏松、腐殖质多、排水良好的砂质壤土地块栽培。育苗地宜选土质疏松肥沃、土层深厚，坡度小于15°～20°的壤土和黑土进行育苗，避免与豆科作物连作或套种。

（2）整地　育苗地要求深翻25厘米以上，亩施腐熟农家肥2000千克，配合施专用肥20～30千克，或亩施沼液500千克或沼渣200千克，或腐熟油渣50千克。直播地和移栽地在收获前作后深翻30厘米，亩施腐熟有机肥2500～3000千克、配施化肥磷酸二铵20千克、尿素10千克、钾肥8千克作基肥。翻耕后，耙糖整平，做畦。地下害虫严重的地块，移栽前用50%辛硫磷乳油1.0～1.5千克/亩，兑水30千克，均匀施入土壤，进行土壤处理。

## 3. 播种

（1）播前准备　黄芪种子较坚硬，吸水力差，出苗率低。在地温5～8℃种子就能发芽，最适温度14～15℃，当土壤水分18%～24%时，经10～15天即可出苗。土壤干旱，或气温较高，种子出苗率低。黄芪种子具有硬实性，种子不经处理播种，影响发芽率。播种前可先用风选、水选法剔除瘪粒、杂质、霉变和虫蛀种子，再经温水浸种或沙藏处理种子，以提高其发芽率和发芽势，提高抗病性，保证种子质量。温水浸种可将种子放入开水中快速搅拌0.5～1分钟，立即加入冷水，将水温调至40～45℃温水浸4～8小时，然后捞出，控干水分，保温保湿12小时，待种皮开裂后即可播种；沙藏处理具体操作方法为浸种后1份种子与3份湿沙混合，置20～25℃下催芽，当60%以上种子裂口后即可播种。经过处理的种子，在播前1千克种子用50%多菌灵可湿性粉剂5克与40%辛硫磷乳油5毫升拌种，将药液加入50～100毫升清水中，摇匀后用喷雾器均匀喷洒在种子上，堆闷10分钟，即可播种，可有效预防黄芪病害。

（2）播种时期　一般在3月下旬到4月上旬早春土壤解冻后播种，海拔2300米以上地区在4月底5月初，土壤解冻后播种。播种密度在每平方米1000粒左右，亩播种量6～7千克。土壤较干旱情况下，可适当加大播种量，在土壤墒情较好情况下，可适当降低播种量。播种后应保持土壤湿润。

（3）播种方法　分撒播和条播，撒播时将处理过的种子用5倍细干土拌匀，按比例均匀撒到畦面上，覆土0.3～0.5厘米（图3）。条播时在畦面上按行距约20厘米开沟，沟深约5厘米，将种子用5倍的细干土拌匀，按比例均匀撒于沟内，覆土0.5厘米左右，用脚在行间踩踏，利于保墒出苗。提倡用条播法，该法利于中耕除草及田间管理。

图3　黄芪育苗地播种

（4）苗床管理　播种齐苗后（播种后20天左右）应及时进行查苗补苗，对于缺苗断垄的地块进行补种。补种时在缺苗处开浅沟，将种子撒于沟内，覆少量湿土盖住种子即可。补种时间不得晚于7月中旬。育苗地及时拔除杂草，促进幼苗生长。苗高5～6厘米，出现5片以上真叶时进行间苗，除去过密和生长不良的幼苗。当苗高7～8厘米时，结合中耕锄草进行定苗，株距3～4厘米，亩保苗30万株左右为宜。育苗地的锄草原则是见草就除。一一般在间苗时进行第一次中耕除草，定苗时进行第二次中耕除草，生长后期只拔除杂草，除草时尽量防止伤苗断根，并保持地表层不板结。黄芪幼苗嫩弱，大水漫灌和大水喷灌易使幼苗叶片粘上泥土感染土传病害，应选用微喷灌方式保持湿润。雨季注意排水，防止根部腐烂。黄芪定苗后要追施氮肥和磷肥，一般每亩施硫铵15～17千克或尿素10～12千克，硫酸钾7～8千克，过磷酸钙10千克，以加速幼苗生长。在土壤肥沃的地区，应尽量少施化肥。

（5）移栽　育苗一年后，于早春土壤解冻后，边起苗边移栽，按行距30～35厘米开沟，沟深10～15厘米，选择根条直、健康无病、无损伤的根条，按15厘米左右的株距顺放于沟内，覆土3厘米左右，压实后浇透水。（图4）

图4　黄芪移栽

## 4. 田间管理

（1）中耕与除草　播种当年不除草，以后每年黄芪返青后封垄前进行第一次中耕除草，7月上旬根据杂草生长情况进行拔草。

（2）摘蕾与打顶　生产田7月上旬摘除花序或打顶10厘米。留种田摘除植株上部小花序（图5）。摘除花序有利于集中营养供给根部或留下的种子。

（3）施肥　黄芪喜肥，在生长第一、二年生长旺盛，根部生长也较快，每年可结合中耕除草施肥2～3次。第一次每亩沟施无害化处理后的人畜粪尿1000千克，或硫酸铵20千克。第二次以磷钾肥为主，

图5　黄芪成药期摘蕾与打顶

用腐熟的堆肥1500千克与过磷酸钙50千克、硫酸铵10千克混匀后施入。第三次于秋季地上部分枯萎后，每亩施入腐熟的厩肥2500千克，过磷酸钙50千克，饼肥150千克混合拌匀后，于行间开沟施入，施后培土。

（4）越冬管理 进入冬季，黄芪枝叶枯萎，要及时清除残枝枯叶，除去田间地埂杂草，集中堆沤，消除病虫害的越冬场所，以减少病虫害的越冬基数。另外，加强冬季看护，禁牧，禁止人畜践踏，禁止放火烧坡。

## 5. 病虫害防治

（1）白粉病 初冬，彻底清除田间病残体，减少初侵染源；施足底肥，氮、磷、钾比例适当，不可偏施氮肥，以免植株徒长；合理密植，以利通风透光。发病初期喷施62.25%腈菌唑，或代森锰锌（仙生）可湿性粉剂1000倍液，或20%三唑酮乳油2000倍液，或12.5%速保利（烯唑醇）可湿性粉剂2000倍液，或50%多菌灵·磺酸盐可湿性粉剂800倍液，或40%氟硅唑（福星）乳油4000倍液。（图6）

图6 黄芪白粉病

（2）霜霉病 初冬，彻底清除田间病残体，减少初侵染源；合理密植，以利通风透光；增施磷、钾肥，提高寄主抵抗力。发病初期喷施72.2%普力克（丙酰胺霜霉威）水剂800倍液，或53%金雷多米尔（精甲霜·锰锌）可湿性粉剂600～800倍液，或52.5%抑快净（噁唑铜·霜脲氰）水分散颗粒剂1500倍液，或78%波·锰锌可湿性粉500倍液。当霜霉病和白粉病混合发生时，喷施40%乙膦铝可湿粉剂200倍液+15%三唑酮可湿粉剂2000倍液。

（3）斑枯病 彻底清除田间病残体，减少初侵染源。发病初期喷施30%绿得保（碱式硫酸铜）悬浮剂400倍液，或50%甲基硫菌灵·硫黄悬浮剂800倍液，或20%二氯异氰脲酸钠（菜菌清）可湿性粉剂400倍液，或60%琥铜·乙铝锌可湿性粉剂500倍液，或10%苯醚甲环唑（世高）水分散颗粒剂1500倍液。

（4）根腐病　栽植前一天用3%噁霉·甲霜（广枯灵）水剂700倍，或50%多菌灵·磺酸盐（溶菌灵）可湿性粉剂500倍液，或20%清土（乙酸铜）可湿性粉剂900倍液蘸根10分钟，晾干后栽植，或用10%咯菌睛（适乐时）15毫升，加水1～2千克，喷洒根部至淋湿为止，晾干后栽植。

图7　黄芪根腐病

发病初期用50%多菌灵或70%甲基托布津可湿性粉剂1000倍液进行喷雾预防，每隔7天1次，连喷2～3次；根腐病发生后，用10%的石灰水或50%多菌灵可湿性粉剂1000倍液灌根防治。（图7）

（5）虫害　幼苗期黄芪虫害主要有蛴螬，地老虎和蚜虫等。可用撒毒饵的方法加以防治。先将饵料（麦麸、玉米碎粒）5千克炒香，而后用90%敌百虫30倍液0.15千克拌匀，适量加水，拌潮为度，撒在苗间，亩施用量为2～3千克。蚜虫、跳甲等用10%吡虫啉可湿性粉剂2000倍液喷雾防治。有条件的可在田间安装杀虫灯诱杀成虫。

## 六、采收加工

### 1. 采收

在10月中下旬至11月中旬地上茎秆枯萎，冻土前采挖。采挖前先割去地上茎秆，除去地膜后再采挖，推荐用机械采挖，以保证根条完整，节约人工。没有条件采用机械采挖的地块，用四齿直把铁叉进行深挖，先用三齿耙按行距将芦头轻轻刨出，然后用四齿直把铁叉在根部一侧下扎，用力翻动土壤，慢慢拔出黄芪根条。挖出的黄芪根条除去泥土，进行分级、晾晒加工。

### 2. 加工

根挖出后，除去泥土，趁鲜将芦头上部（根茎）剪掉，大小一齐晾晒至皮部略干，表皮不易脱落时，扎成直径约15厘米的小捆，用绳子活套两端，下垫木板，手拉绳头，用脚踏着来回搓动。搓后堆码发汗，严防发霉，促进糖化。2～3天后，晾晒搓第2遍，如此反复数次，直至全干。要求表皮保持完整，皮肉紧实，内部糖分积聚，条秆刚柔适度，最后砍去头、尾，剪尽毛根，分等扎把，即成商品药材。

## 七、药典标准

### 1. 药材性状

本品呈圆柱形，有的有分枝，上端较粗，长30～90厘米，直径1～3.5厘米。表面淡棕黄色或淡棕褐色，有不整齐的纵皱纹或纵沟。质硬而韧，不易折断，断面纤维性强，并显粉性，皮部黄白色，木部淡黄色，有放射状纹理和裂隙，老根中心偶呈枯朽状，黑褐色或呈空洞。气微，味微甜，嚼之微有豆腥味。（图8）

图8　黄芪药材

### 2. 鉴别

（1）横切面　木栓细胞多列；栓内层为3～5列厚角细胞。韧皮部射线外侧常弯曲，有裂隙；纤维成束，壁厚，木化或微木化，与筛管群交互排列；近栓内层处有时可见石细胞。形成层成环。木质部导管单个散在或2～3个相聚；导管间有木纤维；射线中有时可见单个或2～4个成群的石细胞。薄壁细胞含淀粉粒。

（2）粉末特征　粉末黄白色。纤维成束或散离，直径8～30微米，壁厚，表面有纵裂纹，初生壁常与次生壁分离，两端常断裂成须状，或较平截。具缘纹孔导管无色或橙黄色，具缘纹孔排列紧密。石细胞少见，圆形、长圆形或形状不规则，壁较厚。

### 3. 检查

（1）水分　不得过10.0%。

（2）总灰分　不得过5.0%。

（3）重金属及有害元素　照铅、镉、砷、汞、铜测定法测定，铅不得过5毫克/千克；镉不得过1毫克/千克；砷不得过2毫克/千克；汞不得过0.2毫克/千克；铜不得过20毫克/千克。

（4）其他有机氯类农药残留量　照农药残留量测定法测定。五氯硝基苯不得过0.1毫克/千克。

## 4. 浸出物

照水溶性浸出物测定法项下的冷浸法测定，不得少于17.0%。

# 八、仓储运输

## 1. 仓储

仓库要求符合NY/T 1056—2006《绿色食品 贮藏运输准则》的规定。药材入库前应完全干燥，并详细检查有无虫蛀、发霉等情况，凡有问题的包件都应进行适当处理。经常检查，保证库房干燥、清洁、通风；堆垛层不能太高，要注意外界温度、湿度的变化，及时采取有效措施调节室内温度和湿度。库房要通风干燥，30℃以下，相对湿度60%～75%，商品安全含水量10%～13%，黄芪易吸潮后发霉、虫蛀，主要的仓库害虫有家茸天牛、咖啡豆象、印度谷螟，贮藏期应定期检查、消毒，经常通风，必要时可以密封氧气充氮养护，发现虫蛀可用磷化铝等熏蒸。

## 2. 运输

运输车辆的卫生合格，温度在16～20℃，湿度不高于30%，具备防暑防晒、防雨、防潮、防火等设备，符合装卸要求；进行批量运输时应不与其他有毒、有害、易串味物质混装。

# 九、药材规格等级

黄芪商品药材常分为特等、一等、二等和三等。

特等：长70厘米以上，上部直径2厘米以上，末端直径不小于0.6厘米；无须根、老皮、虫蛀、霉变。

一等：长50厘米以上，上中部直径1.5厘米以上，末端直径不小于0.5厘米；无须根、老皮、虫蛀、霉变。

二等：长40厘米以上，上中部直径1厘米以上，末端直径不小于0.4厘米，间有老皮；无须根、虫蛀、霉变。

三等：不分长短，上中部直径0.7厘米以上，末端直径不小于0.3厘米，间有破短节子；无须根、虫蛀、霉变。

# 十、药用食用价值

## 1. 临床常用

（1）补气升阳，生津养血　用于脾气虚证，是补中益气要药。脾虚中气下陷之久泻脱肛，内脏下垂，配伍人参、升麻、柴胡等，如补中益气汤。脾气虚弱，倦怠乏力，食少便溏，可单用熬膏服，或配伍党参、白术等补气健脾药。血虚证常配伍当归，如当归补血汤。脾不统血常配伍人参、白术、当归、茯苓等，如归脾汤。

（2）补气，固表止汗　用于肺气虚及表虚自汗，气虚外感证。表气不固，而汗出，常配伍白术、防风，如玉屏风散；或配伍牡蛎、麻黄根等，如牡蛎散。肺气虚弱，咳喘气短，常与款冬花、杏仁等祛痰止咳平喘药配伍。阴虚盗汗，可配伍生地黄、麦冬等滋阴药。

（3）补气，托毒排脓，敛疮生肌　用于气血不足，疮疡内陷的脓成不溃或溃久不敛。疮疡中期，正虚毒盛不能外达，疮形平塌，根盘散漫，难溃难腐者，常配伍人参、当归、升麻、白芷等，如托里透脓散；溃疡后期，常配伍人参、当归、肉桂等，如十全大补汤；痈疽久不穿头，常配伍穿山甲、皂角刺、当归、川芎等。

（4）补气升阳，行滞通痹　用于痹证、卒中后遗症等气虚而致血滞，筋脉失养，症见肌肤麻木或半身不遂。疗卒中后遗症，常配伍当归、川芎、地龙等，如补阳还五汤。

（5）补气，利水消肿　用于气虚水湿失运的浮肿，小便不利，常与防己、白术等配伍，如防己黄芪汤。

## 2. 食疗及保健

黄芪属药食两用中药，可炖汤、炖肉、煮粥、蒸米饭、煮菜或加入火锅中直接食用，或用于泡酒、泡水、混合蜂蜜食用等。

（1）健脾，补气固表　用于身体虚弱，气血不足，疲倦乏力，气虚，容易感冒等。黄芪粥：取黄芪20克，大枣30克，洗净；一同放入砂锅，加适量清水，煮40分钟，去渣留汁，然后放入洗净的粟米60克，文火熬成粥，即可食用。黄芪乌鸡汤：取黄芪50克，陈皮5克，洗净；取乌鸡中等大一只，去内脏，切块，先在沸水中焯去血味，再与上述原料一起放入砂锅，加适量清水，大火煮沸，撇去浮沫，再用小火炖至肌肉熟烂后，加入食盐等调味，即可食用。

（2）补气益血，固肾调精　用于气血不足，头晕眼花或贫血，怕冷，易感冒等。黄芪当归羊肉汤：取黄芪60克，当归20克，生姜30克，洗净，用纱布袋装好；取羊肉1000克，洗净，切小块，与上述原料一起放入砂锅，用武火煮沸，去血沫，改小火炖至肉烂汤稠，弃药袋，加食盐等调味，即可食用。

（3）补益中气，升举内脏　用于体虚，气血不足，疲倦乏力等。鲫鱼黄芪汤：取黄芪20克，陈皮12克，生姜20克，洗净，用纱布袋装好；取鲜鲫鱼200克，剖除内脏，去腮，洗干净；将药袋入锅，加水适量，煮约半小时，再下鲫鱼同煮，待鱼熟后，捞去药袋，加葱、精盐、味精调味，即可食用。

参考文献

[1]　谢宗万. 中药材品种论述（上册）[M]. 上海：上海科学技术出版社，1990：788–789.

[2]　朱田田. 甘肃道地中药材实用栽培技术[M]. 兰州：甘肃科学技术出版社，2016：16–21.

[3]　周巧梅，田伟，温春秀. 蒙古黄芪育苗与平栽新技术[J]. 河北农业科技，2007（2）：10.

[4]　张贺廷，王健. 蒙古黄芪主产区栽培及商品规格等级调查[J]. 中药材，2015，38（12）：2487–2492.

[5]　陈志国，马世震，陈桂琛，等. 甘肃陇西道地药材蒙古黄芪规范化栽培技术规程初步研究[J]. 中草药，2004（11）：1289–1293.

[6]　赵一之. 黄芪植物来源及其产地分布研究[J]. 中草药，2004（10）：1189–1190.

[7]　秦雪梅，李震宇，孙海峰，等. 我国黄芪药材资源现状与分析[J]. 中国中药杂志，2013，38（19）：3234–3238.

[8]　周承. 中药黄芪药理作用及临床应用研究[J]. 亚太传统医药，2014，10（22）：100–101.

（朱田田）

# 金铁锁

JIN TIE SUO

## 一、概述

本品为石竹科（Caryophyllaceae）植物金铁锁 *Psammosilene tunicoides* W. C. Wu & C. Y. Wu的干燥根，又名独丁子、蜈蚣七，是云南白药、百灵草散、跌打止痛膏等的原料。具有祛风除湿、散瘀止痛、解毒消肿等功效，用于风湿痹痛，胃脘冷痛，跌打损伤，外伤出血；外治疮疖，蛇虫咬伤。有毒，内服宜慎用；孕妇慎用。目前在云南、四川有栽培，在云南和四川邻接的藏区可栽培。

## 二、植物特征

多年生草本。根倒圆锥形，棕黄色，肉质。茎铺散，平卧，长达35厘米，2叉状分枝，被柔毛。叶片卵形，长1.5~2.5厘米，宽1~1.5厘米，基部宽楔形或圆形，顶端急尖，上面被疏柔毛。二歧聚伞花序密被腺毛；花直径3~5毫米；花梗短或近无；花萼筒状钟形，密被腺毛，纵脉凸起，直达齿端，萼齿三角状卵形，边缘膜质；花瓣紫红色，狭匙形；雄蕊明显外露，花丝无毛；子房狭倒卵形，长约7毫米。蒴果棒状，长约7毫米；种子狭倒卵形，长约3毫米，褐色。花期6~9月，果期7~10月。（图1）

图1　金铁锁

## 三、资源分布概况

中国特有单种属植物，仅1种。分布于四川、云南、贵州、西藏，生长于金沙江和雅鲁藏布江沿岸，海拔2000～3800米的砾石山坡或石灰质岩石缝中。目前在分布区有引种栽培，但药材以野生为主。

## 四、生长习性

金铁锁喜光、耐寒、耐旱、耐贫瘠，怕涝。野生多生长于海拔1500～3500米的向阳荒地、山坡、岩缝、松林下、路旁；在气候温凉、向阳的砾石斜坡上生长较好，土壤属石灰岩为母岩的酸性红壤土；分布区内干、湿季明显，冬春干旱，季温相差小，年均温10～14℃，年降水量900～1500毫米。植株幼苗生长缓慢，难与其他植物竞争，野外成活率较低，生长三年后主根特别发达，有很强的钻透能力，可在土中钻深入土40～50厘米，在岩石缝隙中也能钻深超过20厘米。一般4月从根头萌发出多数苗，平卧地面；5～9月陆续开花，花期集中在7～8月，10月停止开花。从开花到种子成熟需30天左右，7～10月蒴果相继成熟，由绿色转变成黄色，成熟后自然脱落。10月后地上部分茎叶干枯，进入休眠期。但根据各地气候环境与土壤墒情会有较大变化。

## 五、栽培技术

### 1. 品种选择

选择品性纯正，生长健壮，无病害的健壮植株作留种。在8～10月果实转黄时，分批采收果实，晾晒干后，脱粒，去除杂质和瘪粒，装袋，置干燥、阴凉处。也可从当地成熟的种植户处购买正确的种源或从当地野外采集品性纯正、长势良好的植株果实，就地引种。

### 2. 选地与整地

（1）选地　一般选择海拔2200～3400米的砾石坡地，土层深厚、排水良好的沙性红壤或砂质壤土栽培。海拔1600～2000米较适宜，2000～2600米次适宜。

（2）整地　前茬作物收获后，深翻30厘米，充分暴晒，结合翻地每亩施入腐熟农家肥1000～1500千克、钾肥18千克，注意不宜施氮肥和磷肥。同时每亩施辛硫磷或敌百虫杀虫剂5千克，随翻地翻入土中。栽种前，充分翻犁耙细，然后开畦，按宽140厘米，沟宽30厘米，深30厘米，整平畦面。

### 3. 繁殖方法

采用直播或育苗移栽。

（1）种子处理　选择籽粒饱满，无污染，除去杂质及破损、霉变的种子，播种前用800倍多菌灵水溶液，在30℃浸泡5小时，每隔1小时翻动1次，捞出种子，用清水反复冲洗2～3次，沥除水分，阴凉处晾干。秋播再用适量的细沙或草木灰或火土末拌均匀成种子灰，用于播种。春播的种子需催芽，即经多菌灵处理后的种子，清水反复冲洗干净后，用湿布覆盖，放在18℃条件下，每天翻动1～2次，当有2%左右种子萌发即可播种。

（2）种子直播　一般在4～5月份播种，直播每亩用种量0.8～1.2千克。在畦面上进行穴播或散播，穴播按小行距20厘米，穴距13厘米，每穴播种3～5粒；散播直接播满垄面，播种后覆细土末0.5～1厘米，然后再覆盖松毛，浇透水，要始终保持土壤湿润。无水源的地块选择6月中旬至7月上旬播种，播种后等待降雨。

（3）育苗移栽　秋播或春播两种，亩用种量约2千克。秋播一般在采种后立即播种，播种时用特制的耙子在畦面理出小条沟，将种子灰均匀播撒，再用柔软的扫把轻扫将土盖匀，或用筛子在畦面筛一层0.5～1厘米厚的细土，再覆盖松毛，浇透水，始终保持土壤湿润。春播一般选择在3月下旬至4月中旬播种，播种前将苗床先浇透水，再将催芽好的种子均匀撒播在畦面，用筛子在畦面筛一层0.5～1厘米厚细土，然后盖草，保水保墒。出苗后，趁阴天或傍晚揭去盖草。苗期可追施稀薄粪水1～2次，以促幼苗生长。冬季倒苗后，再盖一层堆肥，厚约2厘米，既可保温保湿，又增加地块肥力。

秋播的秧苗于翌年秋季9～10月移栽，春播的秧苗于翌年3～4月移栽。栽时，挖取壮苗，按行株距30厘米×15厘米栽植，将根系充分舒展，不能弯曲，同时芽嘴应高出地面约1厘米，移栽马上浇定根水。

### 4. 田间管理

（1）中耕除草　幼苗期宜见草就拔，不需中耕，以免伤根，导致幼苗死亡，因拔草造成空苗要及时补苗。整个生长期除草要做到拔早、拔小、拔净，成苗期可结合追肥进行中耕除草。

（2）追肥　结合中耕除草，施追肥2～3次，第1次在5月，每亩施入粪水1500千克，第2次在8月施堆肥2000千克，加过磷酸钙20～25千克，以促进根系生长发育。

（3）打顶　在6月中旬开始逐步现蕾，除留种的植株外，其余的现蕾植株应及时剪去花蕾，以减少营养消耗，促进根部生长，并每亩追施5～10千克磷钾肥。通常4月份种植者在7、8月打顶，6月份种植者在8、9月打顶。

（4）灌溉排水　金铁锁怕涝，忌积水。雨季注意排水防涝，以免积水烂根。出苗期要保持土壤湿润，以利出苗；干旱时适时浇水，使其生长良好。

## 5. 病虫害防治

病害主要有立枯病、叶斑病和根腐病，虫害主要是地老虎。

（1）立枯病　常在5～6月发病，幼苗茎近地表面的基部出现黄褐色水渍状斑块，出现失水状萎蔫，病部缢缩溃烂，幼苗倒地死亡。

防治方法　雨季及时排水，避免土壤湿度太大；发现病株及时拔出烧毁，苗床喷洒500倍50%多菌灵，每周1次，连续2～3次。

（2）根腐病　在5～11月，雨季高温潮湿环境条件下易发病。发病初期，仅仅是个别根尖感病，并逐渐向主根扩展，早期植株不表现症状，后随着根部腐烂程度的加剧，植株吸收水分和养分的功能逐渐减弱。严重时根变褐腐烂，最后植株死亡。

防治方法　选择地势高、干燥的地块种植，实行轮作；发现病株及时拔出烧毁，根腐病株加内1%硫酸亚铁消毒。

（3）叶斑病　主要危害叶片，发病初期，染病叶片出现黄褐色圆斑，后扩展成同心轮状，当湿度大时，病斑背面产生黑绿色霉状物，最终叶片枯死。

防治方法　发病初期喷多菌灵800～1000倍液或50%甲基托布津1000倍液或50%代森铵水剂1000倍液，连喷2～3次，每次间隔7～10天。

（4）虫害　主要是地老虎等害虫危害根、茎。

防治方法　冬季清理畦面杂草和枯枝烂叶，使田间通风良好，保持田园清洁；翻地前撒施一道辛硫磷杀虫剂，减少虫害。发生危害后，用90%晶体敌百虫每亩180～200克，拌炒香的米糠或麦麸8～10千克，撒于田间进行诱杀。

# 六、采收加工

## 1. 采收

金铁锁播种后2～3年采收，最佳采收期为2年，周期过长易发生根腐病及其他病害导致减产。一般在倒苗后半个月采挖，选晴天将直根逐一挖出，抖去泥沙，除去残茎和须根，运回加工场地。

## 2. 加工

用不锈钢网筐装后采用人工流水冲洗或高压水枪冲洗，洗净泥沙，刮去外皮，晒干，装箱或装袋。

# 七、药典标准

## 1. 药材性状

本品呈长圆锥形，有的略扭曲，长8～25厘米，直径0.6～2厘米。表面黄白色，有多数纵皱纹和褐色横孔纹。质硬，易折断，断面不平坦，粉性，皮部白色，木部黄色，有放射状纹理。气微，味辛、麻，有刺喉感。（图2）

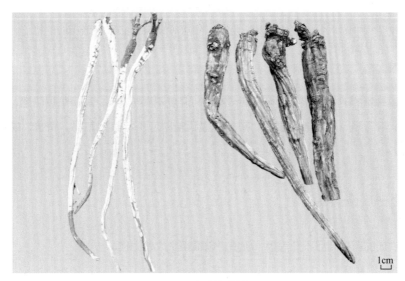

图2 金铁锁药材
（左为家种，右为野生）

## 2. 鉴别

本品粉末类白色。网纹导管多见，偶有螺纹导管或具缘纹孔导管，直径16～25微米。

### 3. 检查

（1）水分　不得过12.0%。

（2）总灰分　不得过6.0%。

### 4. 浸出物

照醇溶性浸出物测定法项下的冷浸法测定，用90%乙醇作溶剂，不得少于18.0%。

## 八、仓储运输

### 1. 仓储

仓库要求符合NY/T 1056—2006《绿色食品 贮藏运输准则》的规定。药材入库前应完全干燥，并详细检查有无虫蛀、发霉等情况，凡有问题的包件都应进行适当处理。库房必须通风、阴凉、避光、干燥，有条件时要安装空调与除湿设备，气温应保持在30℃以内。在保管期间如果药材水分超过12%，或包装袋打开、没有及时封口、包装物破碎等，导致药材吸收空气中的水分，发生返潮、霉变、生虫等现象，必须采取相应的措施。

### 2. 运输

运输车辆的卫生合格，温度在16～20℃，湿度不高于30%，具备防暑防晒、防雨、防潮、防火等设备，符合装卸要求；进行批量运输时应不与其他有毒、有害、易串味物质混装。

## 九、药材规格等级

金铁锁的药材商品不分等级，统货。以根粗个大者为佳。

## 十、药用价值

金铁锁属民间民族药，在中医临床很少作饮片配方，主要用于止痛类中成药的生产。有小毒，未见应用于食疗与保健。

## 参考文献

[1] 陈翠，袁理春，杨丽云，等. 金铁锁驯化栽培技术[J]. 中国野生植物资源，2006，25（6）：66-67.

[2] 赵庭周，马青，樊启龙. 重要濒危药材金铁锁种子萌发特性及驯化栽培技术研究[J]. 种子，2009，28（11）：83-85.

[3] 杨丽云，李绍平，陈翠，等. 金铁锁种子繁殖技术研究[J]. 西南农业学报，2009，22（2）：449-453.

[4] 杨斌，李林玉，杨丽英，等. 金铁锁种子质量标准研究[J]. 种子，2009，28（11）：115-117.

[5] 王华磊，吕小梨，赵致，等. 不同种苗质量对金铁锁田间出苗和幼苗生长的影响[J]. 种子，2010，29（11）：85-86.

[6] 孙小红，江勋，邓小容，等. 土壤酸碱性对金铁锁生长的影响[J]. 园艺与种苗，2018（1）：18-19.

[7] 何丽萍，李龙根，钱建双，等. 不同化学药剂处理对金铁锁（*Psammoilene tunieoides* W. C. Wu et C. Y. Wu）种子萌发的影响[J]. 云南农业大学学报，2012，27（3）：340-345.

[8] 蔺跃青. 金铁锁人工驯化栽培技术[J]. 中国农业信息，2013（23）：74.

[9] 王华磊，朱力，程均军，等. 贮藏温度和时间对金铁锁种子萌发的影响[J]. 种子，2017，36（4）：21-23.

[10] 杨丽云，陈翠，汤王外，等. 不同种植密度及施肥水平对金铁锁产量的影响[J]. 江西农业学报，2011，23（2）：68-69.

[11] 丁红文，李奇颖，傅显钦，等. 不同海拔高度对金铁锁种子产量的影响研究[J]. 云南农业科技，2018（1）：19-20.

[12] 海智成，杨嵩明. 滇西北道地中药材金铁锁高产栽培技术[J]. 农业与技术，2016，36（6）：119.

（汉会勋）

# 黄精

huang jing

## 一、概述

本品为百合科（Liliaceae）植物滇黄精*Polygonatum kingianum* Coll. et Hemsl.、黄精*P. sibiricum* Red.或多花黄精*P. cyrtonema* Hua的干燥根茎，按药材形状不同，常分成"大黄

精""鸡头黄精""姜形黄精"，又名拉呢（藏音）、老虎姜、鸡头参。除《中国药典》（一部）收载的3种外，对叶黄精*P. oppositifolium*、长梗黄精*P. filipes*、热河黄精*P. macropodium*、轮叶黄精*P. verticillatum*、卷叶黄精*P. cirrhifolium*和湖北黄精*P. zanlanscianense*的根状茎在部分地区也作黄精使用。黄精具有补气养阴、健脾、润肺、益肾等作用，用于脾胃气虚、体倦乏力、胃阴不足、口干食少、肺虚燥咳、劳嗽咯血、精血不足、腰膝酸软、须发早白、内热消渴等。分布于东北、西北、华中、西南地区，黄精主产于河北、内蒙古、山西等地，多花黄精主产于贵州、湖南、云南等地，滇黄精主产于广西、贵州、云南等地。云南、贵州、四川、浙江、江西、福建等地已有零星的栽培。四省藏区分布有滇黄精、黄精和卷叶黄精，在土壤肥沃、水分充足、荫蔽的地区均可栽培。

## 二、植物特征

滇黄精：多年生草本，高100～300厘米，茎顶端作攀援状。根状茎近圆柱形或近连珠状，结节有时呈不规则菱状，肥厚，直径1～3厘米。叶轮生，每轮3～10枚；叶片条形至披针形，长6～25厘米，宽3～30毫米，先端拳卷。花序腋生，具2～4朵花，总花梗长1～2厘米，下垂，花梗长0.5～1.5厘米；苞片小，膜质，常生花梗下部；花被筒状，粉红色，长15～28毫米，先端6裂，裂片3～5毫米；子房长4～6毫米，花柱长10～14毫米。果球形，熟时红色，直径1～1.5厘米，种子7～12颗。花期3～5月，果期9～10月。（图1）

黄精：株高50～90厘米；根状茎"结节"一端粗，一端细，在粗的一端有短分枝，直径1～2厘米；叶每轮4～6枚，条状披针形。花序似伞形；苞片位于花梗基部；花被筒乳白色或淡黄色，中部稍缩；果黑色，种子4～7颗。花期5～6月，果期8～9月。

卷叶黄精：株高30～90厘米；根状茎圆柱状或连珠状，结节直径1～2厘米。叶常3～6枚轮生，细条形至条状披针形，边常外卷。花序轮生，常2花，俯垂；花被淡紫色；子房长约2.5毫米，花柱长约2毫米。果红色或紫红色，直径

图1 滇黄精

8～9毫米，种子4～9颗。花期5～7月，果期9～10月。（图2）

图2　卷叶黄精

## 三、资源分布概况

黄精属植物有40余种，我国有30余种。黄精主要分布于黑龙江、吉林、辽宁、河北、山西、陕西、内蒙古、宁夏、甘肃（东部）、河南、山东、安徽（东部）、浙江（西北部），生长于海拔800～2800米的林下、灌丛或山坡阴处，朝鲜、蒙古和西伯利亚东部也有。滇黄精分布于云南、四川、贵州，生长于海拔700～3600米的林下、灌丛或阴湿草坡，越南、缅甸也有分布。卷叶黄精分布于西藏（东部和南部）、云南（西北部）、四川、甘肃（东南部）、青海（东部与南部）、宁夏、陕西（南部），生长于海拔2000～4000米的林下、山坡或草地，尼泊尔和印度北部也有分布。

## 四、生长习性

黄精为喜阴植物，忌强光直射，生境选择性强，适应性差。喜肥，耐寒、耐旱、耐高温、耐阴，怕涝。野生于灌丛、草丛或林下开阔地带，在土壤肥沃、土层深厚、表层水分充足的砂质壤土或黏壤土生长较好，在干旱地区生长不良。种子具有后熟作用，自然条件下需要经过2个冬天才能出土成苗，出苗率低、不整齐。自然发芽率60%～70%，种子寿命2年；幼苗能露地越冬，但不宜在干燥地区生长。栽培宜选土壤pH值为5.5～7.2，土质疏松，富含腐殖质、保湿、排水良好的坡地或缓坡地，或果树、竹林、松林、杉木林、阔叶林等蔽荫度在50%～70%的林下。

## 五、栽培技术

### 1. 品种选择

黄精属植物种类较多，引种栽培时应选当地适宜的品种；同时各物种在根茎的性状、大小、株高、叶片宽度等都存在变异，栽培时应选取符合药典要求的高产、抗性好的类型。引种时要重视鉴别，保证物种正确性。选择品性优良、根茎粗壮、生长健壮、无病害的植株作母株，采集种子或根茎作种源。

## 2. 选地与整地

（1）选地　选海拔适宜，环境空气湿度大，土层深厚、土壤肥沃、表层水分充足，中性或偏酸性，保湿、排水好的坡地或缓坡地，或蔽荫度在50%～70%的林下。选熟地时应避免前茬作物是辣椒、茄子、烟草等茄科作物或施肥过多的蔬菜地。

（2）整地　栽种前1～2个月先深翻1遍，结合整地，亩施农家肥2000～2500千克，翻入土中作基肥，曝晒自然消毒杀菌，之后耙细整平作墒，墒宽1.2～1.5米，沟深在20厘米以上；有条件的情况下，可架设喷灌或滴灌，预防旱季缺水减产；如果地块土质偏酸性适当加入草木灰，土壤偏碱性过大可适当撒入少量生石灰，确保土质在中性稍微偏酸。

（3）搭建荫棚　黄精喜阴，选择空地栽培应在播种或移栽前搭建荫棚，常按4米×4米打穴栽桩，用木桩或水泥桩，桩长度2.5米，直径10～12厘米，桩栽入土中的深度40～50厘米，桩与桩间在顶部用铁丝固定，四周的桩子都要用铁丝拉线固定。桩子上拉好铁丝后，铺盖遮阴度70%的遮阳网，在固定遮阳网时应考虑以后易收拢和展开。冬季风大和下雪的地区，应及时收拢遮阳网，第二年2～3月份出苗后，再把遮阳网展开盖好。

## 3. 繁殖方法

繁殖方法有根茎繁殖和种子繁殖，常用根茎繁殖。

（1）种子采收与处理　在立冬前后果实变成黄色或橙红色时，采集品性优良、生长健壮、无病害植株的果实，及时处理，不能堆积，将果实置纱布中，复搓去果皮，洗净种子，剔去透明发软的种子。种子不能晒干或风干，种子需低温后熟处理，才能播种当年出苗，出苗整齐。具体方法：选乳白色、光滑、饱满、成熟、无病害、无霉变和无损伤的种子，用赤霉素（GA，85%）每千克200毫克的溶液浸种30分钟，再按种子（1∶10）与干净湿砂拌匀，同时拌入种子量0.5%的多菌灵可湿性粉剂，拌匀后放入花盆或育苗盘中，置于室内，保持温度在18～22℃，湿度在30%～40%（砂子握紧成团，松开即散），每15天检查1次，第2年1月即可播种。

（2）种子育苗移栽　采用点播或条播，亩用种量6～8千克，育苗约10万株；一般春季播种。播种前按畦面宽1.2～1.5米，高20厘米，沟宽30厘米，整理苗床；在畦面铺一层厚约1厘米左右洗过的河砂，再铺1～2厘米筛过的壤土或火烧土。然后将处理好的种子筛出，按5厘米×5厘米的株行距播在畦面，覆盖厚1.5～2.0厘米的细土末，再盖上一层松针或碎草，以不露土为度，冷凉的地方可盖稍厚点以保温，浇透水，保持湿润。一般5月开始出苗，8月苗出齐；苗出齐后及时除草，苗高6～9厘米时适当间苗，同时喷施少量磷酸二氢钾。第2年，根茎直径1厘米大小时即可移栽。未搭建育苗荫棚时，可在畦埂上种植玉米。

移栽时间一般根据苗大小确定，根茎直径<3厘米的苗可在秋季带苗移栽或冬季地上部分倒苗移栽；根茎直径>5厘米宜在植株倒苗后移栽，宜起苗后立即移栽。栽种时在畦面横向开深6～8厘米的沟，按株行距在20厘米×25厘米放置种苗，将顶芽芽尖向上放置，用开第二沟的土覆盖前一沟，以此类推。再用松毛或稻草覆盖畦面，以不露土为度，起到保温、保湿和防杂草的作用。栽后浇透一次定根水，以后根据土壤墒情浇水，保持土壤湿润。

（3）根茎繁殖　在秋、冬季滇黄精倒苗后，采挖健壮、无病虫害植株的根茎，取先端幼嫩部分，截成数段，每段3～4节，伤口蘸草木灰和多菌灵或将切口晾晒干，株行距在20厘米×25厘米，深5厘米栽种，覆土后稍加镇压，并浇水，以后每隔3～5天浇水1次，使土壤保持湿润。秋末种植时，应在上冻后盖一些圈肥和草以保暖。春季在畦埂上可种植玉米，以遮阴。

## 4. 田间管理

（1）中耕锄草　黄精根系浅，秋冬季萌发新根和新芽，幼苗期杂草生长快，雨季土壤易板结。因此，定植第1年就应中耕除草，2～3月苗逐渐长出，应及时拔除杂草，从4月开始每月除草1次，具体锄草时间应根据草情而定；但9～10月是地下茎生长期，应浅锄中耕，不能过深。中耕除草时结合培土，避免根茎外露而见光，或冬季发生冻害。

（2）水肥管理　通常结合中耕除草和培土，在5月中旬和8月下旬各追施1次，每亩每次1500千克充分腐熟农家肥、家畜粪便、油枯及草木灰、作物秸秆等，依据生长情况可配合施用氮、磷、钾肥，在7～8月生长旺盛期，晴天傍晚可用0.2%磷酸二氢钾喷施，每15天喷1次，共3次。11月的低温、阴天施冬肥，在行间或株间开小沟，每亩施土杂肥1000～1500千克、过磷酸钙50千克、饼肥50千克，立即顺行培土盖肥。

栽种后土壤水分不足30%～40%时，应及时浇水。出苗后，可采用喷灌，以增加空气湿度。雨季来临前要注意理沟，以保持排水畅通，多雨季节要注意排水，切忌畦面积水。遭水涝时根茎易腐烂，导致植株死亡，造成减产。

（3）摘花疏果及封顶　花果期持续时间较长，每茎枝腋生多朵花序和果实，消耗大量的营养成分，影响根茎生长。因此，存花蕾形成前需及时将花芽摘去，同时把植株顶部嫩尖切除，只保留1～1.5米的植株高度，促进养分向根茎转移，有利于提高产量。

## 5. 病虫害防治

（1）叶斑病　夏秋两季高温高湿时易发病，初期茎基部的叶面出现褐色斑点，病斑扩大呈椭圆形或不规则形，中间淡白色，边缘褐色，靠健康组织处有明显黄晕；病情严重时，多个病斑愈合引起叶枯死，并逐渐向上蔓延，最后全株叶片枯死脱落。

防治方法　冬季倒苗后，及时清除地上部分枯枝，并集中烧毁，消灭越冬病源。雨季来临，发病前喷10%苯醚甲环唑水分散颗粒剂1500倍液，或50%退菌灵可湿性粉剂1000倍液；7～10天喷1次，连续3～4次。发病后喷洒50%甲基托布津可湿性粉剂600倍液，或40%百菌清悬浮剂500倍液、25%苯菌灵·环己锌乳油800倍液、50%甲基硫菌灵·硫黄悬浮剂800倍液、50%利得可湿性粉剂1000倍液；5～7天1次，连续3～4次。

（2）黑斑病　从苗期到生长中后期均可发病，一般7～9月是发病高峰期。叶片和茎秆是感病部位，叶片染病后产生暗褐色圆形或近圆形或不规则的病斑，四周具锈褐色轮纹状宽边，病斑在空气湿度大时呈水渍状，病斑干燥后易破裂，条件适宜时，病斑扩散迅速，有时数个病斑相互融合，使叶片干枯；茎部染病病斑呈黄褐色椭圆形，逐渐向下或向上延伸。然后病斑中间凹陷变黑，病斑表面长出黑霉。严重时病斑凹入茎内组织，导致茎秆折倒。

防治方法　冬季倒苗后，及时清除地上部分枯枝，并集中烧毁，消灭越冬病源。休眠期喷洒1%硫酸铜溶液杀死病残体上的越冬菌源。发病初期喷雾50%退菌特1000倍液，每7～10天喷药1次，连续2～3次。

（3）根腐病　一般7～9月为发病高峰期，感病初期根部产生水渍状褐色坏死斑，严重时整个根内部腐烂，仅残留纤维状维管束，病部呈褐色或红褐色。主要发生在田间湿度大、积水、土壤板结、覆盖太厚、根茎有创伤或线虫、地下害虫较多等情况下。

防治方法　选避风向阳的坡地栽培，开沟理墒，以利排水和降低地下水位。初发病时选用75%百菌清600倍液、25%甲霜灵锰锌600倍液、70%代森锰锌600倍液、64%杀毒矾600倍液、80%多菌灵500倍液等药液浇根。7～10天浇施一次，连续2～3次。也可选用50%多菌灵可湿性粉剂600倍液+58%甲霜灵锰锌可湿性粉剂600倍液混合后浇淋根部。若发现线虫或地下害虫危害，选用10%克线磷颗粒剂沟施、穴施和撒施，2～3千克/亩；或50%辛硫磷乳油800倍液浇淋根部。

（4）虫害　主要有蚜虫、螨虫、地老虎、蝼蛄、蛴螬等。地老虎、蝼蛄、蛴螬主要危害根部，咬断幼苗或咀食苗根，造成断苗或根部空洞。

防治方法 用75%辛硫磷乳油按种子量0.1%拌种，或在田间发生期，用90%敌百虫1000倍液浇灌。或设置黑光灯诱杀成虫，减少蛴螬的发生数量。

## 六、采收加工

### 1. 采收

移栽定植后3～4年采收，11月～翌年1月采挖最佳。采挖前将地上枯萎植株和杂草清除，集中运出种植地。根据茎痕判断地下根茎的位置，从地的一头开挖，深度应大于20厘米，小心挖出根茎，剥离泥土，避免损伤，保证根茎完好无损，小心放入清洁的竹筐或塑料框中。带顶芽部分切下留作种苗，其余部分运回加工场地。

### 2. 加工

将根茎装入不锈钢网筐，用人工流水或高压水枪冲洗，洗去泥沙，除去须根和病疤。按大小分类后放入蒸笼中蒸制，待水蒸气温度高于100℃以后计时，蒸10～20分钟，以蒸透为度，取出晾晒，边晒边揉，直至干燥，清除杂质和异物，即可装箱或装袋。

## 七、药典标准

### 1. 药材性状

（1）大黄精 呈肥厚肉质的结节块状，结节长达10厘米以上，宽3～6厘米，厚2～3厘米。表面淡黄色至黄棕色，具环节，有皱纹及须根痕，结节上侧茎痕呈圆盘状，圆周凹入，中部突出。质硬而韧，不易折断，断面角质，淡黄色至黄棕色。气微，味甜，嚼之有黏性。

（2）鸡头黄精 呈结节状弯柱形，长3～10厘米，直径0.5～1.5厘米。结节长2～4厘米，略呈圆锥形，常有分枝。表面黄白色或灰黄色，半透明，有纵皱纹，茎痕圆形，直径5～8毫米。

（3）姜形黄精 呈长条结节块状，长短不等，常数个块状结节相连。表面灰黄色或黄褐色，粗糙，结节上侧有突出的圆盘状茎痕，直径0.8～1.5厘米。

黄精药材见图3、图4。

| 图3 卷叶黄精鲜药材 | 图4 黄精药材 |

## 2. 鉴别

本品横切面：大黄精，表皮细胞外壁较厚。薄壁组织间散有多数大的黏液细胞，内含草酸钙针晶束。维管束散列，大多为周木型。鸡头黄精、姜形黄精，维管束多为外韧型。

## 3. 检查

（1）水分　不得过18.0%。

（2）总灰分　取本品，80℃干燥6小时，粉碎后测定，不得过4.0%。

（3）重金属及有害元素　照铅、镉、砷、汞、铜测定法测定，铅不得过5毫克/千克；镉不得过1毫克/千克；砷不得过2毫克/千克；汞不得过0.2毫克/千克；铜不得过20毫克/千克。

## 4. 浸出物

照醇溶性浸出物测定法项下的热浸法测定，用稀乙醇作溶剂，不得少于45.0%。

# 八、仓储运输

## 1. 仓储

装箱或装袋后，应及时放入贮藏库中贮存，贮藏库应阴凉、通风、干燥、避光，必要时安装空调及除湿设备，并具有防鼠、虫的措施。仓库要求符合NY/T 1056—2006《绿色食品 贮藏运输准则》的规定。贮藏最好采用密封的塑料袋，能有效地控制其安全水分（<18%），预防虫蛀和霉变。

## 2. 运输

运输车辆应清洁、无污染，具备防暑防晒、防雨、防潮、防火等设备，符合装卸要求；进行批量运输时应不与其他有毒、有害、易串味物质混装；遇阴天应严密防潮。

# 九、药材规格等级

黄精商品药材按性状不同分为鸡头黄精、姜形黄精和大黄精三种，以姜形黄精质量优。

# 十、药用食用价值

## 1. 临床常用

（1）补气养阴、健脾、润肺　用于脾胃虚弱，体倦乏力，口干食少，肺虚燥嗽，阴虚咳嗽。脾胃虚弱，气虚倦怠乏力，常配伍党参、白术等；脾阴虚，口干食少，配伍石斛、麦冬、山药等。燥伤阴肺，干咳无痰，或痰少而黏，鼻燥咽干喉痒，常配伍桑叶、杏仁、沙参等；阴虚咳嗽，久咳不止，肺痨咯血，单用或配伍川贝母、沙参、知母等。

（2）补气养阴、益肾　用于肾精亏虚，内热消渴。肾精亏虚，体倦乏力，配伍黄精、苍术、地骨皮、天门冬等；阴虚消渴，单用或配伍生地黄、麦冬、天花粉等滋阴清热之品。

## 2. 食疗及保健

黄精属药食两用中药，具有调节免疫、抗衰老、降血压、降血脂、抗炎、抑菌、抗病毒、抗疲劳等作用。同时黄精味甘甜，常用于食疗。

（1）滋养胃阴、润肺止渴　适用于病后体虚，四肢软弱无力，肺胃阴虚，口干食少等的调理。黄精瘦肉汤：取黄精30克，瘦猪肉50克，放入锅内，加水适量，文火炖熟，加入调味品，即可食用。黄精玉竹猪胰汤：取黄精24克，玉竹30克，猪胰1具。洗净，放入砂锅内，加水适量，文火煮熟，加入调味品，即可食用。

（2）补肝肾、益精血　适用于肝肾亏损、气血不足，冬季体倦乏力、腰膝酸软、怕冷等的调理。黄精枸杞白鸽汤：取黄精50克，枸杞子50克，白鸽1只；将白鸽去毛、内脏，洗净，与药材置砂锅中，大火煮开，撇去浮沫，在文火煨60分钟以上，加料酒、精盐再炖30分钟，加入调味品，即可食用。黄精党参母鸡汤：取黄精、党参、怀山药各30克，母鸡1只（约1千克）；将母鸡宰杀、去毛、内脏，洗净，与药材置砂锅中，大火煮开，撇去浮沫，再文火煨120分钟以上，加入生姜等调味品，即可食用。

（3）健脾益气、养阴、调脂　适用于脾胃虚弱、神疲气短、高血压、高血脂等的调理。黄精黑豆苦荞粥：取黄精、黑豆各30克，苦荞米100克，洗净，放入锅内，加水适量，文火熬成粥，即可食用。黄精莲子薏米粥：黄精25克，莲子30克，薏米50克，洗净，放入锅内，加水适量，文火熬成粥，即可食用。

此外，黄精含有多种天然美容活性成分，具有抗衰老、防辐射、抗炎、抗菌、生发乌发、固齿等作用，以此开发成纯天然保健化妆品，如沐浴露、洗发香波、护发素、乌发宝、脚气露、面膜、药膏、搽剂等，前景广阔。

参考文献

[1]　杨维泽，杨绍兵. 黄精生产加工适宜技术[M]. 北京：中国医药科技出版社，2018：1-121.

[2]　张蕾光，杨波，徐长洪，等. 不同栽培技术措施对多年植龄黄精叶片数量的影响[J]. 现代农业科技，2017（1）：58-59.

[3]　董治程，谢昭明，黄丹，等. 黄精资源、化学成分及药理作用研究概况[J]. 中南药学，2012，10（6）：450-453.

[4]　王剑龙，常晖，周仔莉，等. 黄精种子萌发过程发育解剖学研究[J]. 西北植物学报，2013，33（8）：1584-1588.

[5]　王强，付亮，黄娟，等. 达州市黄精高产栽培技术要点[J]. 南方农业，2018，12（1）：33-35.

[6]　邓颖连. 黄精引种驯化栽培研究[J]. 中国野生植物资源，2011，30（2）：57-59.

[7]　张蕾光，杨波，王宝贵. 黄精驯化栽培不同处理对株高生长速度的影响[J]. 安徽农业科学，2013，41（30）：11954-11956.

[8]　田启建，赵致，谷甫刚. 黄精栽培技术研究[J]. 湖北农业科学，2011，50（4）：773-776.

[9]　朱波，华金渭，程文亮，等. 不同遮阴条件对黄精生长发育的影响[J]. 中国现代中药，2016，18（4）：458-461.

（何冬梅，王海）

# 麻黄

## 一、概述

　　本品为麻黄科（Ephedraceae）植物草麻黄*Ephedra sinica* Stapf、中麻黄*E. intermedia* Schrenk et C. A. Mey. 或木贼麻黄*E. equisetina* Bge. 的干燥草质茎，又名策敦、才敦（藏音）。具有发汗散寒、宣肺平喘、利水消肿等功效，用于风寒感冒，胸闷喘咳，风水浮肿，支气管哮喘等。草麻黄分布于辽宁、吉林、内蒙古、河北、山西、河南西北部及陕西等地；中麻黄分布于辽宁、河北、山东、内蒙古、山西、陕西、甘肃、青海及新疆等，以西北地区最常见；木贼麻黄分布于河北、山西、内蒙古、陕西西部、甘肃及新疆等地。商品药材主产于内蒙古、吉林、新疆、青海、甘肃、陕西、河北、山西等省区。目前在内蒙古、新疆等地有少量栽培，甘肃、青海、四川的藏区荒漠或沙化地带可以栽培。但国家对麻黄种植有严格的控制和监管，必须按照正常的法律程序申请种植。

## 二、植物特征

　　草麻黄：植株无直立木质茎，呈草本状，高20～40厘米。木质茎短，常匍匐，草质茎绿色，长圆柱状，直立，节间长2～6厘米，直径1.5～2毫米，有不明显的细纵槽纹。叶膜质鞘状，上部2裂，稀3裂，裂片锐三角形，反曲。雌雄异株，球花多顶生，苞片厚膜质绿色，具无色膜质窄边；雄球花3～5个聚合成穗状，顶生或侧枝顶生；苞片常4对，雄蕊7～8。雌球花单生于枝端，苞片4～5对，最上1对苞片内有雌花3朵；雌球花成熟时苞片变为红色、肥厚肉质而呈浆果状；种子常2枚。花期5～6月，种子成熟期7～8月。（图1）

图1　草麻黄

中麻黄不同于草麻黄的是，直立灌木，高达100厘米；草质茎粗壮，对生或轮生，多分枝，节间长3～6厘米，直径1.5～3毫米。叶鞘上部1/3分裂，叶3裂与2裂并存，裂片钝三角形。雄球花数个簇生于节上，雌球花3个轮生或2个对生。种子常3枚。花期5～6月，种子成熟期7～8月。（图2）

图2　中麻黄

木贼麻黄不同于草麻黄的是，直立灌木，高达100厘米。草质茎多分枝，节间短而细，长1.5～2.5厘米，被白粉。叶鞘上部1/4分裂，裂片2，不反曲。雄球花多单生或3～4个集生节上；雌球花常对生。种子常1枚。花期6～7月，种子成熟期8～9月。

## 三、资源分布概况

麻黄属有3组约40种，我国有2组12种及4变种，其中麻黄组有11种3变种，除《中国药典》一部收载的三种来源外，其他多种植物的地上部分在不同地区作麻黄使用。分布于北京、河北、山西、内蒙古、辽宁、吉林、山东、四川、云南、陕西、甘肃、青海、宁夏、新疆等省、市、区300多个县（市、区、旗），主产于内蒙古、吉林、新疆、青海、甘肃、陕西、河北、山西等省区。目前，我国麻黄的药材商品主要来自野生，部分来自人工栽培品。

## 四、生长习性

麻黄喜阳光、耐严寒、耐干旱、耐盐碱、抗风沙，怕涝。野生于我国中温带、暖温带的干旱荒漠、沙漠、山坡、平原、荒地、河床及草原等，适应性强，对海拔和土壤要求不严。麻黄根系发达，雌雄异株，靠风媒传粉，自然结实率低，在自然条件下成熟的麻黄种子很少发芽。

# 五、栽培技术

## 1. 品种选择

麻黄的法定基原有3种，但品种不同，产量和品质存在差异；草麻黄和木贼麻黄主要含麻黄碱，伪麻黄碱含量低；中麻黄含总生物碱高，主要是伪麻黄碱，麻黄碱含量低，是中成药生产厂家喜用的物种。因此，引种时应注意鉴别，保证物种正确性。选择地上部分产量大、生长健壮、无病害的植株作母株。

## 2. 选地与整地

（1）选地　土壤含盐量不超过1.0%，pH 7～8，无论生荒地、熟地或弃耕地均可种植；宜选砂质壤土、沙土、渗透能力强的地块。忌黏土、酸性土，以及排水不良的低洼地

（2）整地　生荒地首先应对土地进行平整、规划，修建排灌渠道，熟地或弃耕地需清理掉前茬作物的残茎和杂草，结合耕翻，每亩施腐熟厩肥或堆肥2000千克作底肥，整平耙细，平地或缓坡地作成宽1.5米，高20厘米的畦，畦间距30厘米，四周开挖排水沟。苗床地要平坦，按3米宽作畦面，中间留浇水沟整地，耱平畦面，待播。

## 3. 繁殖方法

种子直播、育苗移栽或分株繁殖，水源较好多用育苗移栽。

（1）种子采集与处理　采集地上部分产量大、生长健壮、无病害植株的种子。一般麻黄种子在7月下旬至8月上旬成熟，当雌球花的苞片变成红色浆果状时采收，采收的球果及时用手工或磨浆机去除肉质苞片，再用水洗净种子表面的糖分，晾干，装袋，储存。种子的安全含水量控制在7%～8%，在室温、干燥处存放，不得超过2个播种年度，低温冷藏不得超过3个播种年度。播种前取出种子，用30℃温水浸泡4小时，用清水反复搓淘冲洗干净，捞出种子，晾干，再用4%的赤霉素乳油800倍液，浸泡24小时，其间搅拌3～4次，捞出晾干；然后用含多菌灵细土末按3：1拌种（细土末：多菌灵可湿性粉=100：1），即可用于播种。

（2）种子直播　一般在3月上旬至4月下旬，地面气温在10℃以上播种，行距30～40厘米，亩用种量500克，播种盖土2厘米。出苗后应及时除草、间苗，并用间出来的幼苗进行补苗。在翌年春天定苗，每穴留壮苗1株，每亩地控制在1万～1.5万株。该方法常使用播种机械，能省时省力，适于面积大的荒漠、沙漠和沙化地区采用。

（3）育苗移栽　常采用平畦播种育苗，亩用种量6～8千克。春播在3月上旬至4月下

旬，秋天可移栽；秋播在8月下旬，翌年春天可移栽。播种前选取成熟饱满、无病害的种子，用50%多菌灵500倍液，30℃温水浸泡2~3小时，浸后用清水反复搓淘冲洗干净，捞出种子，晾干；再用4%的赤霉素乳油800倍液，浸泡24小时，其间搅拌3~4次，捞出，30℃温水中进行催芽，约3天后大部分的种子露白，按1∶3拌以细土末或草木灰，就可进行播种。散播：将种子均匀地撒播于畦面上，覆约1厘米厚的细土，盖上地膜，并用草帘或遮阴网遮阴。条播：开5厘米深的沟，行距30~40厘米，将种子均匀地播在沟中，覆盖细土，镇压后，小水浇灌。穴播：穴距30厘米，每穴播种20粒左右，覆土2~3厘米，镇压后小水浇灌。播种后6~10天出苗。苗出齐后揭去地膜或其他覆盖物，并视土壤墒情补充水分；浇水时注意，用小水通过水沟向两边渗，切忌大水冲浇。当苗长至2~3厘米时，松土、除草，不需间苗；当气温低于10℃时，进行盖膜，并注意中午放风除湿。育苗前期要控水，以促使根系生长，后期当根长达10厘米以后，视土壤墒情适当浇水；外界气温大于18℃时，大棚育苗者应将棚膜揭去。

移栽定植：一般选择阴天移栽，取苗前先浇透水，取苗时用手握住轻轻将苗拔起，土壤板结严重时用小铲从苗的间隙中松土后再拔苗，起出的小苗扎捆后放置阴凉处。当天起苗当天栽种，最迟不超过两天。按株距20~25厘米，行距30~40厘米，挖穴栽培，每亩定苗约1.5万株。栽种时去掉弱苗、伤苗和病苗，一定要让根系充分舒展，覆土盖住根，压实，立即浇定根水。

（4）分株繁殖　秋季或春季解冻后，选择健壮、无病害的成年植株挖出，根据株丛大小分成5~10个单株，按行株距各30厘米开沟、栽种，栽后覆土至根芽，将周围土压实后浇水。

## 4. 田间管理

（1）中耕除草　苗高5~6厘米时，进行第1次中耕除草，一般1个月1次，保持麻黄地中的杂草不影响麻黄的生长。

（2）水肥管理　常在春季返青前，每亩施腐熟厩肥或堆肥1500~2000千克、磷酸钙和尿素各50千克，然后培土，再进行浇灌。遇到降雨量比较大的季节，要及时疏通田间水沟将雨水引出，以防烂根。定植后1个月内要保持土壤湿润，以不旱为宜，确保移栽苗成活。苗高6~7厘米以后，一般不旱不灌水。

## 5. 病虫害防治

麻黄常见病害有立枯病和猝倒病，以及蚜虫、尺蠖危害。

（1）立枯病　多发生在育苗期，幼苗出土后感病，初期茎基部或地下根部呈椭圆形暗褐色病斑，早期病苗白天萎蔫，夜间恢复，病部逐渐凹陷、缢缩，有的渐变为黑褐色，当病斑绕茎一周时，最后干枯死亡，但不倒伏。

防治方法　播前土壤用硫酸亚铁每亩15千克浇灌消毒，苗出齐后，立即喷施或灌施放线菌酮福美双、百菌清2787、苯菌灵、抗枯宁或代森锰锌等，隔15天再喷施一次，以后是否再施用，视幼苗染病情况而定。同时，控制灌水量和灌水次数，尽量不要在地下水位高或低洼阴湿地育苗。

（2）猝倒病　幼苗出土后发病，从幼苗茎基部感病，初期水渍状，很快扩展、缢缩变细如"线"状，病部不变色或呈黄褐色，病势发展快，在子叶绿色、未萎蔫前即从茎基部（或茎中部）倒伏而贴于床面。出苗前染病，引起子叶、幼根及幼茎变褐腐烂，即为烂种或烂芽。病害开始往往仅个别幼苗发病，条件适合时以这些病株为中心，迅速向四周扩展蔓延，形成一块一块的病区。

防治方法　选择地下水位低、排水良好、避风向阳的地块育苗；苗期喷施500～1000倍磷酸二氢钾，或1000～2000倍氯化钙等。发病前或发病初期用72.2%普力克水剂400倍液喷淋，每亩喷淋药液2～3千克；发病时及时清除病株及邻近病土，喷施75%百菌清可湿性粉剂600倍液，或70%代森锰锌可湿性粉剂500倍液，喷施41%聚砹·嘧霉胺800～1000倍液或门神800倍液；或58%甲霜灵·锰锌可湿性粉剂500倍液，或38%恶霜嘧铜菌酯水剂800倍液，或72%霜脲·锰锌可湿性粉剂600倍液，或69%烯酰吗啉·锰锌可湿性粉剂或水分散粒剂800倍液，连续喷雾2次，间隔7～10天。

（3）根腐病　感病植株地上部枝条由部分萎蔫变为全部萎蔫，颜色由绿色变为浅灰绿色，最后干枯死亡。

防治方法　感病植株及时挖除烧毁，在病区喷施30%噁霉灵水剂、25%咪鲜胺乳油或50%多菌灵可湿性粉剂；4月上旬麻黄开始生长时，用低毒杀毒剂95%绿亨1号灌根1次，连续2次，间隔7～10天。

（4）蚜虫　出现在植株的嫩芽嫩梢，造成植株失水和营养不良，被害枝条呈斑状失绿或发黄，生长停滞、倒伏，逐渐枯萎，严重时植株死亡。

防治方法　早春3月上旬和秋季10月中下旬，清理地块周围的树枝、枯草、落叶，集中烧毁，消灭虫源。4～8月蚜虫发生高峰期，及时交替喷施杀虫药，选用50%杀螟松1000～2000倍液或40%氧化乐果乳油1000～1500倍液，或20%速灭杀丁乳油4000～10 000倍液，或20%菊酯乳油、灭蚜松等，连续2次，间隔7天。

## 六、采收加工

### 1. 采收

一般5~6月是麻黄生长旺盛期，9~10月是生物碱积累高峰期。种子直播的第3年，育苗移栽的第2年10月底或11月可采收。收获后长出的再生枝条每2年轮采1次最佳，采收时应保留3厘米的芦头，以利于再生。采收根时，秋季9~11月割取地上部分，连根拔起，除去杂草、残茎、须根及泥沙。割取地上部分绿色的草质茎，扎成小把，运回加工场地。

### 2. 加工

将扎成小把的绿色草质茎，置通风处阴干或晾至7~8成干时，再晒干。曝晒过久或烘烤则药材发黄，受霜冻则颜色变红，生物碱含量下降。至安全含水量后装箱或装袋。

## 七、药典标准

### 1. 药材性状

（1）草麻黄　呈细长圆柱形，少分枝，直径1~2毫米。有的带少量棕色木质茎。表面淡绿色至黄绿色，有细纵脊线，触之微有粗糙感。节明显，节间长2~6厘米。节上有膜质鳞叶，长3~4毫米；裂片2（稀3），锐三角形，先端灰白色，反曲，基部联合成筒状，红棕色。体轻，质脆，易折断，断面略呈纤维性，周边绿黄色，髓部红棕色，近圆形。气微香，味涩、微苦。

（2）中麻黄　多分枝，直径1.5~3毫米，有粗糙感。节上膜质鳞叶长2~3毫米，裂片3（稀2），先端锐尖。断面髓部呈三角状圆形。（图3）

（3）木贼麻黄　分枝较多，直径1~1.5毫米，无粗糙

图3　中麻黄药材

感。节间长1.5～3厘米，膜质鳞叶长1～2毫米；裂片2（稀3），上部为短三角形，灰白色，先端多不反曲，基部棕红色至棕黑色。

## 2. 鉴别

本品横切面：草麻黄，表皮细胞外被厚的角质层；脊线较密，有蜡质疣状突起，两脊线间有下陷气孔。下皮纤维束位于脊线处，壁厚，非木化。皮层较宽，纤维成束散在。中柱鞘纤维束新月形。维管束外韧型，8～10个。形成层环类圆形。木质部呈三角状。髓部薄壁细胞含棕色块；偶有环髓纤维。表皮细胞外壁、皮层薄壁细胞及纤维均有多数微小草酸钙砂晶或方晶。

中麻黄，维管束12～15个。形成层环类三角形。环髓纤维成束或单个散在。

木贼麻黄，维管束8～10个。形成层环类圆形。无环髓纤维。

## 3. 检查

（1）杂质　不得过5.0%。

（2）水分　不得过9.0%。

（3）总灰分　不得过10.0%。

# 八、仓储运输

## 1. 仓储

麻黄装箱或装袋后，应及时放入贮藏库中贮存，贮藏库应阴凉、通风、干燥、避光，必要时安装空调及除湿设备，并具有防鼠、虫的措施。仓库要求符合NY/T 1056—2006《绿色食品 贮藏运输准则》的规定。控制库房温度在15℃，相对湿度在80%以下，预防虫蛀和霉变。

## 2. 运输

运输车辆应清洁、无污染，具备防暑防晒、防雨、防潮、防火等设备，符合装卸要求；进行批量运输时应不与其他有毒、有害、易串味物质混装；遇阴天应严密防潮。

## 九、药材规格等级

麻黄的商品药材通常不分等级，为统货。以茎色淡绿或黄绿，内心色红棕，手拉不脱节，味苦涩者为佳。

## 十、药用价值

麻黄为特殊管理药材，不可用于保健品，常见临床应用包括以下几种。

（1）发汗散寒　用于风寒表证，是发表解肌的要药。风寒外袭，束缚肌表的风寒表实证，恶寒发热，头疼身痛，无汗而喘者，常配桂枝、杏仁、甘草等，如麻黄汤；若风湿在表，一身尽痛，发热，有风湿化热之势者，配伍薏苡仁等清热除湿之品，如麻黄加术汤；若感冒延日，正弱邪减，面赤身痒，无汗或微汗邪不退者，常配桂枝、芍药、生姜、杏仁等，如桂枝麻黄各半汤；若素体阳虚，外感风寒，恶寒发热，头痛无汗，神疲欲寐，四肢不温，常配伍附子、细辛等，如麻黄细辛附子汤或麻黄附子甘草汤；若内热外寒，发热无汗，四肢烦痛，腰背强硬者，常配伍甘草、升麻、赤芍等，如麻黄解肌汤。

（2）宣肺平喘　用于咳嗽痰喘，是治实证喘咳的要药，肺气壅遏之邪壅于肺，肺气不宣的咳嗽气喘，无论寒、热、痰、饮及有无表证均可应用。若风寒闭肺，咳嗽声重，恶寒发热，身痛无汗者，常配伍杏仁等，如三拗汤；若素有寒痰停饮，又外感风寒之邪，咳嗽胸满，痰多稀白，气息喘促者，常配伍细辛、桂枝、干姜等，如小青龙汤；若寒痰较重，外邪较轻，肺气不宣，咳逆喘息，喉中痰鸣如水鸡声者，常配伍射干、紫菀、款冬花等，如厚朴麻黄汤；若寒痰停肺，并无表邪，咳嗽不止，背部恶寒，口鼻气冷者，常配伍桂心、杏仁、细辛等，如麻黄五味子汤；若肺热炽盛，咳喘气促，痰黄黏稠，烦热口渴甚至气逆鼻煽者，常配伍杏仁、甘草、石膏等，如麻杏甘石汤。

（3）利水消肿　用于水肿脚气，小便不利。风邪袭表，风水相搏，一身悉肿，小便不利，脉浮，微有口渴者，配伍生姜、石膏、甘草等，如越婢汤；肾阳不足，气化不利，全身浮肿，肢冷气短者，常配伍附子、甘草等，如麻黄附子汤；外感风寒，内蕴湿热，发热恶寒，身目俱黄，黄色鲜明者，常配伍连翘、赤小豆、杏仁等，如麻黄连翘赤小豆汤。膀胱湿热，煎熬津液，尿急尿痛，夹有砂石，坚涩难出者，配伍羌活、防风、蔓荆子、牵牛子等，如麻黄牵牛汤；湿热内蕴，膀胱不利，小儿尿闭，烦热腹胀者，配伍石膏、苦参、滑石等，如麻黄浴汤。

（4）祛风散寒、通滞、解肌　用于风湿痹证、风疹，遇风冷加剧者，配伍桂心等；寒邪偏重，关节冷痛，遇寒加重，配伍附子、桂枝、川芎等，如麻黄续命汤。跌打损伤，复感寒邪，周身关节疼痛者，配伍桂枝、红花、桃仁等，如麻桂温经汤。风寒瘾疹，色白碎小，透发不畅，瘙痒疼痛，遇冷发作者，配伍蝉蜕、浮萍等，如麻黄蝉蜕汤；风寒郁热，疹色暗红，连接成片，透发不速者，配伍蝉蜕、升麻、牛蒡子等，如麻黄散。

参考文献

[1] 陈耀文，徐志友，张尚宁，等. 麻黄种子育苗技术研究[J]. 现代中药研究与实践，2005，19（2）：12-16.
[2] 罗新宁. 麻黄栽培技术[J]. 现代农业科技，2004（4）：15-16.
[3] 门果桃，孙治华，李巧枝，等. 麻黄的栽培技术[J]. 内蒙古农业科技，2006（12）：40.

（何冬梅，王海）

qiang huo
# 羌活

## 一、概述

本品为伞形科（Umbelliferae）植物羌活*Notopterygium incisum* Ting ex H. T. Chang或宽叶羌活*N. franchetii* Boiss.的干燥根茎和根，又名智纳、志那合（藏语）、羌青。具有散寒、祛风、除湿、止痛等功效，用于风寒感冒头痛、风湿痹痛、肩背酸痛等。目前在四川、甘肃和青海等地有栽培，四省藏区在海拔2000～3000米的高寒阴湿区均可栽培。

## 二、植物特征

羌活：多年生草本，高60～150厘米，全株具特异香气。根状茎粗壮，圆柱形或伸长呈竹节状，表面暗棕色至棕红色，顶端有残存叶鞘。茎直立，圆柱形，中空，具纵直细条纹。基生叶及茎下部叶有柄，三出式三回羽状复叶；末回裂片卵状披针形至长圆卵形，边缘有缺刻状裂片至羽状深裂；茎上部叶简化成鞘状。复伞形花序顶生或腋生，直径3～13厘米，侧生者常不育；伞辐7～18（～39），长2～10厘米；小伞形花序直径1～2厘米；花多数，萼齿卵状三角形；花瓣5，白色，倒卵形至长圆状卵形；花丝内弯；花柱基稍隆起。分果长圆形，长4～6毫米，宽约3毫米，主棱翅宽约1毫米，油管明显，每棱槽内3～4，合生面5～6。花期7～9月，果期8～10月。（图1）

宽叶羌活与羌活的主要区别是：植株高大，叶片大，三出式二至三回羽状复叶，末回裂片长圆状卵形至卵状披针形，边缘有粗锯齿；伞辐10～17，花瓣淡黄色；分生果近圆形，合生面油管4。花期7～8月，果期8～9月。（图2）

图1　羌活　　　　　　　　　　图2　宽叶羌活

## 三、资源分布概况

羌活属是我国特产，有3种。野生羌活分布于四川、甘肃、青海、云南、陕西等地。目前四川、甘肃、青海均有种植，宽叶羌活是主要栽培种。商品药材主要来自野生，传统川羌与西羌，川羌的基原植物为羌活。

## 四、生长习性

羌活喜冷凉、湿润、耐寒、怕强光、喜肥，不耐旱。野生羌活生长于海拔2000～4000米的林缘及灌丛内。在富含腐殖质、土壤疏松、排水良好的砂壤土适宜栽培。在低海拔温暖气候不易生长，高海拔无霜期短地区其生育期短、种子不成熟。生长发育过程中，第1年为营养生长阶段，形成肉质根，第2年有部分进入生殖生长，第3年全部进入生殖生长，抽薹开花结果。抽薹主茎枯萎后，芦头开始发侧芽生长。

## 五、栽培技术

### 1. 选地与整地

（1）选地　选择海拔2000～3000米的阴山、半阴山梯田、坡地、林缘地，土壤疏松肥沃、土层深厚、排灌方便、富含腐殖质的中性或微酸性壤土或砂壤土。前茬以禾谷类、豆类、薯类作物为宜，忌连作。

（2）整地　育苗地在前茬作物收获后深翻晒垡，捡除杂草、石块，耙糖整平保墒。10月中旬结合深耕施入优质农家肥，每亩3000千克、磷酸二铵15千克、尿素10千克。然后起10～15厘米高畦，畦宽1.5米，畦长视地形而定。移栽地在前茬作物收获后深翻整地，移栽前耕翻一次，细耙整平。结合栽种前翻耕整地施足基肥，每亩施腐熟有机肥4000千克、磷酸二铵30千克，或每亩施尿素20千克、过磷酸钙40千克。

### 2. 繁殖方法

种子直播和育苗移栽，种子育苗移栽较直播栽培效果好。

（1）种子采收　选择长势良好、无病虫害、具有优良特性，移栽后三年生以上的健壮植株采种。羌活种子一般在8月中下旬至9月中旬成熟，要分批边熟边收（图3）。采收时，将成熟果穗小心剪下，放在阴凉处晾1～2天后脱粒。装入纸袋或布袋，置于低温、干燥、阴凉处。

图3　宽叶羌活的成熟种子

（2）种子处理　羌活种子的种皮厚，质地硬，有油性，休眠期长。常温下休眠期达8～10个月，当年采收种子必须经处理后才能播种，否则当年不发芽。处理有沙藏法和药剂处理。沙藏法：取合适的箱子，里面铺一层沙子，撒一层种子，沙子与种子的厚度比5∶1，沙子要求干净潮湿，确保种子萌发所需要水分，阴凉室温下处理40～60天，在10～20℃的温室内处理25～35天。药剂处理：用赤霉素1000倍液浸泡10～12小时后淋净浸泡液，晾至互不黏合时，即可播种。

（3）播种时期　春播和秋播。春播在土壤解冻后根据土壤的墒情适时播种，一般在3月下旬至4月中旬。秋播在9～10月份，不晚于土壤封冻前，翌年5～6月出苗，秋后或次年春季采挖移栽。亩播种量约5千克。完成后熟的种子在温度8℃时开始萌芽，随着温度升高种子出苗速度加快，在15℃左右萌发最快，一般15天可发芽，30天内即可出苗。

（4）播种方法　撒播、条播和套种。撒播：常开高10厘米、宽120～140厘米的畦，长度按地形而定，然后整平畦面，将处理好的种子按1∶5的比例与沙土混匀撒于畦面，再覆土5厘米，用钉齿耙轻耙，小石碌轻轻镇压，然后覆草，有条件的地方播后可灌透水1次。条播：在畦面开5厘米深的小沟，间距10厘米，将处理好的种子按1∶5的比例与沙土混匀撒于沟内，并覆盖一层细土。播后应立即覆草或遮阳网以遮阴，保持土壤表层长期湿润，以利于出苗。套种：冬小麦、冬油菜播种后，将处理好的种子按1∶5的比例与沙土混匀撒于地面，然后用钉齿耙轻耙填压即可，农作物收获后，加强田间管理；或秋季撒播羌活，翌年春再点（条）播蚕豆、春小麦等作物。

（5）苗期管理　播种后约20天出苗，出苗后要及时挑松覆草，以利透光。苗出齐后，选阴天分3次挑去覆草，长出真叶后进行中耕锄草，以后视杂草生长情况及时锄草。在苗高10厘米时，结合灌水追施腐熟农家肥每亩1000～1500千克，6～7月追施磷酸二铵每亩10～20千克，第2年在返青期追施磷酸二铵每亩15千克、尿素10千克。幼苗期需保持土壤湿润，遇旱时在覆草的垄面上用微喷或洒壶浇透水1次，要求轻浇、勤浇，保持土壤表面潮湿。浇水时间一般在清晨和傍晚，清晨灌水越早越好，傍晚灌水在傍晚七点以后，灌水以地面保持湿润为宜，切忌中午高温天气灌水。苗高16厘米时灌二水，10月下旬灌越冬水，第2年返青期灌水1次。

（6）起苗和贮苗　一般在10月中下旬采挖。采挖后按每把0.5千克扎把。在通风背阴处挖深30～40厘米、宽100厘米左右的方形坑，以30°～40°的角度把头朝上，在坑内按1层苗把1层湿土进行摆放，土层厚5厘米以上，要求埋严最后1层苗把根部，然后在坑顶覆土10厘米左右即可。

### 3. 移栽定植

春季或秋季均可移栽，秋季在9月中旬移栽，春季在翌年3～4月移栽。移栽前选取无病害的种苗，用强力生根粉3000倍液，或磷酸二氢钾1000倍液在30℃下浸泡处理3～6小时，以提高成活率和促进根系发育。

采用宽窄行平作栽植，即宽行80厘米，窄行40厘米。宽行栽2行，窄行栽1行，株距20厘米，双苗移栽，芽头覆土5厘米，使之低于土表。亩保苗4500～5000株，亩需秧苗50千克。选用幅宽70厘米或90厘米，厚0.01毫米的地膜。采用先移苗后覆膜，随移随覆的方法，地膜四周各开浅沟，用土压紧压严。当苗出齐时应及时开口放苗，要求放大不放小，放绿不放黄，阴天突击放，晴天避中午，大风不放的原则。每穴只放1株壮苗，苗孔以3.3厘米为宜。苗放出膜后，应随手用细湿土加适量的草木灰混合后封口（既不板结，又渗水保墒），以防透风漏气、降温跑墒和杂草丛生。（图4）

图4　移栽后的宽叶羌活

### 4. 田间管理

（1）中耕除草　栽植一个月左右即可出苗，当苗齐后进行第1次锄草，以后视田间杂草生长情况随时锄草，每年常需锄草3～4次。第2年4月下旬返青后应及时锄草。

（2）追肥　植株生长茂盛，需水、需肥量大，每年第1次中耕除草时，应在行间沟中每亩施腐熟有机肥2000～3000千克、磷酸二铵15～20千克。

（3）灌排水　遇干旱时应及时灌水。每年10月下旬浇越冬水。第2年以后视土壤墒情在返青期和封垄前后灌水3～4次。

（4）控制抽薹　抽薹会影响药用部位的生长，使根木质化，甚至出现空心现象（图5）。

图5　宽叶羌活抽薹开花

在不需要留种的田块控制抽薹，使营养物质转运至药用部位，可有效提高羌活产量及品质。

## 5. 病虫害防治

（1）根腐病　夏季高温高湿时，在低洼积水处易造成烂根，选用无病种苗，中耕除草后及时排水；育苗时用硫酸铜、生石灰、水配制成1∶1∶150的波尔多液浸种后晾干再播种；发病初期用50%多菌灵1000倍液喷雾，或用立枯净每亩1.5千克兑水50千克喷雾，每隔7天喷一次，连喷3～4次；收获后及时清除病残物，忌连作。

（2）叶斑病　发病初期叶片受害部位产生黄褐色稍凹陷小点，边缘清楚。随着病斑扩大，凹陷加深凹陷部深褐色或棕褐色，边缘黄红色至紫黑色。连作、过度密植、通风不良、湿度过大均导致发病。发病初期及时除掉发病组织，并集中销毁；采收后及时翻耕，实行合理轮作；用40%药材病菌灵或70%甲基托布津可湿性粉剂800～1000倍液喷雾防治。

（3）虫害　主要有蚜虫、食心虫、地老虎、金针虫。防治地老虎、金针虫可用50%辛硫磷乳油1000倍液灌根，蚜虫用40%乐果1000～2000倍液喷雾，7、8月份食心虫蛀食种子时用80%的敌敌畏乳油2000液喷雾。

# 六、采收加工

## 1. 采收

移栽后的第3、4年即可收获，一般在10月下旬羌活茎叶变黄枯萎后或第二年早春土壤解冻羌活未萌芽前采挖。起挖的深、宽度比羌活直侧根深、宽2厘米以上为宜，防止铲伤、铲断羌活根。挖开后，打碎土块，拣出药材，按顺序码好，装筐。

## 2. 加工

运回加工地后，除去残茎，芦头应留1厘米，剥去残存叶柄。将药材放入水泥槽内，喷淋冲洗净泥沙，水洗时间不得超出5分钟。在半遮光场地上，摊开，晾晒至半干，用手搓去须根后，再晾晒至完全干燥。

# 七、药典标准

## 1. 药材性状

（1）羌活  为圆柱状略弯曲的根茎，长4～13厘米，直径0.6～2.5厘米，顶端具茎痕。表面棕褐色至黑褐色，外皮脱落处呈黄色。节间缩短，呈紧密隆起的环状，形似蚕，习称"蚕羌"（图6）；节间延长，形如竹节状，习称"竹节羌"。节上有多数点状或瘤状突起的根痕及棕色破碎鳞片。体轻，质脆，易折断，断面不平整，有多数裂隙，皮部黄棕色至暗棕色，油润，有棕色油点，木部黄白色，放射纹明显，髓部黄色至黄棕色。气香，味微苦而辛。

图6  羌活药材（蚕羌）

（2）宽叶羌活  为根茎和根。根茎类圆柱形，顶端具茎和叶鞘残基；根类圆锥形，有纵皱纹和皮孔；表面棕褐色，近根茎处有较密的环纹，长8～15厘米，直径1～3厘米，习称"条羌"。有的根茎粗大，不规则结节状，顶部具数个茎基，根较细，习称"大头羌"。质松脆，易折断，断面略平坦，皮部浅棕色，木部黄白色。气味较淡。

## 2. 检查

（1）总灰分  不得过8.0%。

（2）酸不溶性灰分  不得过3.0%。

## 3. 浸出物

照醇溶性浸出物测定法项下的热浸法测定，用乙醇作溶剂，不得少于15.0%。

# 八、仓储运输

## 1. 仓储

仓库要求符合NY/T 1056—2006《绿色食品 贮藏运输准则》的规定。药材入库前应完全干燥，并详细检查有无虫蛀、发霉等情况，凡有问题的包件都应进行适当处理。常用竹篓或木箱盛装，放置阴凉干燥处储存；或放冷库保存。在库内堆垛时不可重叠堆积过高，以防压碎。切制的饮片容易生虫和散失芳香，需入瓮内盖严，置阴凉干燥处保存。经常检查，保证库房干燥、清洁、通风；堆垛层不能太高，要注意外界温度、湿度的变化，及时采取有效措施调节室内温度和湿度。

## 2. 运输

运输车辆的卫生合格，温度在16～20℃，湿度不高于30%，具备防暑防晒、防雨、防潮、防火等设备，符合装卸要求；进行批量运输时应不与其他有毒、有害、易串味物质混装。

# 九、药材规格等级

羌活商品药材常按产地分为川羌和西羌两类；按性状又为蚕羌、条羌、竹节羌、疙瘩羌和大头羌。传统认为蚕羌质量最优，条羌和竹节羌次之，疙瘩羌和大头羌最次。

（1）川羌 一等（蚕羌）：干货，呈圆柱形。全体环节紧密，似蚕状，条干整匀。表面棕黑色。体轻质松脆，断面有紧密的分层，呈棕、紫、黄、白色相间的纹理。气清香纯正，味微苦、辛。长3.5厘米以上，顶端直径1厘米以上。无须根、杂质、虫蛀、霉变。

二等（条羌）：干货，呈长条形。表现棕黑色，多纵纹。体轻质脆。断面有紧密的分层，呈棕、紫、黄、白色相间的纹理。气清香纯正，味微苦、辛。长短大小不分，间有破碎。无芦头、杂质、虫蛀、霉变。

（2）西羌 一等（蚕羌）：干货，呈圆柱形。全体环节紧密，似蚕状。表面棕黑色。体轻质松脆，断面紧密分层，呈棕、紫、白色相间的纹理。气微膻，味微苦、辛。无须根、杂质、虫蛀、霉变。

二等（大头羌）：干货，呈瘤状突起的不规则的块状。表面棕黑色。体轻质松脆，断面具棕、黄、白色相间的纹理。气膻浊，味微苦、辛。无细须根、杂质、虫蛀、霉变。

三等（条羌）：干货，呈长条形。表面暗棕色，多纵纹，香气较淡，味微苦、辛。间有破碎，无细须根、杂质、虫蛀、霉变。

## 十、药用价值

### 1. 临床常用

（1）解表散寒、止痛　用于外感表证。伤风感冒，恶寒，发热，鼻塞，咳嗽，寒邪不甚者，常配伍柴胡、前胡、桔梗等辛凉之品，如羌活汤；或配伍葛根、柴胡、荆芥、防风等，如羌活防风汤。寒湿偏盛，风湿相搏，一身尽痛，常配伍防风、川芎、白芷、细辛等，如羌活败毒汤；或配伍细辛、川芎、白芷、黄芩等，如九味羌活汤。风热感冒，风热俱盛，发热重，全身疼痛不适者，可配伍蒲公英、板蓝根等，如羌活蒲蓝汤。

（2）祛风胜湿、止痛　用于疼痛证。风寒湿痹，疼痛，常配伍防风、藁本、蔓荆子等，如羌活胜湿汤；或配伍麻黄、桂枝等，如大羌活汤；或配伍苍术、橘皮、猪苓、茯苓等，如羌活汤。风寒、风湿等多种头痛症，常配伍防风、黄芩、川芎、藁本、细辛、白芷等，如羌活芎藁汤；寒甚者，常配伍川乌、细辛等，如羌乌散。疮痈肿痛、牙痛，常配伍升麻、桔梗、当归等，如羌活散；跌打损伤，痛不可忍，配伍乳香、没药、当归等，如大乳没散；食积腹痛及奔豚气痛，配伍木香、肉桂、槟榔等，如羌活丸。

（3）祛风解表、除湿　用于风寒湿邪外郁肌肤引起的湿疹及其他皮肤瘙痒。顽癣，风疮成片，配伍白鲜皮、蛇床子等，如羌活散；身受潮湿，遍体发痒，或起疙瘩，配伍苍术、白芷、蝉蜕等，如除湿饮。

### 2. 保健作用

羌活常用于制作预防感冒的香囊和洁面护肤品，通常不作食材使用。

（1）预防感冒　取羌活、川芎、白芷、荆芥、藿香各10克，细辛、辛夷花各5克，上药共研细末，制成香囊佩戴，预防四时感冒。

（2）洁肤美颜，祛斑止痒　取羌活、川芎、白芷、桃仁各10克，研极细粉，制成面膜，或熬水洗手、面，有润泽肌肤，增白添香作用。

参考文献

[1] 陈永刚，蒋小勤，彭建平. 羌活规范化栽培技术[J]. 甘肃农业，2011（1）：90-91.
[2] 谢放，李建宏，张阿强. 宽叶羌活人工栽培技术[J]. 甘肃农业科技，2013（12）：50-51.

[3] 董生健，罗志红，何小谦. 羌活地膜覆盖栽培技术[J]. 甘肃农业科技，2013（11）：56-58.

[4] 郭新，马彦彪，董生健，等. 野生羌活地膜覆盖栽培技术[J]. 科技创新导报，2011，28：131.

[5] 刘景云. 中草药栽培[M]. 兰州：甘肃科学技术出版社，1989.

[6] 张东佳，彭云霞，魏莉霞，等. 羌活人工栽培技术研究综述[J]. 甘肃农业科技，2017（10）：67-75.

[7] 王苏林. 野生羌活驯化栽培技术[J]. 甘肃农业科技，2017（9）：86-88.

[8] 沈建伟，刘世珠，马世震，等. 不同栽培方式及密度对宽叶羌活药材产量的影响[J]. 青海农林科技，2017（2）：79-80.

[9] 董生健，罗志红，何小谦. 羌活地膜覆盖栽培技术[J]. 甘肃农业科技，2013（11）：56-58.

[10] 李春丽，周玉碧，周国英，等. 不同采收期栽培宽叶羌活挥发性成分的研究[J]. 天然产物研究与开发，2012，24（7）：910-915.

[11] 孙洪兵，蒋舜媛，孙辉，等. 基于3S技术的羌活区划研究Ⅲ. 基于生长适宜性和品质适宜性的羌活功能型生产区划研究[J]. 中国中药杂志，2017，42（14）：2639-2644.

（朱田田）

# 秦艽

qin jiao

## 一、概述

本品为龙胆科（Gentianaceae）植物秦艽 *Gentiana macrophylla* Pall.、麻花秦艽 *Gentiana straminea* Maxim.、粗茎秦艽 *Gentiana crassicaulis* Duthie et Burk. 和小秦艽 *Gentiana dahurica* Fisch.的干燥根，又名给吉嘎保、解吉嘎保（藏）、西秦艽。前三种按性状不同分别习称"秦艽"和"麻花艽"，后一种习称"小秦艽"。具有祛风湿、清湿热、止痹痛、退虚热的作用，用于风湿痹痛、中风半身不遂、筋脉拘挛、骨节酸痛、湿热黄疸、骨蒸潮热、小儿疳积发热等。目前在四川、云南、甘肃、青海、宁夏、陕西、山西、河北、内蒙古及东北地区有部分栽培。四省藏区高山地区均可栽培。

## 二、植物特征

秦艽：多年生草本，高20～60厘米。主根粗长，近圆锥形，有时数根扭曲在一起成绳状，淡黄色或暗褐色。茎自基部分枝，直立或斜生，基部被枯存的纤维状叶鞘包围。基生叶密集成莲座状，茎生叶对生，较小，基部连合；基生叶卵状椭圆形或狭椭圆形，长6～28厘米，宽2.5～6厘米，叶脉5～7条，两面均明显，在下面突起；茎生叶椭圆状披针形或狭椭圆形。轮伞花序，簇生枝端呈头状；花萼膜质，一侧开裂，萼齿常不明显，常4～5枚或缺；花冠壶状，深蓝色或紫蓝色，长1.8～2厘米，先端5裂，裂片卵圆形，褶整齐，三角形；雄蕊5，着生冠筒中下部，不伸出，花丝线状钻形；子房无柄，柱头2裂。蒴果矩圆形，种子多数；种子椭圆形，深黄色，表面具细网纹。花期7～8月，果期9月。（图1）

麻花秦艽：主要不同于秦艽是，须根多数，扭结成一个粗大、圆锥形的根，形似发辫；叶下面主脉隆起；聚伞花序，花少，花冠黄绿色，漏斗形，长（3）3.5～4.5厘米，喉部及筒基部具绿色斑点；子房柄长5～8毫米。花期6～8月，果期9月。（图2）

图1　秦艽

图2　麻花秦艽

粗茎秦艽：主要不同于秦艽是，须根多条，扭结或黏结成一个粗的根；花冠壶状，檐部蓝色或暗蓝色，长2～2.2厘米；子房柄长1～2毫米。花期6～8月，果期9月。（图3）

小秦艽：主要不同于秦艽是，植株高10～15厘米；根单一或稍分支，长圆锥形，黄褐色。茎生叶狭，线状披针形或狭椭圆形，主脉3条；聚伞花序，1～3朵；花萼筒常全缘，花冠褶片边缘具齿状缺刻；雄蕊5，花丝成翼状；子房不明显。花期7月，果期8～9月。

图3 粗茎秦艽

## 三、资源分布概况

秦艽组国产有16种，法定的基原植物有4种，四省藏区均有分布。秦艽分布于新疆、宁夏、陕西、山西、河北、内蒙古及东北地区，生长于海拔400～2400米的河滩、路旁、水沟边、山坡草地、草甸、林下及林缘。麻花秦艽分布于西藏、四川、青海、甘肃、宁夏及湖北西部，生长于海拔2000～4950米的高山草甸、灌丛、林下、林间空地、山沟、多石山坡及河滩。粗茎秦艽分布于西藏东南部、云南、四川、贵州西北部、青海东南部、甘肃南部，生长于海拔2100～4500米的山坡草地、山坡路旁、高山草甸、撂荒地、灌丛中、林下及林缘。小秦艽分布于四川北部及西北部、西北、华北、东北等地区，生长于海拔870～4500米的田边、路旁、河滩、湖边沙地、水沟边、向阳山坡及草原。其中，甘肃、陕西、四川、山西等省是秦艽商品药材的传统主产区。目前在云南、四川、甘肃、青海、西藏等地均有栽培。

## 四、生长习性

秦艽组植物属高山物种，喜潮湿和冷凉气候，耐寒，忌强光，怕积水。在海拔2000～4950米，气候冷凉、雨量较多、日照充足的高山地生长良好。秦艽组是多年生草本，春天返青时植株呈莲座丛，夏秋之交（7～9月）抽茎开花，9～10月蒴果成熟后，地上部分逐渐枯萎。一般种子萌发后2～3年，植物即可开花、结果。气候温暖、土肥条件较好时，植株生长较快，3～6年可形成商品药材；高寒地区夏季气温低，无霜期短，植株生长缓慢，需8～10年才能形成商品药材。

## 五、栽培技术

### 1. 选地与整地

（1）选地 选海拔适宜，潮湿和冷凉的环境。宜选土质疏松、肥沃、排灌方便的砂壤土。选择轮作2～3年以上小麦、蚕豆或马铃薯等的地块作留种田。

（2）整地 在前茬作物收获后深翻，捡除石块、树根和草根等杂物后，再深松土壤打破犁底层，深耕25～30厘米，结合深翻施足基肥，每亩施腐熟厩肥2500～3000千克、过磷酸钙40千克、尿素20千克、硫酸钾5千克；留种田再施加0.5%辛硫磷颗粒剂（或乳油）或5%毒锌颗粒剂处理土壤，亩施入量2千克；然后整平耙细后再做畦。畦宽120～150厘米，长度依地形而定，一般10～20米；多雨的地方做成高畦或垄，少雨的地方可做平畦。（图4）

图4　秦艽播种前整地

### 2. 繁殖方法

采用种子繁殖，可采收野生种子，也可栽培基地引种。秦艽的繁殖系数高，建立采种田后可连续采收5～8年种子。

（1）种子采收 选择长势良好、无病虫害、具有优良特性的三年生（移栽后第2年）以上的健壮植株采种。待大部分蒴果变黄，种子呈褐色或棕色时，剪下果穗，放在通风的半阴处后熟7～8天，清除附着物后，脱粒、精选。控制种子含水量12%～13%时装入纸袋或布袋，置于低温、干燥、阴凉处，不可密封，相对湿度保持30%～60%，贮藏期间避免烟熏、鼠害、虫害等。秦艽种子寿命短，种子贮藏1年以上就不能作种。

（2）种子处理 播种前首先选取成熟饱满、无病虫的秦艽种子进行后熟处理，有沙藏法和药剂处理。沙藏处理：选地势高、排水良好的地方挖窖（或沟），80厘米左右，宽40～60厘米，长度依需要而定。窖底铺洁净湿河沙15厘米厚，按种子与湿沙等比例混合（沙以手握成团，手松散开为度），摊放于窖内，厚度40～50厘米，上面再盖上15厘米的湿沙，并在窖中每隔40～50厘米竖放一直径约15厘米粗、下至窖底上通窖顶的秸秆把，以利通气。上面再盖上土呈土丘形，再加盖柴草，待第二年春播种用。药剂处理：用浓度500毫克/千克的赤霉素液浸泡24小时后，淋净浸泡液，晾至互不黏合时，即可播种，萌发率可达90%。

（3）播种 分春播和秋播。秋播的种子不进行沙藏处理，采种后即可播种，8～9月秋播的种子，当年即能长出2片叶子。春播在3月下旬至4月初，在整平的畦面上，采用条播，按行距20～30厘米，开12厘米深、3厘米宽的浅沟，然后将种子用干净细河沙拌匀，均匀撒在沟内，覆一层薄细土，略加镇压，上覆盖麦草进行保墒遮阴，厚度为1～2厘米，以促进种子萌发。每亩播种用0.5千克为宜。（图5）

图5 秦艽播种后覆草

## 3. 田间管理

（1）除草 播种后1个月左右出苗，出苗前需要经常除草，保持田间清洁，除草时注意不能破坏地面平整，用手小心拔除杂草，保持畦面无杂草。待幼苗长到能用手抓住时要及时间苗，苗间距约1厘米，同时去掉盖草；当长出3～4片叶时再进行间苗，去弱留强，去小留大，按2厘米1株交错留苗，苗间距2～3厘米，并进行浅中耕除草。（图6）

（2）定苗 当苗高4～5厘米时，拔除病株、弱株，保持株距4～6厘米即可。留强，去小留大，按2厘米1株交错留苗，使苗与苗之间的距离达2～3厘米为宜。3月上旬，待齐

图6 秦艽生长期

苗后进行浅中耕除草，5月上旬，封行后，停止中耕，坚持除草。

（3）追肥　每次间苗后要适当浇水和追肥。在生长旺盛期（7～8月）每亩喷施磷酸二氢钾0.2%～0.3%溶液30～50千克，连续2～3次，间隔10～15天。

（4）排灌水　定期检查，大雨后及时疏沟排水。

（5）摘蕾　除留种外，在植株现蕾期，分期分批剪除花茎和花蕾，勿伤叶片及根。留种田在播种后1～2年的花蕾宜全部摘除。三年生以上的植株才适宜保花、采果。（图7）

图7　秦艽盛花期

## 4. 病虫害防治

（1）叶斑病　多发生于6～7月，叶片出现黄色斑块，严重时植株枯萎死亡。发现病害时应及时清除病叶并集中烧毁，发病初期用代森铵可湿性粉剂800倍液，每7天喷1次，喷2～3次；也可喷70%甲基托布津可湿性粉剂1000～1500倍液或75%百菌清可湿性粉剂1000～1500倍液，每隔10天喷1次，连喷3次。

（2）锈病　用15%的粉锈宁可湿性粉剂500倍液在病株出现时喷雾防治。

（3）黄叶病　发病时，部分叶片褪绿变黄，此时亩用复绿灵50克兑水15千克喷施，重复喷2～3次，间隔15天。或播种前每亩用0.5%辛硫磷颗粒剂（或乳油）2.5千克喷施于地表，立即耕翻，耙糖整平，可有效防治地下害虫。

（4）虫害　蚜虫用10%吡虫啉可湿性粉剂2000倍液喷雾防治。药剂可与根外追肥、植物生长调节剂混合施用或同时施用。如喷药后6小时内遇雨，待天晴后复喷。

# 六、采收加工

## 1. 采收

一般播种后第3年秋季10～11月，地上部分枯黄时采挖，或第4年春季刚解冻时采收。起挖深度以深于根2厘米为宜，完整挖出全株，注意勿铲伤或铲断秦艽根。挖出后打碎土块

抖净泥土，拣出药材，除去地上部分。（图8）

## 2. 加工

挖出的药材运回加工场地后，除去茎叶、须根，用清水洗净泥沙，根表面呈乳白色，再放在专用场地或架子上晾晒，晾至须根全干，主根基本干、稍带柔韧性时，继续堆放3～7天，至表面呈灰黄色或红黄色时，将根摊开晾晒至完全干透；或不经"发汗"直接晒干；小秦艽趁鲜时搓去黑皮，晒干。

图8　秦艽鲜药材

## 七、药典标准

### 1. 药材性状

（1）秦艽　呈类圆柱形，上粗下细，扭曲不直，长10～30厘米，直径1～3厘米。表面黄棕色或灰黄色，有纵向或扭曲的纵皱纹，顶端有残存茎基及纤维状叶鞘。质硬而脆，易折断，断面略显油性，皮部黄色或棕黄色，木部黄色。气特异，味苦、微涩。

（2）麻花艽　呈类圆锥形，多由数个小根纠聚而膨大，直径可达7厘米。表面棕褐色，粗糙，有裂隙呈网状孔纹。质松脆，易折断，断面多呈枯朽状。（图9）

1cm

图9　秦艽药材（麻花艽）

（3）小秦艽　呈类圆锥形或类圆柱形，长8～15厘米，直径0.2～1厘米。表面棕黄色。主根通常1个，残存的茎基有纤维状叶鞘，下部多分枝。断面黄白色。

## 2. 检查

（1）水分　不得过9.0%。

（2）总灰分　不得过8.0%。

（3）酸不溶性灰分　不得过3.0%。

## 3. 浸出物

照醇溶性浸出物测定法项下的热浸法测定，用乙醇作溶剂，不得少于24.0%。

# 八、仓储运输

## 1. 仓储

仓库要求符合NY/T 1056—2006《绿色食品 贮藏运输准则》的规定。药材入库前应完全干燥，并详细检查有无虫蛀、发霉等情况，凡有问题的包件都应进行适当处理。库房必须通风、阴凉、避光、干燥、通风，有条件时要安装空调与除湿设备，或在气调库存放，气温应保持在30℃以内，包装应密闭，要有防鼠、防虫措施，地面要整洁。存放的货架要与墙壁保持足够距离，保存中要有定期检查措施与记录，符合《药品经营质量管理规范（GSP）》要求。

## 2. 运输

运输车辆的卫生合格，温度在16～20℃，湿度不高于30%，具备防暑防晒、防雨、防潮、防火等设备，符合装卸要求；进行批量运输时应不与其他有毒、有害、易串味物质混装。

# 九、药材规格等级

秦艽的药材常按性状分为秦艽、麻花艽和小秦艽，按产地不同又分为西秦艽、川秦艽和山秦艽。药材商品规格有大秦艽（习称萝卜艽，基源为秦艽和粗茎秦艽）、麻花艽（基源为麻花秦艽）和小秦艽（基源为小秦艽）三类。

（1）大秦艽（萝卜艽）一等：干货，呈圆锥形或圆柱形，有纵向皱纹，主根粗大似鸡腿、萝卜或牛尾状。表面灰黄色或黄棕色。质坚而脆。断面棕红色或棕黄色，中心土黄色。气特殊，味苦涩。芦下直径1.2厘米以上。无杂质，无虫蛀，无霉变。

二等：芦下直径1.2厘米以下，最小不小于0.6厘米，其他同一等货。

（2）麻花艽　统货：常由数小根聚集交错缠绕成发辫状或麻花状，全体有显著的向左扭曲的纵皱纹。表面棕褐色或黄褐色，粗糙有裂隙，显网状纹。体轻而疏松，断面常有腐朽的空心。气特殊，味苦涩。大小不分，但芦下直径不小于0.3厘米。无杂质，无虫蛀，无霉变。

（3）小秦艽　一等：干货，呈圆形，常有数个分枝纠合在一起，扭曲。有纵向皱纹。表面黄色或黄白色，体轻而疏松。断面黄色或黄棕色。气特异，味苦。长20厘米以上，芦下直径1厘米以上，无杂质，无虫蛀，无霉变。

二等：长短大小不分，芦头直径不小于0.3厘米以上，其他同一等货。

## 十、药用价值

### 1. 临床常用

（1）祛风湿、止痹痛　用于痹证，尤宜热痹以及中风半身不遂，口眼歪斜，四肢拘急，舌强不语等症。痹证见肢体关节疼痛，游走不定，关节屈伸不利，常配伍防风，如防风汤；若痹证日久，症见腰酸膝痛、肢节屈伸不利，或麻木不仁，常配伍独活、桑寄生、杜仲等，如独活寄生汤；配伍羌活、当归、川芎、熟地黄、白芍、独活等，可增强祛风除湿作用，如秦艽汤。

（2）清湿热　用于黄疸，小便不利，烦渴及痔疮肿痛出血、疮痈肿毒等。湿热黄疸，单用或配伍茵陈、栀子、马鞭草、芒硝等。痔疮、痈疮肿毒，单用或配伍苦参、黄连、黄芪、生地黄、玄参等泻火解毒、清热凉血之品。

（3）退虚热　用于骨蒸潮热、小儿疳积发热。症见骨蒸盗汗，肌肉消瘦，唇红颊赤，午后潮热，咳嗽困倦，脉细数，常配伍鳖甲、柴胡、地骨皮、知母、青蒿等滋阴清虚热之品，如秦艽鳖甲散；小儿骨蒸潮热，减食瘦弱，常与炙甘草、白术、茯苓同用。

（4）清湿热、止痛　用于妇女产后头痛、阴中肿痛。产后头痛，常配伍白芷、细辛、川芎、当归、白芍等；妇女阴中肿痛常配伍石菖蒲、当归、葱白等。

注意：久痛虚羸，溲多、便滑者忌服本品。

### 2. 保健作用

秦艽不作食材和调味品，主要用于疾病治疗，常配伍其他药材炮制药酒治疗风湿痹症，如独活寄生汤加减处方（独活、寄生、杜仲、川牛膝各15克，当归、白芍、川芎、茯苓、人参、熟地黄各10克，甘草6克，秦艽、防风、老鹳草各10克）泡酒200毫升，日服100毫升，治疗肢体关节疼痛，游走不定，关节屈伸不利等。

## 参考文献

[1] 朱田田. 甘肃道地中药材实用栽培技术[M]. 兰州：甘肃科学技术出版社，2016：124-128.

[2] 曾羽，陈兴福，邹元锋，等. 鲁甸粗茎秦艽最适采收期初探[J]. 中国中药杂志，2014（14）：2635-2639.

[3] 陈吼. 秦艽抗炎作用文献再评价[J]. 黑龙江科技信息，2011（4）：26.

[4] 陈千良，石张燕，孙文基，等. 不同栽培年限秦艽药材质量变异研究及适宜采收年限的确定[J]. 西北大学报（自然科学版），2010（2）：277-281.

[5] 陈千良，石张燕，涂光忠，等. 陕西产秦艽的化学成分研究[J]. 中国中药杂志，2005（19）：43-46.

[6] 陈千良，石张燕，张雅惠，等. 小秦艽化学成分研究[J]. 中药材，2011（8）：1214-1216.

[7] 陈士林. 中国药材产地生态适宜性区划[M]. 北京：科学出版社，2011.

[8] 陈淑芳. 山杏与秦艽间作技术[J]. 甘肃林业，2015（2）：37-38.

[9] 陈垣，邱黛玉，郭凤霞，等. 麻花秦艽开发利用探讨[J]. 中药材，2007（10）：1214-1216.

[10] 程世明，阎忠阁，吴军. 秦艽主要病害及其综合防治[J]. 特种经济动植物，2007（4）：50.

[11] 褚萍. 秦艽优质高产栽培技术[J]. 农业科技与信息，2017（8）：68-73.

（朱田田，马晓辉）

tian ma

# 天麻

## 一、概述

本品为兰科（Orchidaceae）植物天麻*Gastrodia elata* Blume.的干燥块茎，又名赤箭、明天麻。具有息风止痉、平抑肝阳、祛风通络等功效，用于小儿惊风、癫痫抽搐、破伤风、头痛眩晕、手足不遂、肢体麻木、风湿痹痛等。分布于陕西、四川、贵州、云南、湖北、甘肃、安徽、河南、江西、湖南、广西、吉林、辽宁等地。天麻有云南、四川、贵州、安徽、湖北和陕西等六大产区，其中湖北、陕西和安徽主要是红天麻；贵州、四川和云南主要是乌天麻。目前多地有人工栽培，四省藏区的海拔在800～2200米地区均可人工栽培。

## 二、植物特征

多年生腐生草本，高60～150厘米。块茎肥厚，椭圆形或卵状长椭圆形，肉质，长10～20厘米，直径3～7厘米，常平卧，节较密，节上具多数三角状卵形的膜质鳞片。茎直立，橙黄色、黄色、灰棕色或蓝绿色。叶呈鳞片状，膜质，下部短鞘状抱茎。总状花序顶生，花黄赤色、橙红、淡黄或黄白色；花被管歪壶状，口部斜形，基部下侧略膨大，先端5裂，裂片三角形；唇瓣高于花被管的2/3，3裂，中裂片较大，基部短柄状；合蕊柱长5～6毫米，光滑，有短的蕊柱足；子房下位，倒卵形。蒴果长圆形至长圆状倒卵形，长1.4～1.8厘米；种子多而细小，粉末状。花期6～7月，果期7～8月。（图1）

图1　天麻

## 三、资源分布概况

天麻属约20种，我国有13种。天麻有红天麻、绿天麻、乌天麻、松天麻和黄天麻5个变型。分布于吉林、辽宁、内蒙古、河北、山西、陕西、甘肃、江苏、安徽、浙江、江西、台湾、河南、湖北、湖南、四川、贵州、云南和西藏等，尼泊尔、不丹、印度、日本、朝鲜半岛至西伯利亚也有分布。野生天麻多生长在海拔400～3200米的疏林下、林中空地、林缘或灌丛边缘，多为土质疏松、排水良好的砂质壤土及深厚腐殖质土。目前我国云南、四川、陕西、贵州等省有多地栽培。

## 四、生长习性

天麻喜凉爽、湿润环境，野生天麻多生长于海拔800～2200米被砍伐后残留大量树桩及树根的杂木林或竹林地中。天麻是腐生植物，其生长和发育必须依靠蜜环菌共生，缺乏蜜环菌后天麻块茎就慢慢萎缩，3年内消亡。蜜环菌是一种兼性寄生菌，可寄生在活树根上，也可腐生朽木上。它具有好气特性，在通气良好的条件下，才能生长较好。天麻和蜜环菌都有一定的温湿度要求，蜜环菌在6～8℃时开始生长，而天麻在10～15℃才开始发芽，两者都在0～25℃时生长最快，超过30℃就停止生长。土壤含水量过少，蜜环菌生长不良，天麻也停止生长；水分过多，土壤中空气不足，不仅影响蜜环菌和天麻生长，甚至会造成天麻腐烂。夏季气温不超过25℃，年降雨量1500～1600毫米，空气相对湿度80%～90%，土壤湿度50%～70%，微酸性的土壤，pH5～6，海拔1100～1600米，有利于天麻生长。土壤以土质疏松、排水良好的砂壤土及腐殖土为宜。忌连作，要求选择新地或间隔年限在5年以上地块来栽培。

## 五、栽培技术

### 1. 品种选择

天麻有红天麻、绿天麻、乌天麻、松天麻和黄天麻5个变型，同时还有杂交种和一些培育的新品种，不同的品种的适应性、产量、药材品质存在差别。红天麻和乌天麻产量较高，红天麻的亩产量是乌天麻的4～5倍，新鲜的红天麻口感较脆、偏苦，乌天麻口感就比较甜、糯而多汁。红天麻常采用箱式栽培和田间栽培，乌天麻常采用林下仿野生栽培。

（1）红天麻　又称秤杆麻，是分布最广的类型。花茎肉红色，花橙红色，果实椭圆形，肉红色。块茎肥大、粗壮、产量高，生长快、适应广、耐旱，繁殖率和种子发芽率高。适宜在海拔500～1500米的长江流域栽培生产。

（2）乌天麻　又称铁杆麻，花茎灰褐红色，花蓝绿色，果实棱形或倒楔形。块茎繁殖率、种子发芽率和产量均较红天麻低，不耐旱；但块茎短粗、椭圆形，含水量低，药材的性状品质质量好。适宜在我国西南、东北长白山等海拔1500米以上的高山区栽培。

（3）绿天麻　又称青秆麻，茎草绿色至蓝绿色，花葶及花淡蓝绿色，块茎椭圆形或倒圆锥形，节较密，果卵圆形，种子发芽率高。适宜在我国西南、东北地区中高山栽培。

（4）黄天麻　又称草天麻，幼嫩茎淡黄绿色，成熟茎淡黄色，花葶淡黄色，花淡黄绿色。块茎卵状长椭圆形，含水量80%左右。是我国西南省区驯化的栽培品种。

## 2. 选地与整地

（1）选地　选择气候凉爽、湿润环境的生荒地或林下，坡度在5°～30°的坡地。在海拔1500米以上的高山地区，一般温度低，湿度大，应选阳坡；1000米以下的低山地区，温度较前者为高，应选阴坡或林间；中山地区，选半阴半阳山坡为宜。土壤以土质疏松、肥沃、保温保湿、通气排水良好的砂壤土为佳，土壤pH值5.0～6.5，土层厚度30厘米以上，土壤含水量常年保持在50%左右。

（2）整地　天麻种植对整地要求不严格，只要砍掉地面上过密的杂树、灌木以便于操作，挖掉大块石头，把土表渣滓清除干净就行，不需要翻挖土壤。陡坡的地方可稍整理成小梯田或鱼鳞坑，并有一定的坡度利于排水。雨水多的地方，种植场不宜过平，应保持一定坡度，有利排水。同时，做好种植基地四周防护。

## 3. 萌发菌的培养

天麻种子萌发需要有萌发菌浸染，这些萌发菌来源于小菇属（*Mycena*）真菌，主要包括石斛小菇（*M. dendrobjj*）、紫萁小菇（*M. osmundicola*）、兰小菇（*M. orchicola*）和开唇小菇（*M. noectochila*）等。可自己制备菌种，也可从科研单位或成熟的栽培基地购买菌种。

（1）萌发菌菌种的分离　采集生长健壮、无病害的野生或大田栽培块茎，或块茎旁边的树叶作萌发菌菌种分离的材料。取回材料后，用流水洗净泥沙，在无菌条件下用无菌水冲洗3～5次，然后将天麻块茎在0.1%升汞溶液中浸泡1分钟，取出后用无菌水冲洗3次，再分割成约0.5立方厘米的块；树叶在0.1%升汞溶液中浸3分钟后，取出后用无菌水冲洗，分割成约0.5平方厘米大小；再将这些小块用每升含青霉素100毫克加链霉素200毫克的溶液中，浸泡3分钟，取出，用灭菌滤纸吸干水分后，接入PDA培养基（配方：去皮马铃薯200克、葡萄糖20克、琼脂18克、水1000毫升）平面培养皿中，置20～25℃下培养。挑取从组织块发出的菌丝，转接到PDA斜面，置20～25℃下培养，待菌丝长满试管即得萌发菌一级菌种。

（2）菌叶的培养　取壳斗科植物的叶子，洗净，剪成0.5平方厘米大小，灭菌后在无菌条件下接入萌发菌的一级菌种，置20～25℃下培养10天左右即可染菌。染菌树叶可用于天麻种子的拌播。

## 4. 菌材的培养

蜜环菌是天麻营养生长必需的共生菌，为好气性兼性寄生真菌，主要靠分解、吸收树木营养生存。因此，培养优质蜜环菌以及好的"菌材"是人工栽培天麻获得成功的关键。

（1）菌种准备　菌种的来源主要有以下2种。

①室内培养的纯菌种：采集野生蜜环菌幼嫩菌索、发育正常尚未开伞的子实体或带有红色菌索的天麻块茎作为蜜环菌菌种分离的材料，采用组织分离方法，分离方法同萌发菌。

②室外菌种：可以用伴栽过天麻的旧菌材，室外培养菌材，或野生蜜环菌幼嫩菌索、尚未开伞的子实体及其菌材等。

蜜环菌菌索具有从两端断面继续生长的特性，如采用室内菌种，应切成短节碎块，切碎后增加断面，从而增加接种的机会。

（2）菌枝材培养　菌枝材是培养菌床和菌棒材的菌种。菌枝材树皮较薄，木质嫩，蜜环菌易侵染，培养菌枝材费工少，投资小而收益高。蜜环菌能在多种木材上生长，北方常用柞树、桦树等，南方常用青杠、野樱桃、水橡树、椴树、桤木等。桦木、榆木发菌快，最适宜菌枝培养，但易腐朽，不耐用；青冈、槲栎发菌慢，经久耐腐，维持时间长，也适宜作菌材。选直径1～2厘米的树枝，斜砍成长6～10厘米的小段备用。将砍好的树枝在1%蔗糖及0.25%硝酸铵溶液中浸泡4～6小时，可缩短培养时间，提高菌枝质量。

菌枝材一年四季均可培养，以3～8月份培养最佳。但应根据实际需要而定，一般应在菌棒材培养之前的1～2个月进行。天麻无性繁殖冬栽需7～8月培养菌棒材，菌枝材就需在5～6月份培养；若用于无性繁殖春栽，菌枝材需在头年10～11月份培养。天麻有性繁殖使用的菌枝材，3～4月份培养比较合适。

菌枝材培养时，应选择较清洁无污染的地方，挖宽60厘米、深30厘米的坑。在坑底先平铺一层1厘米厚湿润树叶（阔叶树），然后将树枝相靠摆上一层，在树枝上撒一薄层备好的三级蜜环菌菌种，或切碎后的室外菌种，然后盖一层薄砂土，以盖严树枝和填好枝间空隙为准，不宜太厚；用同样方法培养8～10层，最后顶上覆盖5～6厘米砂土，再盖一层树叶或其他覆盖物以保持湿度。

（3）菌棒材培养 菌枝材因树段较小，易腐烂，只能短时间满足蜜环菌的营养，故不能直接用于天麻栽培。常用较耐腐蚀，能长期为蜜环菌提供营养的菌棒材拌栽天麻，持续供给天麻生长所需的营养。常选择青冈树、栓皮树、板栗树、桦树等的阔叶树种培养菌材。选用直径3～10厘米的树干或树枝，将砍伐的树材锯成长45厘米左右的段，不宜劈成木块，这样易损伤树皮，破坏蜜环菌的营养源，而且劈成块后，木质断面易失水，感染杂菌。将木段每隔3～6厘米砍一个鱼鳞口，根据木段直径砍2～4排。有性繁殖用菌材于3月上、中旬培养，无性繁殖冬栽用菌材于6～8月培养，春栽于9～12月培养。

培养场地应选择清洁，无污染的砂质土壤，透水、透气，能保湿，pH值5～6，最好是生荒地，无人畜践踏；在高山区应选择背风向阳的地方，而低山区则应选择能蔽阴、靠近水源处。培养方法有以下3种。

①坑培法：挖深40～50厘米的坑，大小根据地形而定，将坑底土壤挖松整平，铺一层厚约1厘米树叶，树叶上平摆一层木棒，两棒间加入菌枝3～4根，用清水浇湿木棒和树叶，然后用砂土或腐殖土填好棒间缝隙，土壤以盖过木棒为准，不宜过厚。继续放入第二层木棒，棒间加入菌枝后覆土一层。如此依次培养4～5层，最后覆6～10厘米厚土使顶部与地表持平，顶部覆树叶或带叶的树枝一层，以防雨水冲刷，并起到保温保湿的作用。该方法适合于低山区气温稍高且干燥的地方。

②浅坑培法：挖深约30厘米的坑，培育方法与布局同坑培法，仅最上面的1～2层木棒高出地面，顶部覆土6～10厘米，高出地面的部分整理成弧状的龟背形。

③堆培法：将地面整平后铺一层树叶，把已经准备好的木棒平铺一层在地上，从底层向上呈梯形摆放，菌材堆的高度一般为40～50厘米。两棒间加入菌枝3～4根，用清水浇湿木棒和树叶，然后用砂土或腐殖土填好棒间缝隙，以盖过木棒为准。继续往上堆第二层木棒，棒间加入菌枝后覆土一层。依此法培养4～5层，最后覆6～10厘米土将菌材包住，外观呈圆弧形。此法适于温度低、湿度大的高山区培育菌材。

## 5. 种子种苗的繁育

（1）种子生产 天麻栽培过程中产生了许多变异，通常花茎和花的颜色、块茎的形状、折干率等有所不同。因此，种子生产时应选择品质优良的类型作种。作种的天麻一般在冬季11月份休眠期或春季2月下旬至3月初天麻生长尚未萌动前采挖，采挖和运输时应防止刺伤及碰伤。选择个体发育完好、无损伤，健壮、无病虫害，顶芽饱满，重量在100克以上的天麻作培育种子的种麻。采挖种麻后，应及时定植，不宜放置太久，以免失水，影响抽薹开花。但较寒冷的地区（冬季地下5厘米处地温<0℃），则需将种麻置于一定温度和湿度的室内妥善贮藏，至次年春季解冻后栽种。室内贮藏可采取湿砂堆埋的方式，气温保持在0～3℃，砂子含水量保持在60%左右，并使室内通风良好。

种麻培养的过程如下。

①搭建育种棚：选择避风、地势平坦、土质疏松、不积水的地方搭建育种棚，棚大小根据生产量而定，棚顶搭透光塑料布，塑料布上覆秸秆等物遮阴，以能透进部分阳光为度。育种棚搭建好后，做宽60厘米畦，两畦中间留45～50厘米的人行道，以便授粉操作。

②定植：通常在2月底至3月上旬进行定植，将选好的种麻按行距15厘米，株距10厘米栽培在畦上，顶芽朝上，向着人行道，然后覆土5～8厘米。

③定植后管理：定植后根据土壤墒情3～5天浇水1次，保持土壤湿润。空气温度保持在18～22℃，湿度控制在30%～80%。在顶芽芽旁插竹竿一根，顶芽抽茎向上伸长后将花茎捆在杆上，防止倒伏。天麻花穗顶端的花朵，授粉后结果小，种子量少，在现蕾初期，应将顶部的3～5朵花蕾摘除，以减少养分消耗，使其余的果实饱满，提高产量。

④人工授粉：天麻靠自然昆虫授粉结实率低，成功率约20%；采用人工授粉，结实率可达98%以上，且果实饱满，种子优良，收量较大。人工授粉采取同株异花或异株异花授粉，或杂交授粉。异花授粉坐果率较自花授粉高，不同类型天麻的异株授粉坐果率更好。人工授粉应在开花前1天或开花后3天内完成，最好选在晴天上午10时前或下午4时以后授粉。授粉时左手轻轻捏住花朵基部，右手用镊子慢慢取掉唇瓣或压下，使蕊柱露出；从另一株花朵内取出冠状雄蕊，弃去药帽，将花粉块黏放在蕊柱头上即可。

⑤种子采收：天麻花成功授粉后，果实在16～25天陆续成熟，应适时分批采收。待天麻蒴果颜色由深红变浅红，手感由硬变软，果实内种子呈乳白色已散开，不再成团时即可采收。将采收的将裂果实放入牛皮纸袋内，以免果实裂开后种子随风飘散。天麻种子采收后，一般应立即播种，不宜贮存。

（2）种苗繁育　种子采收后在当年6～8月，选择晴天播种。将萌发菌菌种放入盆中或塑料袋内，每平方米用萌发菌菌种2～3袋，在无风处将天麻蒴果捏开，抖出种子，均匀撒播在萌发菌叶上，反复搅拌混匀。每平方米用蒴果18～20个。拌好种后，放入塑料袋内，放置在避光房内，室温放置3～5天，促进天麻种子接上萌发菌。

播种方法有以下几种。

①固定菌床播种法：利用预先培养好蜜环菌的菌床或菌材拌播，播种时挖开菌床，取

出菌棒，耙平穴底，先铺一薄层壳斗科植物的湿树叶，然后将拌好种子的菌叶分为两份，一份撒在底层，按原样摆好下层菌棒，棒间留3～4厘米距离，覆土至棒半，铺湿树叶，然后将另一份拌种菌叶撒播在上层，放蜜环菌棒后覆5～6厘米厚的湿土，穴顶盖一层树叶保湿。

②四下窝播种法：操作与固定菌床播种法基本相同，但不预先培养菌材和菌床，而是将天麻种子、萌发菌、蜜环菌菌枝、新鲜木段一齐播下。播种时新挖播种穴，铺一层湿树叶后，撒上拌有种子和萌发菌的树叶，再摆新棒3～5根，两棒相距3厘米左右，鱼鳞口在两侧，在木棒的鱼鳞口处和棒头旁放5～6根预先培养好的菌枝材，然后盖土厚约1厘米，即可。用同法播上层。穴顶覆土5～6厘米厚，并盖一层湿树叶或带有树叶的树枝。播种后需浇水保湿。播种初期要注意防雨，遇大雨时应及时检查清理积水；天旱时应及时浇水，保持菌床内水分含量在65%左右；天麻种子萌发的最适宜温度为25～28℃，夏季温度高于30℃时应在菌床表面覆盖树叶或杂草等措施降温；人畜经常到达的种植区域，应建防护栏，防止人畜践踏。第二年11月下旬至第三年3月采收。采挖时先除去表层覆盖物，小心取出种苗，严防机械损伤。选择色泽新鲜、无畸形、无损伤、无病虫害、无冻伤的健壮天麻块茎做种苗。以种苗长度、直径、单个重和净度为指标分等级，一级种苗长≥8厘米，直径≥2厘米，重8～15克；二级种苗长≥6厘米，直径≥1.5厘米，重5.5克；三级种苗长≥4厘米，直径≥1厘米，重2.5克。种苗宜随挖随栽，如需短期贮存，应保存在通风、阴凉、干燥、地面为泥土的仓库或室内，用细砂土与种苗交互隔层掩盖贮藏，砂温控制在5～10℃，水分控制在15%～20%，贮存期间，每隔10天检查1次，及时拣去病种麻。

## 6. 大田栽培

目前天麻生产常用种子繁殖或块茎繁殖，采用箱式栽培、田间栽培或林下仿野生栽培模式。一般在11月下旬至翌年3月下旬，选择晴天栽种，雨天和下雪冰冻天气不适宜栽种。种子繁殖时先繁殖种麻后移栽定植；块茎繁殖则利用天麻采收时的小白麻和米麻作种麻。目前主要采用的栽培方法有以下几种。

（1）固定菌床栽培法　挖开已培养好的菌床，栽培天麻时，先将盖在菌材上的土扒开，把上层已接上蜜环菌的菌材小心取出，用手把下层菌材之间的土取出一半，取天麻种苗均匀摆放在菌材间，株距4～5厘米。利用蜜环菌在两头的长势，可在菌材的两头各摆放1个天麻种苗。栽培好第一层后，用土填满空隙，再覆上5厘米厚的土，然后把原来撒下来的菌材回复原位，菌材之间的空隙用土填上一半，再用同样的方法栽培第二层天麻，最后把取出来的土回复原位，覆土厚度在10～15厘米为宜。这种栽培方法的优点在于菌麻结合快、接菌率高、减少杂菌污染、可合理利用时间。

（2）活动菌材栽培法　挖窖深约30厘米，窖宽50～60厘米，窖长根据菌棒长度决定，窖底顺坡做成5°～15°的斜面，一般一窖摆放5～10根菌棒材。在窖底撒一层湿润树叶，将蜜环菌生长旺盛、无杂菌感染的菌棒顺坡摆3～5根，棒与棒间距为2～3厘米，种苗摆放在两棒之间和棒头旁，覆土填好棒间缝隙，不宜太紧，以利于上下层蜜环菌互相感染。用同法栽上层，覆土厚10厘米左右，窖顶盖5～6厘米厚的树叶一层。

（3）三下锅伴栽法　挖窖深约30厘米，窖宽50～60厘米，窖长根据菌棒长决定，把浸过水的壳斗科植物树叶撒铺一薄层并拍实，把蜜环菌三级固体菌种撕成碎块，均匀地撒于树叶上面，然后每隔5厘米摆放新鲜木棒1根，顺木棒两边和两头摆放天麻种苗。种麻间距4～5厘米，再撒一薄层浸过水的壳斗科树叶，用同样的方法栽培二层，最后覆泥土10～15厘米厚即可。该方法适用于在冬天栽培天麻，它不需要先培养菌材，利用天麻休眠特性，等到春天到来时，天麻和木材均已接菌。

## 7. 田间管理

（1）防旱、防涝　土壤含水量降低，天麻种子不能发芽，天麻块茎失水萎蔫，蜜环菌因缺水而生长停滞，幼嫩的原球茎及新生的嫩芽因干旱而枯萎，或生长受到影响产量降低。气候干燥时天麻地上花茎蒸腾散失水分，得不到相应的水分补充，发生缺水，花茎萎蔫，就会影响开花授粉及种子产量。因此，久旱、土壤湿度不够时应及时浇水。天麻栽培后在栽种穴顶盖一层树叶，具有很好的保墒效果。夏季雨水多时对正处生长旺盛的天麻有利，但遇大暴雨易造成栽培穴内积水，若积水达2～4天，就会引起天麻块茎腐烂。秋末冬初气温和地温都逐渐降低，如遇连阴秋涝，光照不足，形成低温，天麻生长缓慢，提前进入休眠期，但蜜环菌6～8℃的低温条件下仍能生长，蜜环菌便可侵染新生麻，并引起新生麻腐烂，且种麻受害严重。因此，暴雨后或长期阴雨天气要注意对栽培穴进行排水。

（2）防冻、防高温　天麻越冬期间能忍耐土壤中-3℃的低温，低于-5℃时天麻将受到冻害。因此入冬低温时，应在窖上覆盖厚土、树叶或薄膜，进行防冻保护。天麻和蜜环菌最适生长温度为20～25℃，当地温升到30℃以上时，蜜环菌和天麻生长都要受到抑制。故夏季应采取搭建遮阳棚等降温措施。

## 8. 病虫害防治

天麻有霉菌病、腐烂病，以及蛴螬、蝼蛄、山蚂蚁等危害。

（1）霉菌感染　主要危害菌材，干扰蜜环菌生长，进而侵染天麻块茎，使之腐烂。主要有胡桃肉状杂菌、黄霉菌、白色石膏状菌、白霉菌和青霉菌等真菌，多呈片状或点状分布在菌材表面，菌丝呈白色或其他颜色，有的发黏并有臭味。

防治方法　选择透气、透水性好的砂壤土栽培；栽培时去除杂菌感染的菌材，减少污染源；加大蜜环菌用量，形成蜜环菌生长优势，抑制杂菌生长。

（2）腐烂病　病原菌主要有镰刀菌、百环锈伞菌、绿霉菌、链孢菌、曲霉菌、立枯丝核菌、金黄革菌与柱孢属的真菌等。天麻块茎染病后皮部呈萎黄或紫褐色、中心腐烂、有异臭。

防治方法　选择完整、无破伤、色鲜的白麻或米麻作种源，不用局部腐烂的种麻，切忌将带病种麻栽入窖中；加强田间管理，控制适宜的温度和湿度，避免窖内长期积水或干旱；栽种天麻的培养料最好进行堆积、消毒、晾晒，杀死虫卵及细菌，减少危害；选地势较高，不积水，土壤疏松，透气性良好的地方栽培。

（3）日灼病　天麻抽薹出土后，因遮阴不良，受到烈日的灼伤，当遇到阴雨天气，花茎易侵染病菌，造成植株病部变黑、倒伏死亡。

防治方法　露天培养天麻种子时，育种围应选择树荫下或遮阳的地方；在天麻花茎出土前搭建好遮阴大棚，并在茎秆旁插竹竿将天麻茎秆绑在竹竿上。

（4）蚂蚁　主要是危害菌材，严重时天麻、菌材均被食光。

防治方法　可在菌窖或麻窖周围撒放鱼藤精和细米糠拌成的毒饵，或用0.1%的鱼藤精水溶液浇灌蚁穴；或用灭蚁灵或白蚁清制成诱杀毒饵，撒于种植场地。

（5）蛴螬　为金龟子幼虫，又名地蚕、白土蚕，危害天麻块茎，将天麻咬食成空洞，并在菌材上蛀洞越冬。

防治方法　在成虫发生期，用90%敌百虫晶体800倍液或50%辛硫磷乳油800倍液喷雾，或每平方米用90%敌百虫晶体0.3千克或50%辛硫磷乳油0.03千克，加水少量稀释后，拌细土5千克制成毒土撒施；利用金龟子的趋光性，设置黑光灯诱杀成虫；可在整地、栽草、收获天麻时，将挖出来的蛴螬逐个消灭；在播种或栽种前，用50%辛硫磷乳油500倍液喷于窖内底部和四壁，再将药液拌于填充土壤中。

（6）蚧壳虫　常见粉蚧壳群集天麻块茎和菌材上，群体危害天麻，危害处颜色加深，严重时块茎瘦小，甚至停止生长，天麻品质下降。

防治方法　栽培天麻时，严格检查菌材和麻种，不用有蚧壳虫的菌材和麻种；天麻收获时，发现蚧壳虫后，应人工捕杀消灭；收获天麻后，对栽培坑进行焚烧。

（7）蚜虫　5～6月以成虫群聚于天麻花茎及花穗上，刺吸组织汁液，植株被害后，生长停滞，植株矮小变为畸形，花穗弯曲，影响开花结实，严重时引起枯死。

**防治方法** 天麻现蕾开花期，用20%的速灭杀丁8000~10 000倍液喷雾，或用50%抗蚜威可湿性粉剂1000~2000倍液喷雾，或用40%乐果乳剂2000倍液喷雾，可防止蚜虫危害。

（8）鼠害的防治 主要是在麻床下打洞筑穴并咬坏幼麻，破坏天麻的生长环境，咬坏天麻块茎造成商品麻产量和质量的损失，鼠害严重时也能造成大面积减收或绝产。

**防治方法** 可用毒饵诱杀或物理方法捕捉，对死鼠应及时收集深埋。

## 六、采收加工

### 1. 采收

天麻采收应在休眠期或恢复生长前采收。立冬前9~10月采收者称"冬麻"，春季4~5月间采收者称"春麻"，以"冬麻"质量为佳。采收前，先将地上的杂草或覆盖物清除，再挖去覆盖天麻的土层，接近天麻生长层时，慢慢刨开土层，揭开菌材，将天麻从窖内小心逐个取出，严防碰伤。分别将箭麻、米麻、白麻小心放入盛装天麻的竹篓等容器中，不能用装过肥料、盐、碱、酸等容器装天麻。小白麻和米麻要妥善保管，最好是当天收获，当天栽种。箭麻、大白麻则运回加工。

### 2. 加工

将箭麻、大白麻装入不锈钢网筐，用人工流水或高压水枪冲洗，洗去泥沙，按大、中、小分成三级，用谷壳加少量水反复搓去块茎的鳞片、粗皮和黑迹，或用竹刀刮去粗皮，但保持顶芽完整，然后用清水洗净。将不同等级的天麻分别放在蒸笼中蒸制，待水蒸气温度高于100℃以后计时，一级麻蒸20~40分钟，二级蒸15~20分钟，三级蒸10~15分钟。蒸至无白心为度，未透或过透均不适宜。取出摊开，晾干表面水分后及时运至烘炕。一般烘炕用无烟煤或木炭火烘炕（忌用柴火），或烘房烘炕。天麻均匀摊于竹帘或木架上，将烘房温度加热至40~50℃，烘烤3~4小时；再将烘房温度升至55~60℃，烘烤12~18小时，待麻体表面微皱；取出天麻集中堆于回潮房，室温下密封回潮12小时，待麻体表面平整；回潮后的天麻再在45~50℃烘烤24~48小时，并经常翻动，烘至天麻块茎五六成干，再按前法回潮至麻体柔软后进行人工定型；重复低温烘干和回潮定型步骤，直至烘干。天麻烘干后立即取出，放冷后及时进行包装。

# 七、药典标准

## 1. 药材性状

本品呈椭圆形或长条形，略扁，皱缩而稍弯曲，长3～15厘米，宽1.5～6厘米，厚0.5～2厘米。表面黄白色至淡黄棕色，有纵皱纹及由潜伏芽排列而成的横环纹多轮，有时可见棕褐色菌素。顶端有红棕色至深棕色鹦嘴状的芽或残留的茎基；另端有圆脐形疤痕。质坚硬，不易折断，断面较平坦，黄白色至淡棕色，角质样。气微，味甘。（图2）

图2　天麻药材

## 2. 鉴别

（1）横切面　表皮有残留，下皮由2～3列切向延长的栓化细胞组成。皮层为10数列多角形细胞，有的含草酸钙针晶束。较老块茎皮层与下皮相接处有2～3列椭圆形厚壁细胞，木化，纹孔明显。中柱占绝大部分，有小型周韧维管束散在；薄壁细胞亦含草酸钙针晶束。

（2）粉末特征　粉末黄白色至黄棕色。厚壁细胞椭圆形或类多角形，直径70～180微米，壁厚3～8微米，木化，纹孔明显。草酸钙针晶成束或散在，长25～75（93）微米。用甘油醋酸试液装片观察含糊化多糖类物的薄壁细胞无色，有的细胞可见长卵形、长椭圆形或类圆形颗粒，遇碘液显棕色或淡棕紫色。螺纹导管、网纹导管及环纹导管直径8～30微米。

## 3. 检查

（1）水分　不得过15.0%。

（2）总灰分　不得过4.5%。

（3）二氧化硫残留量　照二氧化硫残留量测定法测定，不得过400毫克/千克。

## 4. 浸出物

照醇溶性浸出物测定法项下的热浸法测定，用稀乙醇作溶剂，不得少于15.0%。

## 八、仓储运输

### 1. 仓储

包装好的天麻，应及时放入贮藏库中贮存，贮藏库应通风、干燥、避光，必要时安装空调及除湿设备，并具有防鼠、虫的措施。仓库要求符合NY/T 1056—2006《绿色食品 贮藏运输准则》的规定。保持仓库内外的环境卫生，减少病虫来源和滋生场所。控制库房温度在15℃，相对湿度在80%以下，预防虫蛀和霉变。

### 2. 运输

运输车辆应清洁、无污染，具备防暑防晒、防雨、防潮、防火等设备，符合装卸要求；进行批量运输时应不与其他有毒、有害、易串味物质混装。遇阴天应严密防潮。

## 九、药材规格等级

栽培商品按单位重量的只数划分等级。

一等：每千克26只以内，无空心破裂。

二等：每千克46只以内，其余特征同上。

三等：每千克90只以内，其余特征同上。

四等：每千克90只以外，凡不符合前面规格、无变质者均属此等。

## 十、药用食用价值

### 1. 临床常用

（1）息风止痉　用于惊痫抽搐、小儿惊风、破伤风。热盛动风，常配伍钩藤、全蝎、羚羊角等，如钩藤饮子。小儿慢惊风，常配伍人参、白术、全蝎等，如醒脾丸。肝阳暴亢，阳升风动，风火相煽，痰热内闭之突然昏倒，不省人事，口噤不开，两手握固，肢体强痉抽搐者，常配伍麝香、牛黄、僵蚕等，如牛黄丸。筋脉抽掣疼痛，肢节不利，口眼㖞斜者，常配伍天南星、白附子、川芎等，如天麻丸。风痰闭阻之痫病，突然跌倒，神志不清，抽搐吐涎，常配伍全蝎、僵蚕、浙贝母等同用，涤痰息风，开窍定痫，如定痫丸。痫病久治不愈，抽搐累发者，常与天麻配人参、白术、当归等同用，如定痫丹。

（2）平抑肝阳　用于肝阳上亢、眩晕头痛诸证。头风眩晕、偏正头痛者，天麻与川芎同用，如大川芎丸；肝阳上亢之头痛头晕，耳鸣目胀者，常与钩藤等配伍，如天麻钩藤饮；风痰眩晕之头痛者，天麻与半夏等配伍，如天麻半夏汤。

（3）祛风通络　用于风湿痹痛、手足不遂、肢体麻木、关节屈伸不利。湿痹痛，关节屈伸不利，常配伍秦艽、羌活、桑枝等，如秦艽天麻汤；风湿麻痹，肢节游走疼痛者，常配伍防风、川芎、草乌等，如天麻防风丸；湿留肢节，身体烦痛，手足麻木者，常配伍人参、炮附子、白术等，如天麻除湿方。

用于中风瘫痪。风中经络，面瘫偏枯，常配伍全蝎、乌头、防风等，如天麻丹。风痰阻窍，络脉瘀阻，舌强语謇，肢体麻木，常配伍白附子、石菖蒲、全蝎等，如解语丹。若久病气血双亏，筋脉失养，肢麻日久或伴颤抖者，配伍人参、黄芪等，如人参黄芪汤。

## 2. 食疗及保健

天麻是法定可用于保健食品的中药。民间用天麻煮鸡蛋、炖鸡、蒸猪肉、烫火锅等制成各种滋补药膳的历史悠久，不仅营养丰富，还能强身健体、抗寒，以及调理头晕目眩、偏头痛、高血压等多种疾病。

（1）养肝、健肾、益脑　适用于头晕目眩、偏头痛、高血压、脑震荡后遗症、动脉硬化、梅尼埃病、神经衰弱、失眠等的调理。

①天麻煮鸡蛋：取天麻片30克，鸡蛋3个，将天麻片先放锅内，加水1000毫升，煮30分钟后，打入鸡蛋煮熟，即可食用。

②天麻枸杞脑花：取天麻片25克，枸杞子15克，猪脑2副（或羊脑），将天麻片、枸杞子洗净，加水文火煎1小时，放入洗净的猪脑煮熟后，加入调料，即可食用。

③天麻猪脑粥：取天麻10克，猪脑1个（或羊脑），粳米250克，将猪脑洗净，与天麻一同置入砂锅内，再放入粳米，加清水煮粥，以粥、脑熟为度；每天早晨，服用温热粥1次。

（2）滋补肝肾、益精明目、强身健体　适用于气血虚弱、头昏乏力、气血受阻的腰腿疼痛以及风湿顽症等的调理。

①天麻鲫鱼汤：取天麻片25克，川芎片10克，茯苓片10克，洗净；鲜鲫鱼250克，去鳞、鳃、内脏，洗净，两面煎至微黄，加入上述药材和水3000毫升，文火熬制汤成乳白色时，加入葱、姜等调味，即可食用。

②天麻炖鸡：取天麻片100克，人参20克，枸杞子30克，香菇50克，老母鸡1只（2000

克），将天麻、人参、枸杞子、香菇洗净水发，老母鸡宰杀去毛、内脏、嘴尖、爪尖，洗净；将发好的天麻、人参、枸杞子、香菇一同装入鸡腹内，置锅内，加水适量，炖至肉熟烂后，加入盐、葱、姜等调味，食鸡肉、天麻、人参、枸杞子，喝汤。

参考文献

[1]  江维克，肖承鸿. 天麻生产加工适宜技术[M]. 北京：中国医药科技出版社，2017：1-77.

[2]  周昌华，韦会平. 天麻栽培技术[M]. 北京：金盾出版社，2004.

[3]  徐锦堂. 中国天麻栽培学[M]. 北京：北京医科大学中国协和医科大学联合出版社，1993.

[4]  袁崇文. 中国天麻[M]. 贵阳：贵州科技出版社，2002.

[5]  宫喜臣. 天麻标准化生产技术[M]. 北京：金盾出版社，2010.

[6]  郭兰萍，黄璐琦，谢小亮. 道地药材特色栽培及产地加工技术规范[M]. 上海：上海科学技术出版社，2016：204-211.

[7]  史轶范，刘静. 豫西南地区天麻有性繁殖高产技术[J]. 食药用菌，2011，19（4）：40-41.

（汉会勋）

## xi ma la ya zi mo li

# 喜马拉雅紫茉莉

## 一、概述

本品为紫茉莉科植物喜马拉雅紫茉莉*Mirabilis himalaica*（Edgew.）Heim.（或*Oxybaphus himalaicus* Edgew.）的干燥根，又名巴朱。主治胃寒，肾寒，下身寒，阳痿浮肿，膀胱结石，腰痛，关节痛，黄水病。主产于西藏地区。

## 二、植物特征

斜升或平卧草本，高50～180厘米；根长圆柱形。茎具黏腺毛至近无毛。单叶对生；叶片卵形或卵状心形，长2～6厘米，宽1～5厘米，顶端渐尖或急尖，基部心形或圆形，边缘具毛或不明显小齿；叶柄长1～2.5厘米。疏松圆锥花序，花序梗长，花单生总苞内；总苞钟状，长2.5～6毫米，5齿裂，密被黏腺毛，花后增大，果时膜质；花小，钟状或短漏斗状，早晨开放，紫红色或玫瑰色，裂片5，开展，具褶；雄蕊4或5，内藏，花丝拳卷，内弯，在子房基部合生。果实椭圆体状或卵球形，长5～8毫米，黑色。花果期8～10月。（图1）

图1　喜马拉雅紫茉莉

本种区紫茉莉*Mirabilis jalapa* L.的总苞花后不增大或膜质；花大，高脚碟状，午后开放，梗仅1～2毫米长；雄蕊5～6枚，伸出等不同。应注意鉴别。

## 三、资源概况

西藏、云南、四川北部、甘肃东南部和陕西南部均有分布，主产于西藏和四川北部。喜马拉雅紫茉莉是10余个藏成药生产的主要原料之一，年需求量约500吨。2005年以后多地开始引种栽培，迄今未形成规模化种植基地，目前资源主要来自于野生品。

## 四、生长习性

喜温暖湿润环境，不耐寒，稍耐旱。自然条件下，生于海拔700～2750（～3400）米干暖河谷的灌丛草地、河边大石缝中及石墙上。坡度小于25°，土壤肥沃，质疏松的砂质壤土均可生长。

## 五、栽培技术

### 1. 选地整地

选择海拔900～3300米的山坡、河谷地，土壤适应性较强，可以生长在夹杂很多石头或石砾的砂质壤土，甚至石缝中；也可以生长在质地较硬的砖红壤，以及河谷的砂石滩上。栽培地需要翻耕土壤20厘米左右，每亩撒施腐熟厩肥或堆肥1500～2000千克翻入土中作基肥。

### 2. 繁殖方法

采用种子繁殖，种子宜选海拔3000米以上健康、无病虫害植株。育种地在播种前，浅耕1次，整细耙平，开沟，沟深3～5厘米，宽10～15厘米，长150～200厘米。同时保持含水量12%～30%。将种子播在沟中，覆浅土0.5～1厘米，保持室温20～25℃，3～5天，即可破土出苗。

将大田翻土暴晒3～5天，整理大田，起垄高30～40厘米，宽40～50厘米，垄间距40～50厘米；在垄上挖穴，穴间距40～60厘米；将20～30天喜马拉雅紫茉莉幼苗移栽，每穴1～2株，种植后立即浇定根水。

### 3. 田间管理

保持土壤湿润，除草1～2次。第二年返青后，视情况灌（浇）水1～2次；苗期视草荒危害除草1～2次。开花前期拔一次杂草，开花后不宜入地除草。

### 4. 病虫害防治

主要根腐病危害，加强排水利于预防根腐病的发生。

## 六、采收加工

秋季地上部分枯萎时采挖，去掉细根，刮去外皮，切片，晒干。置阴凉、通风、干燥处储藏。

## 七、部颁藏药标准

呈圆柱形，常横切或纵切成不规则块片，大小不等。横切者呈类圆柱状或圆片状，直径可达4厘米，表面灰褐色或褐棕色，粗糙，有纵沟纹及横长皮孔样突起及支根痕。质坚硬，不易断，断面灰白色，有凹凸不平的同心环纹，纵切者有纵条纹，具粉性。微显土腥气，味辛，涩，嚼之有刺喉感。（图2）

图2　喜马拉雅紫茉莉药材

## 八、仓储运输

### 1. 仓储

符合NY/T 1056—2006《绿色食品 贮藏运输准则》的规定。仓库应具有防虫、防鼠、防鸟的功能；要定期清理、消毒和通风换气，保持洁净卫生；不与有毒、有害、有异味、易污染物品同库存放；保管期间如果水分超过15%、包装袋打开、没有及时封口、包装物破碎等，发生返潮、褐变、生虫等现象，必须采取相应的措施经行干燥。

### 2. 运输

运输车辆的卫生合格，具备防暑防晒、防雨、防潮、防火等设备，温度在15～20℃，湿度不高于30%，符合装卸要求；运输时不能与有毒、有害、易串味物质混装。

## 九、药材规格等级

喜马拉雅紫茉莉商品一般为统货，以条粗、身干、须根少者为佳。

## 十、药用价值

（1）温肾，利尿，排石　用于肾寒，下身寒，阳痿，浮肿，膀胱结石，腰痛，关节痛，单味药物或与蜂蜜配伍，如二味喜马拉雅紫茉莉丸，主治尿闭，尿道结石等。

（2）生肌，干"黄水"　用于胃寒，黄水病，常配伍小檗皮、宽筋藤、诃子等，如五味喜马拉雅紫茉莉汤散，主治皮肤病，黄水病等。

参考文献

[1] 彭莲，邹慧琴，李佳慧，等. 藏药喜马拉雅紫茉莉的本草考证及种属问题探讨[J]. 世界中医药，2014（7）：951-954.

[2] 旦智草，甘玉伟，杨勇，等. 藏药喜马拉雅紫茉莉人工栽培试验研究[J]. 甘肃科技纵横，2006，35（3）：228.

[3] 林辉. 藏药喜马拉雅紫茉莉的质量研究[D]. 北京：北京中医药大学，2014.

[4] 索朗其美. 喜马拉雅紫茉莉的育种与大田种植方法[P]. CN101548619. 2009-10-07.

[5] 汪书丽，吉哈利，罗建. 藏药喜马拉雅紫茉莉野生资源调查[J]. 中药材，2019，42（3）：508-513.

（郭晓恒）

xu　duan
# 续断

## 一、概述

本品为川续断科（Dipsacaceae）植物川续断*Dipsacus asper* Wall. ex Henry的干燥根，又名川续断、和尚头。具有补肝肾、强筋骨、续折伤、止崩漏等功效，用于肝肾不足、腰膝酸软、风湿痹痛、跌打损伤、筋伤骨折、崩漏、胎漏等。主产于四川凉山、湖北恩施、重庆涪陵、贵州毕节等地区。目前四川、湖北等地有栽培，四省藏区的四川、云南、甘肃等地可以栽培。

## 二、植物特征

宿根草本，高可达2米。主根单一或数根并生于根茎上，根圆柱形，黄褐色，肉质。茎多分枝，中空，有棱，棱上有疏生硬刺毛。基生叶有长柄，叶片羽状深裂，长15～25厘米，先端裂片较大；茎叶对生，常3裂，中央裂片最大，边缘有锯齿，两面具白色贴伏柔毛，近无柄或有短柄。头状花序球形，直径2～3厘米，总苞片5～7枚，狭披针形，被硬毛；小苞片阔倒卵形，先端呈粗刺状突尖，被白色短柔毛；花萼四棱，浅盘状，4齿裂；花冠白色或浅黄色，先端4裂，外被短柔毛；雄蕊4，明显伸出花冠；子房下位，柱头较雄蕊短。瘦果椭圆状楔形，4棱明显，淡褐色。花期8～9月，果期9～10月。（图1）

图1　续断

## 三、资源分布概况

川续断属有20余种，我国有9种1变种。主要分布于我国西南高原地区及三峡南北山区，主产于四川盐源、木里、西昌、德昌、汉源、宁南、米易、雷波，湖北鹤峰、巴东、长阳、五峰、宜都、兴山，重庆涪陵地区，湖南石门、慈利、桑植，贵州毕节地区。目前商品药材主要来自野生，部分来自人工栽培。

## 四、生长习性

川续断喜凉爽、湿润的气候，耐寒，忌高温。野生生长在海拔900～2700米的林缘、路旁、山坡草丛，对土壤要求不严。在高海拔地区、土层深厚、疏松、排水良好的砂壤土长势好，地下部分产量高；低海拔地区温度高，地上部分茂盛，地下部分产量低；在土壤板结、肥力低地块，地下根分叉严重，且容易发生根腐病。种子较小，四棱柱型，千粒重3.3～4克，吸水率约102%，萌发的最适温度20～25℃，温度超过30℃时明显抑制种子萌发，发芽需光照。因此，人工栽培适宜在海拔1000米以上，土层深厚、肥沃、疏松、腐殖质丰富的壤土栽培。黏土和积水地不宜种植，忌连作。

## 五、栽培技术

### 1. 品种选择

川续断的近似种有日本续断，变种有峨眉续断。川续断的分布较广、海拔跨度大，存在不同的生态型，其在药材性状和产量上都有一定差异。因此，引种时要重视鉴别，保证物种正确性。选择根多、主根粗壮、分枝少，生长健壮、无病害的植株作母株，采集种子作种源。

### 2. 选地与整地

（1）选地　选择海拔在1000米以上，气候凉爽和湿润的环境。土层深厚、土质疏松、腐殖质丰富的砂壤土地块，山坡荒地或熟地，不宜连作。育苗地选择排灌方便的平地。

（2）整地　选好地后清除地块内的前茬作物残茎和杂草，深翻。结合翻地每亩施入腐熟农家肥2000～3000千克，复合肥50千克作基肥，整平耙细，平地或缓坡地作成宽1米，高20厘米的高畦，畦间距30厘米，四周开挖排水沟。苗床两侧各垒土约3厘米高，以利于浇水和保水。

### 3. 繁殖方法

可采用种子繁殖或分株繁殖。种子育苗移栽和分株繁殖对土壤要求不严，可充分利用坡地和荒地，但主根分枝多，药材品相差；种子直播对土壤要求较高，但成本低，主根分枝少，药材品相好。

（1）种子采收和处理　在9~10月，选择生长健壮、无病害的植株，果球呈绿色，剪下整个果球，置室内阴凉处，晾干后，再晒干，抖出种子，除去杂质，装袋，置阴凉干燥处，贮藏备用。栽种前需用40~45℃温水浸泡约10小时，捞出用清水反复冲洗，置在20~25℃环境，每天浇水1~2次，光照，催芽，待芽萌动时，取出种子与过筛的细土按1:3的比例混合，即可播种。

（2）种子直播　一般春播在3月中下旬，秋播在10月下旬至11月中旬，每亩用种10千克。可采用条播和穴播，条播：行距20~35厘米，深3厘米；穴播：行距35~40厘米，穴深7~10厘米，穴径17~20厘米，每穴播种7~8粒。播后覆土镇压，再施人、畜粪尿每亩12 000千克，上覆1~1.5厘米细土。可盖厚约2厘米的松毛等覆盖物，以利保墒保水。播种后约20天左右陆续出苗，应及时除草，并保持土壤湿度60%以上。

（3）育苗移栽　分秋播和春播，亩用种量25~30千克。春播在当年7月，苗高10厘米左右，长出3~4枚叶片时，就可以挖苗移栽。将畦面整平后，先浇透水，将处理后的种子与过筛的细土按1:3的比例混合，均匀撒播在畦面。在畦面覆盖1~2厘米的腐殖细土或土圈肥。苗出齐后，及时除草，并注意保墒保水。

移栽定植：一般选择阴天移栽，取苗前先浇透水，取苗时用手握住轻轻将苗拔起，土壤板结严重时用小铲从苗的间隙中松土后再拔苗，起出的小苗扎捆后放置阴凉处。当天起苗当天栽种，最迟不超过两天。按株距20~25厘米，行距30~40厘米，挖穴栽培，每亩定苗15 000株左右。栽种时去掉弱苗、伤苗和病苗，一定要让根系充分舒展，不能弯曲，长的根系可剪短，否则会严重分叉，覆土盖住根，压实，立即浇定根水。

（4）分株繁殖　秋季采挖后，将带有芽的根头及细根，按株距20~25厘米，行距30~40厘米，挖穴栽培，每穴1株，栽后立即浇定根水。

## 4. 田间管理

（1）中耕除草　一般移栽20天后苗返青，进行第1次中耕除草，要浅锄，不能伤根和叶，同时补苗；在6月、8月再各进行1次中耕除草，做到田间无杂草。直播的地块在苗出齐后，进行除草、间苗和补苗，每穴留2~3株壮苗，当年7月进行定苗，每穴留1株壮苗。

（2）水肥管理　苗返青后结合中耕除草，每亩追施人畜清粪尿1500~2000千克或尿素20千克，6~7月结合中耕，每亩追施复合肥40千克。夏季多雨季节注意排水防涝。

（3）摘除花蕾　春栽者8月份抽薹开花，除留种的地块外，应及时割除花茎，叶生长过于旺盛的植株也可割除部分叶片，以使根粗壮。

## 5. 病虫害防治

续断主要有白粉病和根腐病，蚜虫和小地老虎危害。

（1）病害 主要有白粉病和根腐病。根腐病是续断的主要病害，高温高湿季节易发生，患病根部腐烂，植株枯萎。

防治方法 土地要轮作，雨季排水，整地时每亩用1千克70%的五氯硝基苯进行土壤消毒。发病初期每亩用立枯净100g兑水50千克喷雾。如发病重时，可提前采收，减少损失。白粉病多在夏季高温干旱季节发生，发病初期用0.2%粉锈灵喷施。

（2）虫害 以蚜虫和小地老虎为主。蚜虫在夏、秋季危害幼嫩叶、花茎，影响植株生长，开花结籽。小地老虎、蝼蛄等地下害虫，咬断幼苗、根茎。

防治方法 蚜虫用40%乐果1000倍液喷杀。小地老虎可用人工捕捉幼虫，毒饵诱杀害虫，亩用90%晶体敌百虫1000倍喷雾或兑水灌根。

## 六、采收加工

## 1. 采收

春播在第2年采收，秋播在第3年采收。在秋季倒苗后采挖，不能过早或过迟，过早根未长足，影响质量；过迟又萌发新叶，消耗养分，根部萎缩枯瘦，品质不佳。挖出根后，抖去泥沙，除去残茎和细根，运回加工场地。

## 2. 加工

将续断装入不锈钢网筐，用人工流水或高压水枪冲洗，洗去泥沙，直接干燥或蒸烫后干燥。直接干燥：将鲜根用火烘烤至半干或阴干至半干时，集中堆放，盖上麻袋或稻草，任其"发汗"至变软、内心变绿色后，取出再烘干；不宜日晒，否则变硬，色白，质量变次。蒸烫后干燥：将鲜根置蒸笼中蒸至稍软时取出，集中堆放，盖上麻袋或稻草"发汗"，待稻草上出现水珠时，揭去稻草，摊开晒干或烘烤至全干。以上两种方法，第二种加工的药材更符合根断面呈黑绿色的特征。药材全干后，按商品规格分选再装箱或装袋。

## 七、药典标准

### 1. 药材性状

本品呈圆柱形,略扁,有的微弯曲,长5～15厘米,直径0.5～2厘米。表面灰褐色或黄褐色,有稍扭曲或明显扭曲的纵皱及沟纹,可见横裂的皮孔样斑痕和少数须根痕。质软,久置后变硬,易折断,断面不平坦,皮部墨绿色或棕色,外缘褐色或淡褐色,木部黄褐色,导管束呈放射状排列。气微香,味苦、微甜而后涩。(图2)

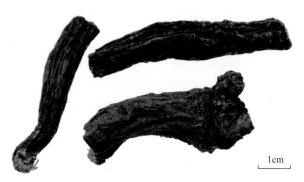

图2 续断药材

### 2. 鉴别

(1)横切面 木栓细胞数列。栓内层较窄。韧皮部筛管群稀疏散在。形成层环明显或不甚明显。木质部射线宽广,导管近形成层处分布较密,向内渐稀少,常单个散在或2～4个相聚。髓部小,细根多无髓。薄壁细胞含草酸钙簇晶。

(2)粉末特征 粉末黄棕色。草酸钙簇晶甚多,直径15～50微米,散在或存在于皱缩的薄壁细胞中,有时数个排列成紧密的条状。纺锤形薄壁细胞壁稍厚,有斜向交错的细纹理。具缘纹孔导管和网纹导管直径约至72(90)微米。木栓细胞淡棕色,表面观类长方形、类方形、多角形或长多角形,壁薄。

### 3. 检查

(1)水分 不得过10.0%。

(2)总灰分 不得过12.0%。

(3)酸不溶性灰分 不得过3.0%。

### 4. 浸出物

照水溶性浸出物测定法项下的热浸法测定,不得少于45.0%。

## 八、仓储运输

### 1. 仓储

续断装箱或装袋后，应及时放入贮藏库中贮存，贮藏库应通风、干燥、避光，必要时安装空调及除湿设备，并具有防鼠、虫的措施。仓库要求符合NY/T 1056—2006《绿色食品 贮藏运输准则》的规定。控制库房温度在15℃，相对湿度在80%以下，预防虫蛀和霉变。

### 2. 运输

运输车辆应清洁、无污染，具备防暑防晒、防雨、防潮、防火等设备，符合装卸要求；进行批量运输时应不与其他有毒、有害、易串味物质混装。遇阴天应严密防潮。

## 九、药材规格等级

续断的商品药材多为统货，或按不同长短粗细分四等。

一等：根柔软，表面灰黄色或灰褐色，断面蓝色或灰绿色，有菊花心纹理；剪去芦头及幼尾，两端齐平，枝条均匀，无木质及虫蛀；长6厘米以上，直径1.1厘米以上。

二等：直径0.9厘米以上，其余同一等。

三等：直径0.7厘米以上，其余同一等。

四等：长短不分，但要求无头尾碎屑。

## 十、药用价值

### 1. 临床常用

（1）强筋骨、调血脉　用于腰膝酸痛，寒湿痹痛。肝肾不足，腰膝酸痛，常配伍萆薢、杜仲、牛膝等，如续断丹；肝肾不足兼风寒侵袭之寒湿痹痛，配伍防风、川乌等，如续断丸。

（2）补肝肾　用于阳痿不举，遗精遗尿。肾阳不足，下元虚冷，阳痿不举，遗精滑泄，遗尿尿频等，常配伍鹿茸、肉苁蓉、菟丝子等，如鹿茸续断散；或配伍远志、蛇床子、山药等，如远志丸；遗精、滑泄不禁，配伍龙骨、茯苓等，如锁精丸。

（3）调血脉、止崩漏　用于崩漏下血，胎动不安。崩中下血久不止者，常配伍侧柏炭、当归、艾叶等；滑胎证配伍桑寄生、阿胶等，如寿胎丸。

（4）续折伤、调血脉　用于跌打损伤，筋骨折伤，瘀滞肿痛。跌打损伤，瘀血肿痛，常配伍桃仁、红花、穿山甲、苏木等；骨折愈后失补，筋缩疼痛，配伍当归、木瓜、黄芪等，如邱祖伸筋丹。乳痈、乳痛，配伍蒲公英、橘核、通草等。

## 2. 保健作用

续断具有调节生殖和免疫系统功能，抗骨质疏松，抗炎，抗衰老，抗氧化等作用。续断口感苦，非药食两用中药，建议在医生指导下使用。

（1）续断杜仲牛尾汤　用于调理肝肾亏虚、腰背酸痛、阳痿、遗精、陈旧性腰部损伤、腰腿痛等。取杜仲30克，续断25克，生姜10克，洗净，装入纱布袋内，扎紧袋口；牛尾（或猪尾）500克，洗净，切块，焯去血沫；将牛尾与药袋一同放入砂锅内，加水适量，用武火煮沸，去血沫，再用文火熬以牛尾熟烂为度，加入调味品即可食用。

（2）续断羊腰汤　用于调理腰背酸痛、阳痿、遗精、夜尿多等。取杜仲20克，续断25克，黄芪30克，洗净，装入纱布袋内，扎紧袋口；枸杞30克，生姜10克，洗净；羊腰（猪腰）2只，洗净，切开，除白色腺腺；将羊腰、枸杞、生姜与药袋一同放入砂锅内，加水适量，用武火煮沸，去血沫，再用文火炖煮25分钟，加入调味品即可食用。

## 参考文献

[1] 张万福. 五鹤续断的地道历史考证[J]. 中国中药杂志，2003，28（11）：107-108.

[2] 刘二伟，吴帅，樊官伟. 川续断化学成分及药理作用研究进展[J]. 中华中医药学刊，2010（7）：1421-1423.

[3] 王路. 续断栽培技术规程[J]. 农村实用技术，2006（12）：35-36.

[4] 段彦君，张梅芳，段忠，等. 大理州续断高产高效栽培技术[J]. 云南农业科技，2016（6）：28-29.

[5] 杨烨. 中药材续断的种植技术[J]. 农民致富之友，2014（8）：187.

[6] 艾伦强，李婷婷，刘海华，等. 续断种子生产技术规程[J]. 中国现代中药，2011，13（2）：17-19.

[7] 吕丽芬，赵菊，陈翠，等. 川续断高产栽培技术[J]. 现代农业科技，2007（23）：150.

[8] 胡倩倩，梁艳丽，施永琴，等. 不同种植密度和施肥量对川续断生长及产量和品质的影响[J]. 云南农业大学学报，2016，31（6）：1073-1079.

[9] 鲁菊芬，郭乔仪，王洪丽，等. 大姚县续断栽培技术[J]. 云南农业科技，2016（4）：34-35.

（李文渊）

# 猪苓

zhu　ling

## 一、概述

本品为多孔菌科（Polyporaceae）真菌猪苓*Polyporus umbellatus*（Pers.）Fries的干燥菌核，又名野猪粪、猪茯苓、猪灵芝。具有利水渗湿功效，用于小便不利、水肿、泄泻、淋浊、带下等。主产于陕西、青海、宁夏、云南、四川、贵州等地，以陕西产者品质为佳，云南产量最大。目前在陕西、四川、云南等地有部分人工栽培，四省藏区有野生种分布的地区都可人工引种栽培。

## 二、真菌特征

菌核体呈块状或不规则形状；表面凹凸不平，为棕黑色或黑褐色，有许多瘤状突起及皱纹；内面近白色或淡黄色，干燥后变硬，整个菌核体由多数白色菌丝交织而成；菌丝中空，直径约3毫米，极细且短。子实体自地下菌核上生长，伸出地面，菌柄常常与基部相连，上部多分枝，形成一丛菌盖，肉质，伞形或伞状半圆形，常多数合生，半木质化，直径5～15厘米或更大，表面深褐色，有细小鳞片，中部有细纹，凹陷，呈放射状，孔口微细，近圆形；担孢子广卵圆形至卵圆形。（图1）

图1　猪苓子实体和菌核

## 三、资源分布概况

　　猪苓在我国分布较广，多生长于1000～2000米的半阴半阳坡林地中，坡度在20°～30°，桦木、橡、槭、桦等的阔叶林或混交林地下，树根周围，常生于土层深厚、腐殖质多，疏松的砂质壤中。目前野生资源蕴藏量1100～1450吨，人工栽培资源年采挖量240～245吨。

## 四、生长习性

　　猪苓喜冷凉、阴郁、湿润，怕干旱。猪苓属腐生菌，与蜜环菌存在共生关系，需要蜜环菌给其生长提供营养。蜜环菌和伴生菌侵入猪苓菌核内部，与其建立共生关系，通过营养协调，共同支配。伴生菌引导猪苓菌核的形成，起着媒介支架作用；而蜜环菌是在猪苓菌核形成后（萎苓或黑苓）才与猪苓菌发生作用，三者时间交替，形成共生。但蜜环菌不侵染当年新生的白苓，休眠时猪苓菌通过伴生以及周围的营养物质获得生长必需的营养，也是猪苓菌核的一个整合过程，这也是猪苓菌继续生长发育的必要过程。总之，三者之间是一个有机的作用整体，环境、水分、土壤等因素也是猪苓菌生长好坏的关键因素。除了营养以外，猪苓生长对温度和湿度也有要求：菌丝在10～30℃都能生长，地面下5厘米的温度8～9℃时开始生长，最适温度15～20℃，菌核最佳生长温度18～23℃，超过30℃停止生长，进入短期休眠或者长出子实体；菌核生长最适土壤湿度为50%～60%。地面下5厘米，温度低于8℃进入冬季休眠期，一年中4～6月和9～10月为猪苓菌丝的活跃生长期。

　　猪苓的生活史有担孢子、菌丝体、菌核、子实体四个阶段。一般在3月下旬，地面下5厘米的温度8～9℃时，菌核开始生长，菌核体上萌发出许多白色毛点，随着气温的升高，毛点不断长大变厚，形成肥嫩有光泽的白色菌核，逐渐向地表生长。地温达12～20℃时，菌核生长进入旺盛期，体积、重量迅速增加。菌核色泽从基部到中间由白变黄。此时如遇连阴雨天，空气湿度增高，部分菌核生长出子实体，开放散出孢子，随后子实体很快枯烂。10月以后，当地温降至8～9℃时，停止生长，进入冬眠。翌年春又萌发分生新的菌核。如此得以继生，群体合聚形成一窝。土壤肥沃，营养丰富，菌核大而多，分叉少，俗称"猪屎苓"；土质瘠薄，养料不足，结苓小，分叉多，俗称"鸡屎苓"。在外界环境条件极端不利时，猪苓将停止生长，菌核老化，色泽变为深黑色，核体出现大小孔眼，直至腐烂。人工栽培时从下窖到菌核成熟需2～3年时间。

## 五、栽培技术

### 1. 菌种选择

猪苓利用营养的能力、温度适应性、菌核性状等具有菌株特性，人工栽培中因引种地不一样，不同菌种存在利用菌材、适应性、产量和性状特征的差异。因此，人工栽培时选择适应当地生产的菌种是栽培成功与否的关键。一般可以从科研院所或当地成熟的栽培基地引种正确的品种，或采用当地野生种直接引种、驯化栽培。栽培生产中，可挑选外皮完整、黑亮、无杂色斑点、无损伤、有一定弹性，断面质地均匀、色白、鲜嫩的菌核作种；菌核久储变硬，可沙藏一周，恢复活力。也可用孢子繁育，夏季采集子实体，自然晾干，揉成粉末状即可作种。菌核生产较孢子繁育具有生长周期短、繁殖速度快、生产成本低、产量高等优点。猪苓优良菌种的菌丝粗壮洁白，表面有网状菌根，培养基表面有大小不等的球形菌核。野生猪苓子实体或用菌核分离提取的猪苓菌丝需要经过选育，选择抗逆性强、适应性好、生长快、产量高的优良菌种，不能直接用于生产。

### 2. 选地与整地

宜选择气候湿润，土壤含水量30%～50%，通透性良好，微酸性的砂质土壤，坡向以半阴半阳坡为好，坡度在20°～30°之间的熟地或林下，选地后，顺坡挖窖，窖深70～100厘米，宽70厘米。

### 3. 菌材的培养

蜜环菌是猪苓生长必需的共生菌，培养优质蜜环菌的"菌材"是人工栽培猪苓获得成功的关键。目前蜜环菌在人工合成培养基中生长较慢，还需要在木材上进行培养；菌种从科研单位或已成熟的栽培基地购买或自己培养，可用伴栽猪苓的旧菌材或野生蜜环菌幼嫩菌索、尚未开伞的子实体及其菌材等作菌种，或室内培养的纯菌种，分离和培养方法参见天麻。

（1）菌枝材培养　菌枝材是培养菌棒材和菌床的菌种。菌枝材树皮较薄，木质嫩，蜜环菌易侵染，培养菌枝材费工少，投资小而收益高。蜜环菌能在柞树、桦树、青杠、野樱桃、水橡树、椴树、桤木等上生长。桦木、榆木发菌快，最适宜菌枝培养，但易腐朽，不耐用；青冈、槲栎发菌慢，经久耐腐，维持时间长，也适宜作菌材。选直径1～2厘米的树枝，斜砍成长6～10厘米的小段备用。将砍好的树枝在1%蔗糖及0.25%硝酸铵溶液中浸泡

4～6小时，可缩短培养时间，提高菌枝质量。菌枝材一年四季均可培养，以3～8月份培养最佳。但应根据实际需要而定，一般应在菌棒材培养之前的1～2个月进行。春季3～4月栽培者，菌枝材需在头年10～11月份培养；秋季7～8月栽培者，需在头年10～11月份培养。培养菌枝材时，选择较清洁无污染的地方，挖宽60厘米、深30厘米的坑。在坑底先平铺一层1厘米厚湿润树叶（阔叶树），然后将树枝相靠摆上一层，在树枝上撒一薄层备好的三级蜜环菌菌种，或切碎后的室外菌种，然后盖一层薄砂土，以盖严树枝和填好枝间空隙为准，不宜太厚；用同样方法培养8～10层，最后顶上覆盖5～6厘米砂土，再盖一层树叶或其他覆盖物以保持湿度。

（2）菌材培养　常选青冈树、栓皮树、板栗树、桦树等阔叶树培养菌材。选用直径5～10厘米的树干或树枝，锯成长50～70厘米的段，不宜劈成木块，否则破坏蜜环菌的营养源，而且易感染杂菌。将木段每隔3～6厘米砍一个鱼鳞口，根据木段直径砍2～4排。秋栽在3月上、中旬培养，春栽9～11月培养。选离猪苓栽培场地较近，清洁，无污染，湿润的地块；砂质土壤，透水、透气，能保湿，pH值5～6，最好是生荒地，无人畜践踏；在高山区应选择背风向阳的地方，而低山区则应选择能蔽阴、靠近水源处。挖深30～50厘米，长宽各70厘米的坑，将坑底土壤挖松整平，铺一层厚约1厘米树叶，树叶上平摆一层木棒，两棒间加入菌枝3～4根，用清水浇湿木棒和树叶，然后用砂土或腐殖土填好棒间缝隙，土壤以盖过木棒为准，不宜过厚。继续放入第二层木棒，棒间加入菌枝后覆土一层。如此依次培养4～5层，最后覆10厘米厚土使顶部呈龟背形，顶部覆树叶或带叶的树枝一层，以防雨水冲刷，并起到保温保湿的作用。每坑可培养100根左右的菌材。其他还有浅坑培法和堆培法，具体操作参见天麻。

## 4. 繁殖方法

常用菌核繁殖，也可用孢子繁殖。生产方式有以下几种。每窝种苓1千克，蜜环菌1瓶（500克），选用橡树、青冈树作菌棒、菌枝，采用主棒加次棒一层栽种，配合田间管理，4年采收，猪苓投入与产出比可达1：10。

（1）菌材伴栽法　根据地形，因地适宜，高山阳坡栽培挖浅坑，深15～20厘米；低山阴坡挖深坑，深约30厘米，宽50～60厘米，长度依地形而定；林下栽培应靠近树木支根开深15～20厘米的沟。将坑底土壤挖松整平，填埋3～5厘米厚的腐殖质土，再以4～5厘米间距平行摆放菌材和段木，种苓小头朝上靠近菌索附近，用细土压实。开阔地块，挖沟后在菌材两边放入苓种，空隙处用腐殖土覆盖压实，整齐摆放树枝，树枝需单根平放，不重叠，覆土10～15厘米，盖成龟背形或"井"字形。

（2）活树根栽法　蜜环菌能寄生在活树根上，也可分解枯枝落叶。将猪苓种在活树根旁，既可降低栽培成本，又可提高产量。选择阔叶落叶树，在树根外30厘米处，挖开直至看到侧根，然后沿根生长方向挖深20～30厘米，宽50厘米，长约1米的坑，环剥侧根皮3～5厘米，直径5厘米以上时开一排鱼鳞口，坑底铺约10厘米湿润枝叶层，中间夹放蜜环菌种或菌枝，沿树根两侧下部放入苓种，小头朝上摆放，用腐殖土填实。覆土10～15厘米，盖成龟背形或"井"字形。

（3）固定菌床栽培法　常结合菌材培养进行，在蜜环菌培养好后，挖去顶部覆土，取出上面几层的菌棒，下层菌棒不动，摆放苓种，空隙处用腐殖土覆盖压实，整齐平放树枝，覆土10～15厘米，盖成龟背形或"井"字形。也可挖长60厘米×宽50厘米×深30厘米的坑，按菌材培养方法，只放置两层木棒培养菌床，培养2个月蜜环菌长好后，在9月下旬至10月下旬扒开取出上层菌材，如前法栽种。

（4）树棒打孔点苓种栽培法　选择直径7～10厘米的树干或树枝，锯成长50～70厘米的段，在树棒上打深约3厘米的孔，孔间距10厘米，打3～4行孔，孔中塞满猪苓菌种，保温保湿培养发菌20～30天后，下地栽培。选好栽培地后，挖深约20厘米菌床，将底部土壤挖松整平，填放一层湿树叶，将发好的菌棒摆放坑中，棒间距5厘米，用枯树叶填满空隙，上面撒少许猪苓菌种或放入菌枝材，再放入树枝。然后在棒两头、两侧及树叶和树枝中间放入蜜环菌种。空隙处用腐殖土覆盖压实，再覆土10～15厘米，盖成龟背形或"井"字形。

（5）代料栽培法　选择适当容器，在底层放一层阔叶枯叶，上面摆放树枝一层，播撒蜜环菌菌种，覆盖一层树叶，再覆盖一层腐殖质土；然后放猪苓菌种，苓种覆盖树叶和腐殖土一层，填满压实。置室内，室温下让其自然形成菌核。

## 5. 田间管理

（1）苓场管理　猪苓栽培后严禁人、畜践踏和随意翻动观看。猪苓栽培时需要采取遮阴措施，除了降温防止暴晒外，还可以防止水分流失。

（2）防旱排涝　应经常检查窖内土壤湿度，保持土壤含水量达40%～50%。土壤干旱时应及时浇水。在少雨旱季，将栽培坑（沟）下游方向稍加围高，以利保存和利用水分；多雨季节，则应将栽培坑稍加屯高，以免存水。

（3）营养的管理　蜜环菌的生长对猪苓营养获得至关重要。蜜环菌为木腐菌，腐殖质较多的土质层以及杂草、落叶、树根都是蜜环菌适宜的生长环境。因此苓窝土质肥沃，可以保证猪苓止常发育。

### 6. 病虫害防治

猪苓在生长过程中比较容易感染杂菌，还有螃蟹、白蚁、鼠类等啃咬菌材，以及土壤中的杂菌都能危害蜜环菌和猪苓的生长。

（1）腐烂病　主要是感染杂菌引起，危害菌核，发病时猪苓常流出黄色黏液，失去特有香气，品质降低。

防治方法　段木要干净，无有害菌；苓场保持通风透气和排水良好；发现病情应提前采收，苓窖要用石灰消毒。

（2）虫害　黑翅大白蚁，蛀食段木，使其不结苓，造成减产。

防治方法　苓场选择要避开蚁源；下窖接种后要在窖周围挖防虫沟；发现蚁害要寻穴毒杀或用黑光灯诱杀。

（3）鼠害　鼠类主要是啃咬菌材，带入杂菌，影响土壤保湿，造成减产。

防治方法　安放兽夹，捕捉。

## 六、采收加工

### 1. 采收

猪苓从栽种到菌核成熟需2～4年时间，一般栽种3年后可采挖，4年的产量最高。猪苓成熟的标志是，土壤裂隙不再增大，菌核长口处已弥合，苓皮表面呈黑褐色或棕褐色，外皮薄而粗糙，裂纹不见白色。若苓皮呈现黄白色，则表示猪苓正在生长，可以延迟采挖。春节4～5月份，秋季9～10月份可采收，以秋季采收最好。挖出窖中的全部菌材和菌核，选灰褐色、核体松软的菌核留种，色黑质硬的老菌核运回加工场地，加工成药材。

### 2. 加工

运回的菌核，装入不锈钢网筐，用人工流水或高压水枪冲洗，洗去泥沙，除去菌索，晒干或烘干，分级后装箱或装袋。

## 七、药典标准

### 1. 药材性状

本品呈条形、类圆形或扁块状，有的有分枝，长5～25厘米，直径2～6厘米。表面黑色、灰黑色或棕黑色，皱缩或有瘤状突起。体轻，质硬，断面类白色或黄白色，略呈颗粒状。气微，味淡。（图2）

1cm

图2　猪苓药材

### 2. 鉴别

本品切面：全体由菌丝紧密交织而成。外层厚27～54微米，菌丝棕色，不易分离；内部菌丝无色，弯曲，直径2～10微米，有的可见横隔，有分枝或呈结节状膨大。菌丝间有众多草酸钙方晶，大多呈正方八面体形、规则的双锥八面体形或不规则多面体，直径3～60微米，长至68微米，有时数个结晶集合。

### 3. 检查

（1）水分　不得过14.0%。

（2）总灰分　不得过12.0%。

（3）酸不溶性灰分　不得过5.0%。

## 八、仓储运输

### 1. 仓储

贮藏库应通风、干燥、避光，必要时安装空调及除湿设备，并具有防鼠、虫的措施。仓库要求符合NY/T 1056—2006《绿色食品　贮藏运输准则》的规定。保持仓库内外的环境卫生，减少病虫来源和滋生场所。控制库房温度在25℃，相对湿度在50%以下，预防虫蛀和霉变。当发现药材水分超过14.0%时，应及时进行干燥处理。

### 2. 运输

运输车辆应清洁、无污染，具备防暑防晒、防雨、防潮、防火等设备，符合装卸要求；进行批量运输时应不与其他有毒、有害、易串味物质混装。遇阴天应严密防潮。

## 九、药材规格等级

猪苓商品药材按大小和质量分为特级、一等、二等和统装规格。要求外皮色黑光滑，肉白。还可按头数分为四等，一等：每千克不超过32头；二等：每千克不超过80头；三等：每千克不超过200头；四等：每千克200头以上。

## 十、药用食用价值

### 1. 临床常用

（1）利水渗湿　用于小便不利、泄泻，以及水湿停滞的各种水肿，是除湿利水要药。表邪未解，水湿内停之膀胱蓄水证，常配伍茯苓、泽泻、桂枝等，如五苓散；脾虚湿盛水肿，泄泻者，常配伍白术、泽泻、茯苓等，如四苓散；水热互结，阴伤小便不利，常配伍滑石、阿胶等，如猪苓汤；肠胃虚寒、水湿泄泻，常配伍黄柏、肉豆蔻、茯苓、白术等，如猪苓丸。

（2）利水除湿、泻膀胱　用于淋浊、带下、湿热黄疸。妊娠子淋，单用本品捣筛，热水调服；热淋，常配伍生地黄、木通等，如十味导赤汤；湿毒带下，常配伍茯苓、车前子、泽泻等，如止带方。黄疸湿重于热，常配伍茯苓、白术等，如猪苓散，或配伍茵陈蒿、茯苓、白术等，如茵陈五苓散；胎黄，常配伍泽泻、茵陈蒿、生地黄等，如生地黄汤。

### 2. 食疗及保健

猪苓属药食两用品种，具有利尿，抗肿瘤，免疫调节，保肝，抗辐射等作用。常用于脾虚水湿内停，症见形体消瘦，体倦食少，小便不利，轻度腹水，或下肢浮肿，或皮肤黄疸，肝硬化腹水等的调理；脾虚、寒湿甚者，不宜使用或在医生指导下使用。常见的食用方法有以下几种。

（1）猪苓鲫鱼汤　取猪苓片30克，冬瓜皮30克，姜5克，洗净；鲜鲫鱼500克，去鳞、鳃、内脏，洗净，在锅内两面煎至微黄，加入上述药材和适量水，文火熬制汤成乳白色时，加入葱、盐等调味，即可食用。

（2）冬瓜荷叶猪苓泽泻鲫鱼汤　取猪苓片12克，泽泻12克，薏苡仁80克，鲜荷叶1/2块，生姜5克，老冬瓜800克，洗净；鲜鲫鱼1条，去鳞、鳃、内脏，洗净；猪瘦肉100克，洗净，焯去血水；将上述材料一并放入锅内，加水适量，先武火煮沸后，去掉血沫，再用文火煲2.5小时，加入葱、盐等调味，即可食用。

## 参考文献

[1]　徐青松，王华，肖晋川，等. 林下猪苓半人工高效栽培模式[J]. 食用菌，2017（2）：54-56.

[2]　郭顺星，徐锦堂，肖培根. 猪苓生物学特性的研究进展[J]. 中国中药杂志，1996（9）：3-5.

[3]　李梁，罗英，熊东红，等. 野生猪苓及其生态环境理化特性的分析研究[J]. 中国中医药信息杂志，2001，8（7）：32-33.

[4]　陈文强，邓百万，刘开辉，等. 中低海拔地区猪苓人工栽培技术[J]. 江苏农业科学，2007（4）：167-169.

[5]　李树森，傅世贤，张前福，等. 猪苓林地栽培技术[J]. 食用菌，2009，31（1）：35-36.

[6]　张世荣. 秦岭高海拔地区猪苓人工栽培技术[J]. 食用菌，2003，25（6）：33.

[7]　王建中，王志能，陶志刚. 西北地区猪苓仿野生人工栽培技术[J]. 农业科技通讯，2012（6）：186-188.

[8]　田飞，王喆之. 猪苓栽培的田间管理[J]. 陕西农业科学，2011，57（4）：255-257.

[9]　胡平，方清茂，夏燕莉，等. 猪苓栽培技术研究[J]. 安徽农业科学，2013（21）：8855-8856.

[10]　尚文艳，赵丽萍，许志兴，等. 不同海拔高度对半野生栽培猪苓产量的影响[J]. 北方园艺，2012（15）：181-183.

[11]　李朝. 山西省猪苓林下仿野生蜜环菌菌材培育人工栽培技术[J]. 农业与技术，2016，36（2）：30-31.

[12]　亢学平，王鑫，胡志强，等. 利用枝条段和传统粗木段制作蜜环菌菌材的比较[J]. 延边农业科技，2017（1）：54-57.

（郭晓恒）

# 附录

# 禁限用农药名录

《农药管理条例》规定，农药生产应取得农药登记证和生产许可证，农药经营应取得经营许可证，农药使用应按照标签规定的使用范围、安全间隔期用药，不得超范围用药。剧毒、高毒农药不得用于防治卫生害虫，不得用于蔬菜、瓜果、茶叶、菌类、中草药材的生产，不得用于水生植物的病虫害防治。

## 一、禁止（停止）使用的农药（46种）

六六六、滴滴涕、毒杀芬、二溴氯丙烷、杀虫脒、二溴乙烷、除草醚、艾氏剂、狄氏剂、汞制剂、砷类、铅类、敌枯双、氟乙酰胺、甘氟、毒鼠强、氟乙酸钠、毒鼠硅、甲胺磷、对硫磷、甲基对硫磷、久效磷、磷胺、苯线磷、地虫硫磷、甲基硫环磷、磷化钙、磷化镁、磷化锌、硫线磷、蝇毒磷、治螟磷、特丁硫磷、氯磺隆、胺苯磺隆、甲磺隆、福美胂、福美甲胂、三氯杀螨醇、林丹、硫丹、溴甲烷、氟虫胺、杀扑磷、百草枯、2,4-滴丁酯。

注：氟虫胺自2020年1月1日起禁止使用。百草枯可溶胶剂自2020年9月26日起禁止使用。2,4-滴丁酯自2023年1月29日起禁止使用。溴甲烷可用于"检疫熏蒸处理"。杀扑磷已无制剂登记。

## 二、在部分范围禁止使用的农药（20种）

| 通用名 | 禁止使用范围 |
| --- | --- |
| 甲拌磷、甲基异柳磷、克百威、水胺硫磷、氧乐果、灭多威、涕灭威、灭线磷 | 禁止在蔬菜、瓜果、茶叶、菌类、中草药材上使用，禁止用于防治卫生害虫，禁止用于水生植物的病虫害防治 |
| 甲拌磷、甲基异柳磷、克百威 | 禁止在甘蔗作物上使用 |
| 内吸磷、硫环磷、氯唑磷 | 禁止在蔬菜、瓜果、茶叶、中草药材上使用 |
| 乙酰甲胺磷、丁硫克百威、乐果 | 禁止在蔬菜、瓜果、茶叶、菌类和中草药材上使用 |
| 毒死蜱、三唑磷 | 禁止在蔬菜上使用 |
| 丁酰肼（比久） | 禁止在花生上使用 |
| 氰戊菊酯 | 禁止在茶叶上使用 |
| 氟虫腈 | 禁止在所有农作物上使用（玉米等部分旱田种子包衣除外） |
| 氟苯虫酰胺 | 禁止在水稻上使用 |

农业农村部农药管理司

二〇一九年

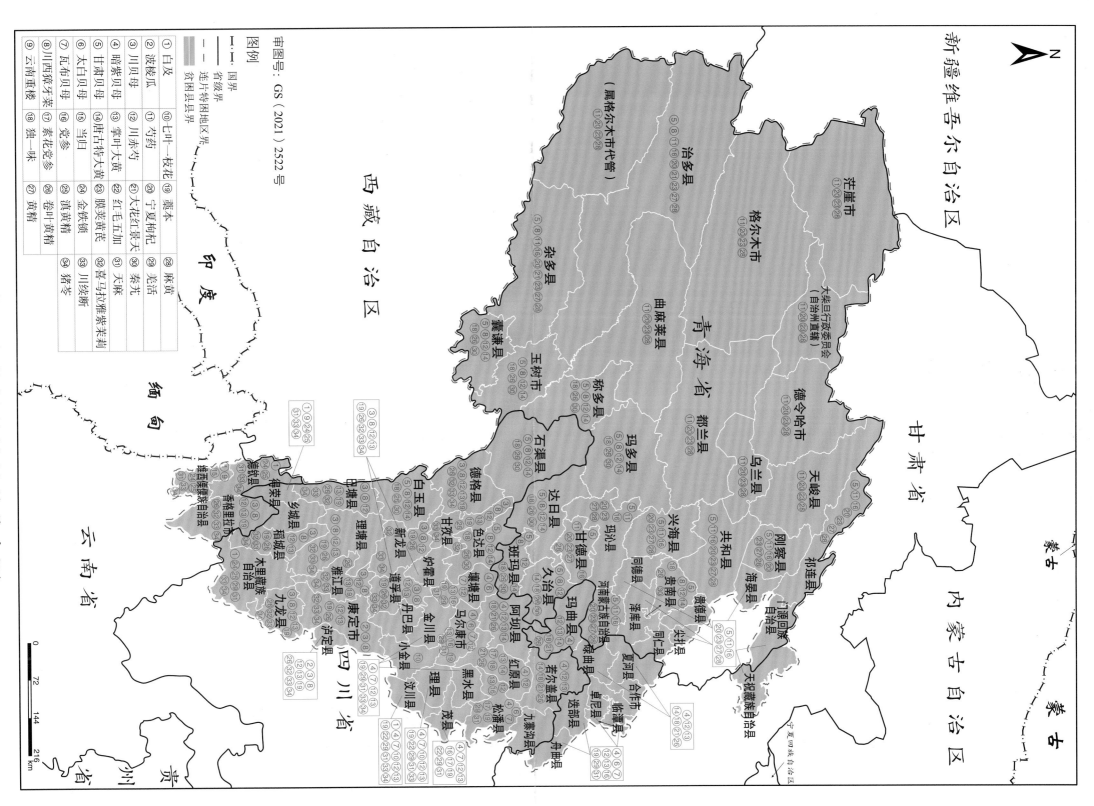

四省藏区中药材种植品种分布图

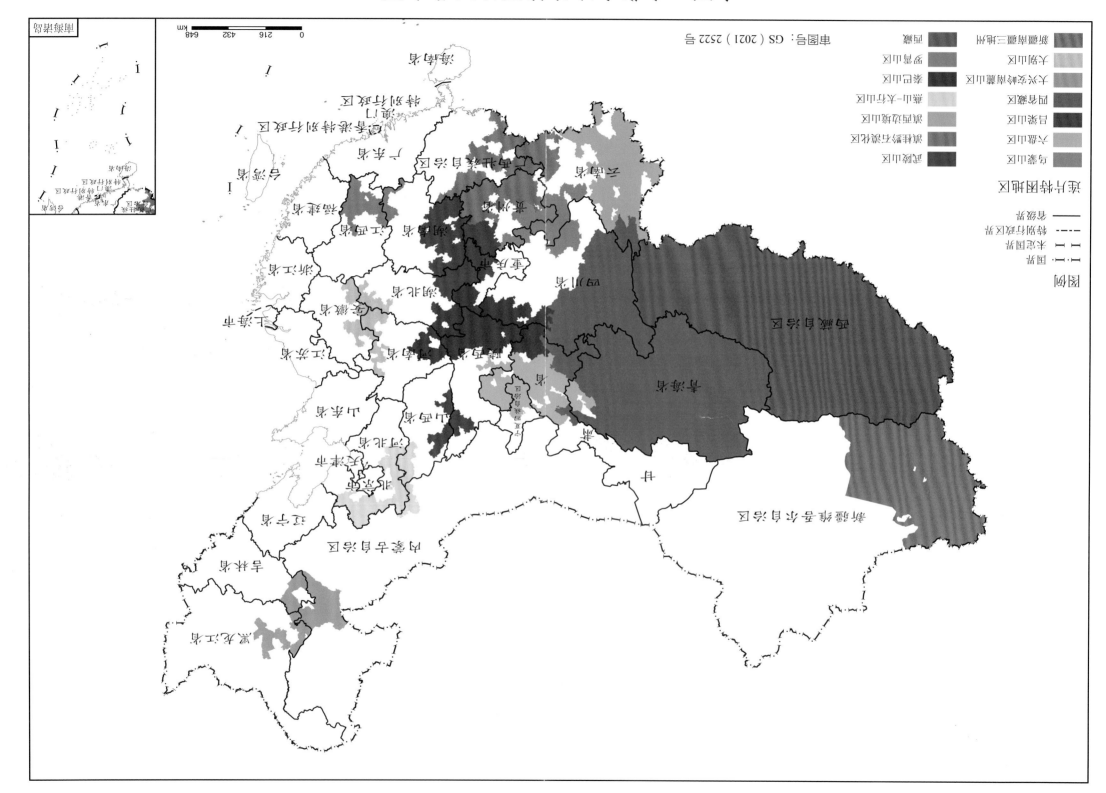